Ingrid Grube, Christian Beck

Praxishandbuch Lohn und Personal

3. Auflage

- Personalgewinnung und Mitarbeiterbindung
- Arbeitsrechtliche Grundlagen
- Lohn- und Gehaltsabrechnung mit DATEV und dem Steuerberater

Praxishandbuch Lohn und Personal, 3. Auflage

ISBN: **978-3-96276-014-4**

Verlag: DATEV eG, 90329 Nürnberg

Stand: August 2023

Art.-Nr.: 35420/2023-04-01

Titelbild: © Marco2811 – www.stock.adobe.com

Druck: CPI Books GmbH, Birkstraße 10, 25917 Leck

MIX
Papier | Fördert gute Waldnutzung
FSC® C083411

Auch als E-Book erhältlich unter ISBN: 978-3-96276-015-1

Einführung

Personalarbeit ist eine vielschichtige Angelegenheit. Kann man das überhaupt bewältigen und all das wissen, was entscheidend ist? Wie muss der Arbeitsvertrag aussehen, dass der Mitarbeiter damit zufrieden und der Arbeitgeber rechtlich abgesichert ist? Welche Fristen gelten bei An- und Abmeldungen von Personal? Wie rechnet man korrekt ab? Welche Gestaltungsmöglichkeiten beim Lohn gibt es zu Gunsten des Arbeitnehmers, zu Gunsten des Arbeitgebers und welche rechtlichen Vorschriften sind bei der kreativen Lohngestaltung einzuhalten? Wie gelingt gute Personalführung? Was ist zu tun, wenn es doch einmal nicht klappen sollte oder Arbeitgeber und Arbeitnehmer nicht miteinander können? Hier finden Sie lohnende und zielgerichtete Antworten auf Ihre Personalfragen!

Die wichtigsten Empfehlungen geben wir Ihnen aber bereits zu Beginn: Arbeiten Sie sich als Unternehmer/in in die entscheidenden administrativen Angelegenheiten Ihres Unternehmens ein. Überlegen Sie sich außerdem ein klares Konzept.

Lesen Sie sich rund um den Bereich Finanzen ein. Ziehen Sie aber sicherheitshalber einen Berater hinzu, um Ihr Unternehmen abzusichern.

Und zu guter Letzt: Eignen Sie sich ein Überblickswissen bei der Abrechnung an, damit Sie sich im richtigen Moment Beratung suchen. Die Abrechnung selbst aber sollten Sie auslagern. Dann sind die erläuterten Hürden der Personalaufwendungen und -entgelte für Sie zwar wichtiges Hintergrundwissen, aber kein aufwändiger Zeitfaktor mehr.

Aber lesen Sie einfach los …

August 2023 *Die Redaktion*

Ingrid Grube

Die Autorin ist Trainerin und Coach sowie Fachbuchautorin und eine angesehene Fachtrainerin im Personalwirtschaftsbereich. Zu ihren Erfolgen gehören zahlreiche Fachbuchveröffentlichungen dank langjähriger Berufserfahrung.

Christian Beck

Christian Beck, Rechtsanwalt und Fachanwalt für Arbeitsrecht, gründete Anfang 2009 eine ausschließlich auf Arbeitsrecht spezialisierte Kanzlei in der Metropolregion Nürnberg und betreut gemeinsam mit seinen Kollegen deutschlandweit überwiegend Arbeitgeber in allen Fragen des individuellen und kollektiven Arbeitsrechts.

Zuvor war er neun Jahre für einen Kanzleiverbund aus Wirtschaftsprüfern, Steuerberatern und Rechtsanwälten tätig und begleitete schwerpunktmäßig Sanierungen, Restrukturierungen und Unternehmenstransaktionen mittelständischer Unternehmen aus gesellschaftsrechtlicher und arbeitsrechtlicher Sicht. Als Partner leitete er dort bereits verantwortlich das Referat Arbeitsrecht.

Neben seiner anwaltlichen Tätigkeit ist Herr Beck stark als Referent in der Fortbildung engagiert, leitete in den vergangenen Jahren diverse Seminare zu mehr als fünfzig arbeitsrechtlichen Themen und veröffentlichte verschiedene Praxisratgeber.

Der Inhalt im Überblick

A Vertragsrecht

Autor: Christian Beck

1 Gestaltung des Arbeitsvertrages

Der Arbeitsvertrag ist ein privatrechtlicher, gegenseitiger Austauschvertrag, durch den sich der Arbeitnehmer zur persönlichen Leistung von fremdbestimmter, abhängiger oder unselbstständiger Arbeit unter Leitung und Weisung des Arbeitgebers und der Arbeitgeber zur Zahlung einer Vergütung verpflichtet.[1] § 611a BGB definiert erstmals den Arbeitsvertrag. Danach wird der Arbeitnehmer durch den Arbeitsvertrag im Dienste eines anderen zur Leistung weisungsgebundener, fremdbestimmter Arbeit in persönlicher Abhängigkeit verpflichtet.

Der Arbeitsvertrag wird zwischen dem Arbeitnehmer und dem Arbeitgeber durch Antrag und Annahme abgeschlossen. Es besteht grds. Formfreiheit, sodass die aufeinander bezogenen Willenserklärungen mündlich, schriftlich, ausdrücklich oder konkludent durch schlüssiges Verhalten abgegeben werden können.[2]

Der Arbeitsvertrag ist ein Dauerschuldverhältnis und als Unterfall des Dienstvertrags ein gegenseitiger Austauschvertrag.[3] Der Arbeitnehmer schuldet die Leistung von Arbeit, nicht dagegen einen bestimmten Erfolg.

Als schuldrechtlicher Vertrag sind auf den Arbeitsvertrag die Bestimmungen des Bürgerlichen Gesetzbuches (BGB) anzuwenden, soweit nicht die Eigenheiten des Arbeitsvertrages oder spezielle arbeitsrechtliche Regelungen entgegenstehen.[4]

Seit 01.01.2002 können Arbeitsverträge Allgemeine Geschäftsbedingungen darstellen und unterliegen dann der Klauselkontrolle nach §§ 305 ff. BGB.

---

1 Schaub, Arbeitsrechts-Handbuch, § 29, Rn. 1

2 Schaub, Arbeitsrechts-Handbuch, § 34 Rn. 15

3 Erfurter Kommentar zum Arbeitsrecht, § 611 BGB, Rn. 3

4 Schaub, Arbeitsrechts-Handbuch, § 29, Rn. 4

1.1 Vertragschließende Parteien

1.1.1 Arbeitnehmer

Partei des Arbeitsvertrages kann auf **Arbeitnehmerseite** nur eine natürliche Person sein.

Minderjährige Arbeitnehmer (Personen, die das 18. Lebensjahr noch nicht vollendet haben) sind in ihrer Geschäftsfähigkeit beschränkt. Sie bedürfen zu einer Willenserklärung, durch die sie nicht lediglich rechtliche Vorteile erlangen, also auch für den Abschluss eines Arbeitsvertrages, der Einwilligung ihrer gesetzlichen Vertreter, in der Regel ihrer Eltern.

Der gesetzliche Vertreter des Minderjährigen darf ihn ermächtigen, in Dienst oder in Arbeit zu treten. Liegt diese Ermächtigung vor, ist der Minderjährige für solche Rechtsgeschäfte unbeschränkt geschäftsfähig, welche die Eingehung oder Aufhebung eines Dienst- oder Arbeitsverhältnisses der gestatteten Art oder die Erfüllung der sich aus einem solchen Verhältnis ergebenden Verpflichtungen betreffen.

Der gesetzliche Vertreter kann den Umfang der Ermächtigung frei bestimmen.[5] Er kann die Ermächtigung also auch für ein einzelnes Arbeitsverhältnis erteilen oder innerhalb des Arbeitsverhältnisses auf bestimmte Rechtsgeschäfte beschränken. Im Zweifel ist anzunehmen, dass die für den Einzelfall erteilte Ermächtigung als allgemeine Ermächtigung zur Eingehung von Rechtsverhältnissen derselben Art gilt.

Ist dem Minderjährigen diese Ermächtigung erteilt worden, ist er für solche Rechtsgeschäfte unbeschränkt geschäftsfähig, welche die Eingehung oder Aufhebung eines Dienst- oder Arbeitsverhältnisses der gestatteten Art oder die Erfüllung der sich aus einem solchen Arbeitsverhältnis ergebenden Verpflichtungen betreffen.

Die Ermächtigung zur Eingehung eines Arbeitsverhältnisses umfasst alle verkehrsüblichen Vereinbarungen und Rechtsgeschäfte. Dazu gehören auch Abreden über Vertragsstrafen, Vergleiche oder Anerkennung von Schadensersatzansprüchen oder die Erteilung von Ausgleichsquit-

---

[5] Schaub, Arbeitsrechts-Handbuch, § 32, Rn. 28

tungen.[6] Nicht erfasst von der Ermächtigung ist die Vereinbarung eines nachvertraglichen Wettbewerbsverbots mit dem Minderjährigen, da ein solches auch wirksam nicht durch den gesetzlichen Vertreter abgeschlossen werden könnte.

Die Ermächtigung kann vom gesetzlichen Vertreter des Minderjährigen jederzeit zurückgenommen oder später eingeschränkt werden. Die Zurücknahme oder Einschränkung kann auch gegenüber dem Arbeitgeber erfolgen. Von einer Rücknahme oder Einschränkung ist dann auszugehen, wenn der gesetzliche Vertreter in ein Arbeitsverhältnis dadurch eingreift, dass er etwa bestimmt, die Vergütungszahlung solle zukünftig an ihn erfolgen.[7]

Soweit der Minderjährige aufgrund der Ermächtigung unbeschränkt geschäftsfähig ist, ist er auch prozessfähig. Er kann insoweit aus dem Arbeitsverhältnis klagen und verklagt werden oder einen Anwalt beauftragen und bevollmächtigen.[8]

1.1.2 Arbeitgeber

Auf **Arbeitgeberseite** kann Partei des Arbeitsvertrages grds. jede natürliche (in diesem Fall dann als Einzelunternehmer) oder juristische Person des öffentlichen oder privaten Rechts sowie jede Personengesellschaft sein.

Wird der Anstellungsvertrag mit einer Gesellschaft bürgerlichen Rechts (GbR) abgeschlossen, ist die GbR selbst Arbeitgeber. Mit ihrer Eintragung in das Partnerschaftsregister besitzt die Partnerschaftsgesellschaft volle Rechts- und Grundbuchfähigkeit. Sie ist Vertragspartner des Anstellungsvertrages mit dem Arbeitnehmer und folglich Arbeitgeber. Bis zur Eintragung der Partnerschaftsgesellschaft in das Partnerschaftsregister wird in der Regel eine Gesellschaft bürgerlichen Rechts bestehen.

---

6 Schaub, Arbeitsrechts-Handbuch, § 32, Rn. 31

7 Schaub, Arbeitsrechts-Handbuch, § 22, Rn. 29

8 Schaub, Arbeitsrechts-Handbuch, § 22, Rn. 29

Ist Arbeitgeber eine GmbH, wird diese beim Vertragsschluss durch den oder die Geschäftsführer oder durch sonstige Personalverantwortliche aufgrund rechtsgeschäftlicher Vollmacht (einschließlich Handlungsvollmacht und Prokura) vertreten. Auch vor Eintragung in das Handelsregister kann ein Arbeitsvertrag mit der (späteren) GmbH, genauer mit der Vorgründungsgesellschaft (in der Regel eine Gesellschaft des bürgerlichen Rechts, GbR) oder der Vor-GmbH, abgeschlossen werden.

Alternativ kann der Abschluss des Anstellungsvertrages aufschiebend bedingt zum Zeitpunkt der Eintragung der GmbH ins Handelsregister erfolgen. Ohne besondere Absprache ist von einem Abschluss des Vertrages mit der Vorgründungsgesellschaft bzw. der Vor-GmbH auszugehen. Mit Entstehen der GmbH durch Eintragung ins Handelsregister geht der Arbeitsvertrag ohne Weiteres von der Vorgründungsgesellschaft bzw. Vor-GmbH auf die GmbH über. Einer gesonderten Übertragung bedarf es nicht.

1.2 Inhalt des Arbeitsvertrages

Im Arbeitsvertrag müssen **zwingend** mindestens die beiden Parteien, die zu tätigende Arbeit sowie die Tatsache der Entgeltlichkeit enthalten sein. Allerdings empfiehlt es sich einige zusätzliche Vereinbarungen in den Vertrag aufzunehmen.

Im Hinblick auf die Vertragsfreiheit kann der Arbeitsvertrag neben dem Mindestinhalt nahezu unbegrenzt **weitere Zusatzvereinbarungen** enthalten, soweit keine gesetzlichen Bestimmungen entgegenstehen und kein Verstoß gegen das Allgemeine Gleichbehandlungsgesetz erfolgt.

So ist es z. B. sinnvoll, im Arbeitsvertrag Regelungen zu treffen, über

- die Arbeitszeit,
- das konkrete Arbeitsentgelt, die Vergütung von Mehrarbeit, etwaige erfolgsabhängige Vergütungsbestandteile, Sonderzahlungen und Gratifikationen,

- die Höhe des Erholungsurlaubs und die Gewährung von Urlaub, Verfall von freiwilligem Zusatzurlaub bei langfristiger Erkrankung des Arbeitnehmers,
- von den gesetzlichen Mindestbestimmungen abweichende Kündigungsfristen,
- Entgeltfortzahlung im Krankheitsfall oder anderweitiger Verhinderung des Arbeitnehmers,
- Verschwiegenheitsverpflichtungen,
- Nebentätigkeiten,
- Wettbewerbsverbote oder Kundenschutzklauseln,
- Fortbildungsvereinbarungen mit Rückzahlungsklausel oder
- Ausschlussfristen.

Zusätzlich können **tarifvertragliche Regelungen** in das Arbeitsverhältnis einbezogen werden. Den Arbeitsvertragsparteien steht es frei, unabhängig von einer Tarifbindung, Tarifverträge durch individualvertragliche Bezugnahme vollständig oder teilweise (z. B. „Im Übrigen gelten die Bestimmungen des Manteltarifvertrages im Einzelhandel in Bayern vom ...") zum Inhalt des Arbeitsvertrages zu machen.

Ist die Bezugnahmeklausel **statisch**, gelten die genau definierten Tarifverträge, mit dem Inhalt zum Zeitpunkt des Abschlusses des Arbeitsvertrages, unabhängig von späteren Änderungen. Bei einer **dynamischen Inbezugnahme** wird auf den jeweils im fachlichen Geltungsbereich zeitlich geltenden Tarifvertrag verwiesen, sodass Tarifänderungen unmittelbar zum Inhalt des Arbeitsvertrages werden (z. B. „Im Übrigen gelten die Bestimmungen des Manteltarifvertrages im Einzelhandel in Bayern in ihrer jeweils aktuellen Fassung").

1.3 Form, Nachweisgesetz

Der Arbeitsvertrag bedarf grds. keiner Form. Er kann z. B. mündlich, schriftlich oder durch schlüssiges Verhalten abgeschlossen werden. Schon aus Beweisgründen bietet es sich aber an, den Arbeitsvertrag schriftlich niederzulegen.

Nach dem Nachweisgesetz ist der Arbeitgeber aber verpflichtet, die wesentlichen Vertragsbedingungen schriftlich niederzulegen, die Niederschrift zu unterzeichnen und dem Arbeitnehmer auszuhändigen.

Mit Wirkung zum 01.08.2022 gab es eine gesetzliche Erweiterung des Nachweisgesetzes für Arbeitsverhältnisse, die nach dem 01.08.2022 begonnen haben.

Der Arbeitgeber hat in die Niederschrift mindestens aufzunehmen:

- den Namen und die Anschrift der Vertragsparteien,
- den Zeitpunkt des Beginns des Arbeitsverhältnisses,
- bei befristeten Arbeitsverhältnissen: das Enddatum oder die vorhersehbare Dauer des Arbeitsverhältnisses,
- den Arbeitsort oder, falls der Arbeitnehmer nicht nur an einem bestimmten Arbeitsort tätig sein soll, einen Hinweis darauf, dass der Arbeitnehmer an verschiedenen Orten beschäftigt werden oder seinen Arbeitsort frei wählen kann,
- eine kurze Charakterisierung oder Beschreibung der vom Arbeitnehmer zu leistenden Tätigkeit,
- sofern vereinbart, die Dauer der Probezeit,
- die Zusammensetzung und die Höhe des Arbeitsentgelts einschließlich der Vergütung von Überstunden, der Zuschläge, der Zulagen, Prämien und Sonderzahlungen sowie anderer Bestandteile des Arbeitsentgelts, die jeweils getrennt anzugeben sind, und deren Fälligkeit sowie die Art der Auszahlung,
- die vereinbarte Arbeitszeit, vereinbarte Ruhepausen und Ruhezeiten sowie bei vereinbarter Schichtarbeit das Schichtsystem, der Schichtrhythmus und Voraussetzungen für Schichtänderungen,

- bei Arbeit auf Abruf nach § 12 des Teilzeit- und Befristungsgesetzes:
  - die Vereinbarung, dass der Arbeitnehmer seine Arbeitsleistung entsprechend dem Arbeitsanfall zu erbringen hat,
  - die Zahl der mindestens zu vergütenden Stunden,
  - den Zeitrahmen, bestimmt durch Referenztage und Referenzstunden, der für die Erbringung der Arbeitsleistung festgelegt ist, und
  - die Frist, innerhalb derer der Arbeitgeber die Lage der Arbeitszeit im Voraus mitzuteilen hat,
- sofern vereinbart, die Möglichkeit der Anordnung von Überstunden und deren Voraussetzungen,
- die Dauer des jährlichen Erholungsurlaubs,
- einen etwaigen Anspruch auf vom Arbeitgeber bereitgestellte Fortbildung,
- wenn der Arbeitgeber dem Arbeitnehmer eine betriebliche Altersversorgung über einen Versorgungsträger zusagt, den Namen und die Anschrift dieses Versorgungsträgers; die Nachweispflicht entfällt, wenn der Versorgungsträger zu dieser Information verpflichtet ist,
- das bei der Kündigung des Arbeitsverhältnisses von Arbeitgeber und Arbeitnehmer einzuhaltende Verfahren, mindestens das Schriftformerfordernis und die Fristen für die Kündigung des Arbeitsverhältnisses, sowie die Frist zur Erhebung einer Kündigungsschutzklage; § 7 des Kündigungsschutzgesetzes ist auch bei einem nicht ordnungsgemäßen Nachweis der Frist zur Erhebung einer Kündigungsschutzklage anzuwenden,
- einen in allgemeiner Form gehaltenen Hinweis auf die auf das Arbeitsverhältnis anwendbaren Tarifverträge, Betriebs- oder Dienstvereinbarungen sowie Regelungen paritätisch besetzter Kommissionen, die auf der Grundlage kirchlichen Rechts Arbeitsbedingungen für den Bereich kirchlicher Arbeitgeber festlegen.

Hat der Arbeitnehmer seine Arbeitsleistung länger als vier aufeinanderfolgende Wochen außerhalb der Bundesrepublik Deutschland zu erbringen, so hat der Arbeitgeber dem Arbeitnehmer vor dessen Abreise die folgenden zusätzlichen Angaben auszuhändigen:

- das Land oder die Länder, in dem oder in denen die Arbeit im Ausland geleistet werden soll, und die geplante Dauer der Arbeit,
- die Währung, in der die Entlohnung erfolgt,
- sofern vereinbart, mit dem Auslandsaufenthalt verbundene Geld- oder Sachleistungen, insbesondere Entsendezulagen und zu erstattende Reise-, Verpflegungs- und Unterbringungskosten,
- die Angabe, ob eine Rückkehr des Arbeitnehmers vorgesehen ist, und gegebenenfalls die Bedingungen der Rückkehr.

Für Entsendefälle gilt ergänzend § 2 Abs. 3 NachwG.

Wer einen Praktikanten einstellt, hat unverzüglich nach Abschluss des Praktikumsvertrages, spätestens vor Aufnahme der Praktikantentätigkeit, die wesentlichen Vertragsbedingungen schriftlich niederzulegen, die Niederschrift zu unterzeichnen und dem Praktikanten auszuhändigen. In die Niederschrift sind mindestens aufzunehmen:

- der Name und die Anschrift der Vertragsparteien,
- die mit dem Praktikum verfolgten Lern- und Ausbildungsziele,
- Beginn und Dauer des Praktikums,
- Dauer der regelmäßigen täglichen Praktikumszeit,
- Zahlung und Höhe der Vergütung,
- Dauer des Urlaubs,
- ein in allgemeiner Form gehaltener Hinweis auf die Tarifverträge, Betriebs- oder Dienstvereinbarungen, die auf das Praktikumsverhältnis anzuwenden sind.

Der Arbeitgeber hat nach § 2 Abs. 1 NachwG die vorgenannten wesentlichen Vertragsbedingungen des Arbeitsverhältnisses innerhalb der Fristen in § 2 Abs. 1 S. 4 NachwG (1. Tag der Arbeitsleistung, innerhalb von sieben Tagen nach vereinbartem Beginn oder einen Monat nach vereinbartem Beginn) schriftlich niederzulegen, die Niederschrift zu unterzeichnen und dem Arbeitnehmer auszuhändigen. Es gilt weiterhin (abweichend von den Vorgaben der Europäischen Arbeitsbedingungenrichtlinie) strenge Schriftform, d. h. dem Arbeitnehmer ist **eine Urkunde mit Unterschrift des Arbeitgebers** auszuhändigen. Die elektronische Form, damit auch eine E-Mail oder ein PDF-Dokument, selbst mit zertifizierter elektronischer Signatur, ist weiterhin ausdrücklich ausgeschlossen (§ 2 Abs. 1 S. 3 NachwG).

Kommt der Arbeitgeber seinen Verpflichtungen aus dem Nachweisgesetz nicht nach, hat dies keine unmittelbare Auswirkung auf die Wirksamkeit des Arbeitsvertrages. Besteht aber Streit über die getroffenen Vereinbarungen (z. B. zur Höhe des Entgelts oder des Erholungsurlaubs) kann die Unmöglichkeit der Sachverhaltsaufklärung bei gegenteiligen Behauptungen der Parteien zu Lasten des Arbeitgebers gehen, wenn dieser entgegen § 2 NachwG dem Arbeitnehmer keinen Nachweis der wesentlichen Vertragsbedingungen erteilt hat.[9]

Beispiel: Zwischen Arbeitgeber B und Arbeitnehmer A wurde ein mündlicher Arbeitsvertrag abgeschlossen. Der Arbeitgeber ist seiner Nachweispflicht aus § 2 NachwG nicht nachgekommen.

Über den von A genommenen Urlaub wurden in der Vergangenheit keine Aufzeichnungen geführt. Der Arbeitnehmer erhielt während seines Urlaubs das vereinbarte Bruttogehalt von 2.500,00 Euro fortbezahlt.

Als der Arbeitnehmer gekündigt wird, kommt es im Kündigungsschutzverfahren zum Streit über etwaig abzugeltenden Urlaub. Der Arbeitnehmer behauptet, ihm müssten noch zwei Wochen (10 Tage) Urlaub abgegolten werden, da er von seinen 35 Arbeitstagen Urlaub (Basis 5-Tage-Woche) nur fünf Wochen, also 25 Tage genommen hat. Der Arbeitgeber ist der Ansicht, der Urlaub sei vollständig erfüllt. Der Arbeitnehmer habe nicht 35 Arbeitstage, sondern 35 Werktage Urlaub, die demzufolge in Natur erbracht wurden.

---

9 LAG Niedersachsen vom 21.02.2003 – 10 Sa 1683/02, NZA-RR 2003, S.382

> Lässt sich nicht anderweitig aufklären, ob die Parteien den Urlaub in Höhe von (unstreitig) 35 Tagen auf Basis von Werktagen (knapp fünf Wochen Urlaub) oder Arbeitstagen (sieben Wochen Urlaub) vereinbart haben,[10] geht dies – wegen Verstoßes gegen § 2 NachwG – zu Lasten des Arbeitgebers und dem Arbeitnehmer sind noch zehn Tage Urlaub abzugelten.

Die Nachweispflicht stellt zudem eine Nebenpflicht aus dem Arbeitsverhältnis dar, deren Erfüllung der Arbeitnehmer verlangen und gegebenenfalls gerichtlich durchsetzen könnte. Im Einzelfall denkbar könnten auch Schadensersatzansprüche bei Verletzung der Nachweispflicht sein, wobei deren Bezifferung in der Praxis schwierig ist.

Mit der Neuregelung des Nachweisgesetzes ab 01.08.2022 stellte ein Verstoß gegen die Nachweispflichten nach § 4 NachwG eine **Ordnungswidrigkeit** dar, die mit einem Bußgeld bewehrt ist.

Hinweis

Wird dem Arbeitnehmer ein schriftlicher Arbeitsvertrag ausgehändigt, entfallen die Verpflichtungen aus dem Nachweisgesetz, soweit der Vertrag die o. g. Angaben enthält (§ 2 Abs. 5 NachwG).

Bestimmte nachweispflichtigen Arbeitsbedingungen können durch Verweis auf Kollektivvereinbarungen (Tarifverträge, Betriebsvereinbarungen, etc.) oder auf die gesetzlichen Regelungen erbracht werden (§ 2 Abs. 4 NachwG).

---

[10] Da in der Lohnabrechnung auch während des Urlaubs das Gehalt ohne besonderen Ausweis der Urlaubstage fortgezahlt wurde, lässt sich auch aus dieser nicht die Höhe des Urlaubs ableiten.

1.4 Allgemeine Geschäftsbedingungen (AGB)

1.4.1 Arbeitsvertrag als AGB

Seit 01.01.2002 können Arbeitsverträge Allgemeine Geschäftsbedingungen (AGB)[11] darstellen und unterliegen dann der Klauselkontrolle nach §§ 305 ff. BGB. Bei der Anwendung der §§ 305 ff. BGB auf Arbeitsverträge sind lediglich die im Arbeitsrecht geltenden Besonderheiten angemessen zu berücksichtigen.

Ein Arbeitsvertrag stellt AGB dar, wenn er für eine Vielzahl von Verträgen vorformulierte Vertragsbedingungen enthält, die eine Vertragspartei (Arbeitgeber als Verwender) der anderen Vertragspartei bei Abschluss des Vertrages stellt. Tarifverträge, Betriebs- und Dienstvereinbarungen sind ausgenommen.

Vertragsbedingungen sind vorformuliert, wenn sie für eine mehrfache Verwendung schriftlich aufgezeichnet oder in sonstiger Weise fixiert sind,[12] z. B. in einem Formularvertrag[13] oder als gespeicherter Text auf einem Datenträger.[14] Die Vertragsbedingungen müssen für eine mehrfache Verwendung vorgesehen sein. Nicht erforderlich ist, dass der Arbeitgeber den Text selbst erstellt hat. Es genügt die Verwendung etwa eines Musters des Arbeitgeberverbandes, aus einem Formularbuch oder einer Internetplattform, auch wenn es vom Arbeitgeber nur für einen einzigen Arbeitnehmer angewendet werden soll. Vorformuliert sind Arbeitsvertragsbedingungen nicht nur dann, wenn vom Arbeitgeber ein vollständiges Arbeitsvertragsmuster verwendet, sondern auch, wenn der Arbeitsvertrag aus einzelnen Textbausteinen zusammengesetzt wird.

---

11 Das AGB-Recht enthält für die Ausgestaltung und den Inhalt Allgemeiner Geschäftsbedingungen strenge Vorgaben, da in der Praxis das „Kleingedruckte" oftmals nicht oder nur oberflächlich gelesen wird.

12 Palandt, BGB, § 305 BGB, Rn. 8

13 Palandt, BGB, § 305 BGB, Rn. 14

14 Palandt, BGB, § 305 BGB, Rn. 8

Für eine Vielzahl von Verträgen sind die Vertragsbedingungen vorformuliert, wenn sie nicht nur für einen bestimmten Vertrag, sondern mindestens für drei Verwendungen ausgearbeitet wurden. Die §§ 305 ff. BGB sind dann bereits im ersten Verwendungsfall anwendbar.[15]

Hinweis

Da der **Arbeitnehmer als Verbraucher** zu qualifizieren ist,[16] finden die §§ 305c Abs. 2, 306, 307 bis 309 BGB selbst dann Anwendung, wenn die vorformulierten Vertragsbedingungen nur zur einmaligen Verwendung bestimmt sind, soweit der Arbeitnehmer auf Grund der Vorformulierung keinen Einfluss auf den Vertrag nehmen konnte.

„Gestellt" sind Vertragsbedingungen, wenn sie von einer Partei einseitig auferlegt werden.[17] Bei Arbeitsverträgen gelten die Vertragsbedingungen als vom Arbeitgeber gestellt, es sei denn, dass sie durch den Arbeitnehmer als Verbraucher in den Vertrag eingeführt wurden.

Allgemeine Geschäftsbedingungen liegen nicht vor, soweit die Vertragsbedingungen zwischen den Vertragsparteien im Einzelnen ausgehandelt wurden.

---

15 Palandt, BGB, § 305 BGB, Rn. 9

16 Das BGB kennt nur „Verbraucher" (§ 13 BGB) und „Unternehmer" (§ 14 BGB). Zu letzteren gehört der Arbeitnehmer nicht. Damit muss er Verbraucher iSd. BGB sein.

17 Palandt, BGB, § 305 BGB, Rn. 10

„Aushandeln“ bedeutet mehr als bloßes Verhandeln. Es genügt daher nicht, dass eine Vertragsklausel dem Arbeitnehmer bei Abschluss bekannt ist und bei ihm nicht auf Bedenken stößt bzw. der Inhalt einer Vertragsklausel zwischen den Parteien erörtert und übereinstimmend angenommen wird. Vielmehr ist Voraussetzung, dass der Inhalt der einzelnen Regelung dem Vertragspartner (Arbeitnehmer) ernsthaft zur Disposition gestellt und dem Arbeitnehmer Gestaltungsfreiheit zur Wahrung eigener Interessen eingeräumt wurde oder er zumindest die reale Möglichkeit hatte, die inhaltliche Ausgestaltung der Vertragsbedingungen zu beeinflussen.

1.4.2 Überraschende Klauseln

Formularklauseln werden nicht Vertragsbestandteil, wenn sie überraschende Klauseln darstellen.

Überraschende Klauseln in AGB sind solche Bestimmungen, die nach den Umständen, auch nach dem äußeren Erscheinungsbild des Vertrages, so ungewöhnlich sind, dass der Vertragspartner des Verwenders (Arbeitgebers) nicht mit ihnen zu rechnen braucht. Dies ist u. a. der Fall, wenn die Klausel mit dem Leitbild des Vertrages unvereinbar ist oder erheblich von dispositiven gesetzlichen Vorschriften abweicht.

Hinweis

Aber auch Klauseln, die für sich betrachtet keine überraschenden Klauseln darstellen, können überraschend sein, wenn sie im Vertragstext falsch eingeordnet und dadurch geradezu „versteckt“ oder zwischen anderen Regelungen kaum auffindbar sind.

Beispiel: So wurde etwa eine Verfallsklausel[18] als „überraschend“ qualifiziert, die in einem 19 Paragraphen umfassenden Vertrag unter der Überschrift „Schlussbestimmungen“ enthalten war. Überraschend können auch Verweisklauseln auf einen branchenfremden Tarifvertrag sein.[19]

Das LAG Berlin-Brandenburg hat die Befristung eines Arbeitsvertrages als überraschende Klausel für unwirksam erklärt, die unter der Überschrift „Entstehung des Arbeitsverhältnisses“ enthalten war.

Dagegen werden Widerrufs- und Anrechnungsvorbehalte regelmäßig wegen ihrer Üblichkeit in Zusammenhang mit der Gewährung von freiwilligen Leistungen nicht als überraschend angesehen. Gleiches gilt für die Vereinbarung einer aufschiebenden Bedingung bei einem nachvertraglichen Wettbewerbsverbot.[20]

1.4.3 Vorrang der Individualabrede

Haben die Parteien eine Vereinbarung im Einzelnen getroffen, hat diese Vorrang vor einer abweichenden AGB/Formularklausel. Die im Widerspruch stehende AGB ist dann unwirksam. Dabei ist unerheblich, ob die Individualabrede zu einer AGB-Klausel in direktem oder indirektem Widerspruch steht[21] oder in welcher Form und zu welchem Zeitpunkt die Individualabrede getroffen wurde. Eine AGB-Klausel kann daher auch durch eine mündliche oder durch schlüssiges Verhalten getroffene Individualabrede unwirksam werden.[22]

1.4.4 Inhaltskontrolle von Formularklauseln

Ist eine Formularklausel im Arbeitsvertrag nicht überraschend und haben die Parteien diesbezüglich auch keine vorrangige Individualabrede getroffen, unterliegt die Klausel der Inhaltskontrolle, soweit sie von Rechtsvorschriften abweichende oder diese ergänzende Regelungen enthält. Als Rechtsvorschriften gelten nicht nur Gesetzesbestimmun-

---

18 Wonach Ansprüche nach einer gewissen Zeit (z. B. 3 Monate nach Fälligkeit) verfallen, wenn sie nicht rechtzeitig gegenüber der anderen Vertragspartei geltend gemacht werden.

19 Reinecke, BB 2006, S. 2637

20 Schaub, Arbeitsrechts-Handbuch, § 32, Rn. 26

21 Palandt, BGB, § 305b BGB, Rn. 3 und Rn. 4

22 Palandt, BGB, § 305b BGB, Rn. 2

gen, sondern alle allgemein anerkannten Rechtsgrundsätze, die für das jeweilige Schuldverhältnis bestehen. Tarifverträge, Betriebs- und Dienstvereinbarungen stehen Rechtsvorschriften gleich.

Formularklauseln dürfen danach

- den Vertragspartner des Verwenders nicht unangemessen benachteiligen,
- das sog. Transparenzgebot nicht verletzen und
- nicht gegen die (konkreten) Klauselverbote der §§ 308, 309 BGB verstoßen.

1.4.5 Unangemessene Benachteiligung

Bestimmungen in AGB sind unwirksam, wenn sie den Vertragspartner des Verwenders entgegen den Geboten von Treu und Glauben unangemessen benachteiligen. Unangemessen ist jede Beeinträchtigung eines rechtlich anerkannten Interesses des Arbeitnehmers, die nicht durch begründete und billigenswerte Interessen des Arbeitgebers gerechtfertigt ist oder durch gleichwertige Vorteile ausgeglichen wird.

Eine unangemessene Benachteiligung ist im Zweifel anzunehmen, wenn eine Bestimmung mit wesentlichen Grundgedanken der gesetzlichen Regelung, von der abgewichen wird, nicht zu vereinbaren ist. Das dispositive Gesetzesrecht ist hier Leitbild der Inhaltskontrolle.[23] Je weiter sich AGB vom gesetzlichen Leitbild entfernen, desto größer ist die Gefahr einer unangemessenen Benachteiligung.

Schränkt eine Bestimmung wesentliche Rechte und Pflichten, die sich aus der Natur des Vertrages ergeben, gegenüber einer Vertragspartei so ein, dass die Erreichung des Vertragszwecks gefährdet ist, kann ebenfalls eine unangemessene Benachteiligung vorliegen.

---

23 Schaub, Arbeitsrechts-Handbuch, § 35, Rn. 44a

Beispiel: Im Arbeitsvertrag wurde vereinbart, dass der Arbeitnehmer die abgerechneten Lohnansprüche innerhalb von vier Wochen nach Ende des Kalendermonats prüfen und ggf. schriftlich beim Arbeitgeber beanstanden muss. Erfolgt eine Nachforderung nicht innerhalb der vier Wochen, sind fehlende Lohnbestandteile verfallen.

Für solche Klauseln hat das BAG eine unangemessene Benachteiligung angenommen, wenn die Frist zur Geltendmachung von Ansprüchen weniger als drei Monate ab Fälligkeit beträgt und die Ausschlussfrist nur einseitig den Arbeitnehmer belastet.

1.4.6 Transparenzgebot

Wegen Verstoßes gegen das Transparenzgebot ist eine Klausel unwirksam, wenn sie nicht klar und verständlich formuliert ist. Das Transparenzgebot soll den Arbeitnehmer davor schützen, dass er von der Durchsetzung bestehender Rechte abgehalten wird. Das Transparenzgebot verlangt, dass die tatbestandlichen Voraussetzungen und Rechtsfolgen einer Klausel so genau beschrieben werden, dass für den Arbeitnehmer keine ungerechtfertigten Beurteilungsspielräume entstehen. Allgemeine Geschäftsbedingungen sind nicht allein deshalb intransparent, weil sie nicht in der Muttersprache des Vertragspartners gefasst sind. Wer sich auf einen Arbeitsvertrag in fremder Sprache einlässt, trägt grundsätzlich auch das Sprachrisiko.

Beispiel: Zwischen Arbeitgeber und Arbeitnehmer wurde eine wöchentliche Arbeitszeit von 40 Stunden vereinbart. Gleichzeitig enthält der Vertrag die Verpflichtung des Arbeitnehmers, Überstunden „bis zur gesetzlichen Höchstgrenze" zu leisten. Alle Überstunden sollen mit der Grundvergütung abgegolten sein.

Für die Abgeltung von Überstunden hat das BAG einen Verstoß gegen das Transparenzgebot angenommen, wenn der Umfang der geschuldeten Arbeitsleistung nicht im Vertrag definiert ist. Bei Vertragsabschluss wisse der Arbeitnehmer nicht, was auf ihn zukomme.

Wirksam wäre dagegen, wenn die Anzahl der mit der Grundvergütung abgegoltenen Überstunden fest definiert wäre.

Die Rechte und Pflichten des Vertragspartners des Klauselverwenders (Arbeitgebers) sind daher – im Rahmen des rechtlich Möglichen und tatsächlich Zumutbaren – so klar und präzise wie möglich zu umschreiben.

Hinweis

Insbesondere im Hinblick auf das Transparenzgebot ist es unerlässlich, größte Sorgfalt bei der Formulierung von arbeitsvertraglichen Bedingungen walten zu lassen.

Das BAG hat seit 2002 viele, früher übliche Regelungen in Arbeitsvertragsmustern wegen Verstoßes gegen das Transparenzgebot für unwirksam erklärt.

Es lohnt sich daher in jedem Fall, den Rat eines Rechtsanwaltes einzuholen.

So sah das BAG etwa den folgenden Freiwilligkeitsvorbehalt für Gratifikationen des Arbeitgebers als unwirksam an:

> *„Ein vom Arbeitgeber etwaig gezahltes Weihnachtsgeld stellt eine freiwillige Leistung dar. Auch bei mehrfacher Gewährung bleibt das Weihnachtsgeld jederzeit widerruflich."*

Da sich die Bezeichnung einer Leistung als einerseits *„freiwillig"* und andererseits *„jederzeit widerruflich"* aus sachlogischen Erwägungen widersprechen würde, wäre ein solcher Freiwilligkeitsvorbehalt intransparent und damit unwirksam.

1.4.7 Spezielle Klauselverbote

Die §§ 308 und 309 BGB enthalten spezielle Klauselverbote mit und ohne Wertungsmöglichkeit. Sie spielen in Arbeitsverträgen nur eine untergeordnete Rolle. Darüber hinaus sind bei ihrer Anwendung auf Arbeitsverträge die im Arbeitsrecht geltenden Besonderheiten angemessen zu berücksichtigen.

So ist etwa die Vereinbarung von Vertragsstrafen in Formulararbeitsverträgen als grds. zulässig anerkannt. Wegen der fehlenden Erzwingbarkeit der Arbeitsleistung sind unter Berücksichtigung der Besonderheiten des Arbeitsrechts Vertragsstrafenabreden in Arbeitsverträgen grds. zulässig, z. B. für den Fall, dass der Arbeitnehmer seine Arbeit nicht antritt oder vor Ablauf der Kündigungsfrist die weitere Arbeitsleistung verweigert.

Hält eine Klausel der Inhaltskontrolle nicht stand, ist die Klausel unwirksam, der Vertrag im Übrigen bleibt unberührt. Die unwirksame Klausel wird nicht auf den vereinbarten Teil reduziert.[24] Ausnahmsweise kann eine unwirksame AGB teilweise aufrechterhalten werden, wenn sie in einen zulässigen und in einen unzulässigen Teil so aufgespalten werden kann, dass der wirksame Teil für sich eine verständliche und sinnvolle Regelung darstellt.[25]

---

[24] Palandt, BGB, § 306 BGB, Rn. 6

[25] auch als „blue-pencil"-Test bezeichnet.

1.5 Diskriminierungsverbote – Gleichbehandlung

1.5.1 Grundrechtsschutz

Der aus Art. 3 Grundgesetz (GG) abgeleitete allgemeine Gleichbehandlungsgrundsatz gebietet dem Arbeitgeber, seine Arbeitnehmer oder Gruppen von Arbeitnehmern, die sich in vergleichbarer Lage befinden, bei Anwendung **einer selbst gesetzten Regel** gleich zu behandeln. Damit verbietet der Gleichbehandlungsgrundsatz eine sachfremde Gruppenbildung und die willkürliche Schlechterstellung einzelner Arbeitnehmer innerhalb einer Gruppe.

Die Frage der Ungleichbehandlung kann sich u. a. bei der Veränderung der Arbeitsbedingungen durch neue Arbeitsverträge stellen, wenn Vergünstigungen, wie etwa ein höherer Urlaubsanspruch von der Unterzeichnung des neuen Arbeitsvertrages abhängig gemacht werden.

Nach Ansicht der Rechtsprechung liegt bei solchen Konstellationen grundsätzlich keine Ungleichbehandlung vor. Bietet der Arbeitgeber allen Arbeitnehmern neue Arbeitsverträge an, erfolgt die Teilung der Belegschaft in eine Gruppe, die das Angebot des Arbeitgebers annimmt (und damit z. B. den erhöhten Urlaubsanspruch erhält) und in eine solche, die es ablehnt, unabhängig vom Willen des Arbeitgebers durch die Entscheidung jedes einzelnen Arbeitnehmers für oder gegen den Abschluss des neuen Arbeitsvertrages. Der Gewährung von zusätzlichen Leistungen nur an die Arbeitnehmer, die das Vertragsangebot angenommen haben, liegt deshalb keine verteilende Entscheidung des Arbeitgebers zugrunde. Der Arbeitgeber kommt lediglich seiner vertraglichen Verpflichtung aus den neuen Arbeitsverträgen nach.

1.5.2 Allgemeines Gleichbehandlungsgesetz

Nach § 7 des **Allgemeinen Gleichbehandlungsgesetzes** (AGG) dürfen Beschäftigte, insbesondere also Arbeitnehmerinnen und Arbeitnehmer, nicht wegen eines in § 1 AGG geschützten Grundes benachteiligt werden.

Das AGG soll Diskriminierungen aus Gründen

- der Rasse oder der ethnischen Herkunft,
- des Geschlechts,
- der Religion oder Weltanschauung,
- einer Behinderung,
- des Alters oder
- der sexuellen Identität verhindern oder beseitigen.[26]

Im arbeitsrechtlichen Bereich spielt das AGG insbesondere eine Rolle für

- die Bedingungen, einschließlich Auswahlkriterien und Einstellungsbedingungen, für den Zugang zu Erwerbstätigkeit sowie für den beruflichen Aufstieg,
- die Beschäftigungs- und Arbeitsbedingungen, einschließlich Arbeitsentgelt und Entlassungsbedingungen.

Verstöße gegen das Diskriminierungsverbot führen dazu, dass entsprechende Vereinbarungen im Arbeitsvertrag unwirksam sind. Darüber hinaus steht dem Mitarbeiter ein Beschwerderecht zu, wenn es im laufenden Beschäftigungsverhältnis zu Benachteiligungen kommt.

Bei einem Verstoß gegen das Benachteiligungsverbot ist der Arbeitgeber verpflichtet, den hierdurch entstandenen Schaden zu ersetzen, wenn er die Pflichtverletzung zu vertreten hat. Enthält ein Arbeitsvertrag Bestimmungen, die gegen die Diskriminierungsverbote aus dem AGG verstoßen, kann der Arbeitnehmer deshalb die für ihn günstigste Leistung beanspruchen.

Beispiel: Differenziert der Arbeitsvertrag etwa bei der Dauer des Erholungsurlaubs nach dem Lebensalter, kann hierin eine Altersdiskriminierung liegen. Soll einem Arbeitnehmer z. B. bis zur Vollendung des 30. Lebensjahres 26 Arbeitstage, zwischen dem 30. und dem 35. Lebensjahr 28 Arbeitstage und ab dem 35. Lebensjahr 30 Arbeitstage Erholungsurlaub zustehen, wäre diese Klausel unwirksam. Auch der 20-jährige Arbeitnehmer könnte 30 Arbeitstage Erholungsurlaub beanspruchen.

---

[26] Die Aufzählung im Gesetz ist abschließend.

Nach § 8 AGG ist eine unterschiedliche Behandlung zulässig, wenn dies wegen der Art der auszuübenden Tätigkeit oder der Bedingungen ihrer Ausübung eine wesentliche und entscheidende berufliche Anforderung darstellt, sofern der Zweck rechtmäßig und die Anforderung angemessen ist. Dieser allgemeine Rechtfertigungsgrund wird durch Sonderregelungen für die unterschiedliche Behandlung wegen der Religion oder der Weltanschauung und in Bezug auf die unterschiedliche Behandlung wegen des Alters ergänzt.

Beispiel: Daher kann z. B. die Differenzierung der Urlaubsdauer nach dem Lebensalter ausnahmsweise dann gerechtfertigt sein, wenn mit einem längeren Urlaub für ältere Arbeitnehmer ein legitimes Ziel dadurch verfolgt wird, dass dem gesteigerten Erholungsbedürfnis älterer Menschen Rechnung getragen werden soll. Dies mag bei einem (geringfügig, z. B. 2 Tage) höheren Urlaubsanspruch ab einem Lebensalter von 58 Jahren angenommen werden können.[27]

1.5.3 Benachteiligungsverbote nach § 4 Abs. 2 Satz 1 TzBfG (Befristung)

Nach § 4 Abs. 2 Satz 1 TzBfG darf ein befristet beschäftigter Arbeitnehmer wegen der Befristung des Arbeitsvertrages nicht schlechter behandelt werden als ein vergleichbarer unbefristet Beschäftigter, es sei denn, dass sachliche Gründe eine unterschiedliche Behandlung rechtfertigen.

Insbesondere ist einem befristet beschäftigten Arbeitnehmer Arbeitsentgelt oder eine andere teilbare geldwerte Leistung, die für einen bestimmten Bemessungszeitraum gewährt wird, mindestens in dem Umfang zu gewähren, der dem Anteil seiner Beschäftigungsdauer am Bemessungszeitraum entspricht (§ 4 Abs. 2 Satz 2 TzBfG).

Sind bestimmte Beschäftigungsbedingungen von der Dauer des Bestehens des Arbeitsverhältnisses in demselben Betrieb oder Unternehmen abhängig, so sind für befristet beschäftigte Arbeitnehmer die selben Zeiten zu berücksichtigen wie für unbefristet beschäftigte Arbeitnehmer, es sei denn, dass eine unterschiedliche Berücksichtigung aus sachlichen Gründen gerechtfertigt ist (§ 4 Abs. 2 Satz 3 TzBfG).

---

27 Schaub, Arbeitsrechts-Handbuch, § 36, Rn. 87

§ 4 Abs. 2 TzBfG ist ein einfach gesetzlich geregelter Sonderfall des allgemeinen Gleichbehandlungssatzes in Artikel Art. 3 Abs. 1 GG und verbietet nicht die Befristung als solche, sondern nur die Ungleichbehandlung während der Dauer des befristeten Arbeitsverhältnisses. Es schützt den Arbeitnehmer nur während der Dauer der Befristung und bezieht sich nicht auf Folgen, die sich im Rahmen eines nachfolgenden unbefristeten Arbeitsverhältnisses ergeben können.[28] Die Parteien sind bei der Neubegründung eines Arbeitsverhältnisses im Anschluss an eine wirksame Befristung in der Gestaltung der Arbeitsbedingungen frei und nicht an die früheren Abmachungen während der Befristung gebunden.[29]

1.5.4 Benachteiligungsverbote nach § 4 Abs. 1 Satz 1 TzBfG (Teilzeit)

Nach § 4 Abs. 1 S. 1 TzBfG darf ein teilzeitbeschäftigter Arbeitnehmer wegen der Teilzeitarbeit nicht schlechter behandelt werden als ein vergleichbarer vollzeitbeschäftigter Arbeitnehmer, es sei denn, dass sachliche Gründe eine unterschiedliche Behandlung rechtfertigen. Einem teilzeitbeschäftigten Arbeitnehmer ist Arbeitsentgelt oder eine andere teilbare geldwerte Leistung mindestens in dem Umfang zu gewähren, der dem Anteil seiner Arbeitszeit an der Arbeitszeit eines vergleichbaren vollzeitbeschäftigten Arbeitnehmers entspricht (§ 4 Abs. 1 S. 2 TzBfG). Das Diskriminierungsverbot gilt **auch für geringfügig Beschäftigte** im Sinne von § 8 SGB IV.

§ 4 Abs. 1 TzBfG normiert ein einheitliches Verbot der sachlich nicht gerechtfertigten Benachteiligung wegen einer Teilzeitarbeit. Es betrifft vergleichbare teilzeit- und vollzeitbeschäftigte Arbeitnehmer. Vergleichbar ist nach § 2 Abs. 1 S. 3 TzBfG ein vollzeitbeschäftigter Arbeitnehmer des Betriebes mit derselben Art des Arbeitsverhältnisses und der gleichen oder einer ähnlichen Tätigkeit.

[28] Schaub, Arbeitsrechts-Handbuch, § 38, Rdn. 19

[29] BAG vom 27.11.2008 – 6 AZR 632/08, NZA-RR 2009, S.490

Von einer Ungleichbehandlung wegen der Teilzeitarbeit ist auszugehen, wenn die Dauer der Arbeitszeit das Kriterium ist, an das die unterschiedliche Behandlung bei den Arbeitsbedingungen anknüpft.[30] Die Teilzeitbeschäftigung muss damit für die Benachteiligung ursächlich sein. Die Kausalität fehlt, wenn Umstände, die keinen Bezug zur Arbeitszeit haben, für die unterschiedliche Behandlung maßgebend sind. Vollzeit- und Teilzeitkräfte werden daher ungleich vergütet, wenn für jeweils die gleiche Stundenanzahl nicht die gleiche Gesamtvergütung gezahlt wird.[31]

Eine schlechtere Behandlung von Teilzeitbeschäftigten gegenüber Vollzeitbeschäftigten ist zulässig, wenn es hier für einen sachlichen Grund gibt. Allein der Umfang der Arbeitsleistung kann die unterschiedliche Behandlung nicht rechtfertigen. Die Sachgründe müssen anderer Art sein, beispielsweise auf der Arbeitsleistung, Qualifikation, Berufserfahrung oder unterschiedlichen Anforderungen am Arbeitsplatz beruhen. Ausnahmsweise kann die Differenzierung an die Arbeitszeit geknüpft werden, wenn eine Leistung an Vollzeitbeschäftigte besondere Erschwernisse ausgleichen soll und diese bei Teilzeitbeschäftigten auch nicht anteilig gegeben sind.

---

30 BAG vom 12.05.2016 – 6 AZR 300/15

31 BAG vom 25.09.2013 – 10 AZR 4/12

2 Freie Mitarbeiter und das Risiko der Scheinselbstständigkeit

Gerade Existenzgründer und junge Unternehmen können wegen der deutlich höheren Flexibilität ein großes Interesse daran haben, benötigte Arbeitsleistungen nicht durch eigene Arbeitnehmer, sondern durch **Subunternehmer** oder **freie Mitarbeiter** ausführen zu lassen.

In diesem Fall werden die Leistungen durch selbstständige Unternehmer im Rahmen eines Werk- oder Dienstvertrages erbracht, sodass steuer- und sozialversicherungsrechtliche Vorgaben aus dem Beschäftigungs verhältnis nicht zu beachten sind. Bei Schlechtleistungen haftet der Subunternehmer oder freie Mitarbeiter nach den gesetzlichen Bestimmungen. Außerdem sind arbeitsrechtliche Schutzvorschriften, wie etwa das Arbeitszeitgesetz, Kündigungsschutzgesetz oder die Verpflichtungen zur Entgeltfortzahlung im Krankheitsfalle, an Feiertagen oder während des Erholungsurlaubs nicht anzuwenden.

Wenn das fehlende Weisungsrecht nicht den Ausschlag für die Anstellung eigener Mitarbeiter gibt, stellt also der Einsatz von Subunternehmern und freien Mitarbeitern eine interessante Alternative dar.

Hinweis

Allerdings ist diese Gestaltung mit einem großen Risiko, der Feststellung einer sog. **„Scheinselbstständigkeit“**, verbunden.

Unter „Scheinselbstständigkeit“ wird ein Lebenssachverhalt erfasst, bei dem eine Zusammenarbeit „nach außen formal“ als selbstständige Tätigkeit, etwa auf Basis eines Werk- oder meist Dienstvertrages ausgestaltet ist, sich tatsächlich jedoch aus der Art und Weise der Zusammenarbeit ergibt, dass der „Auftragnehmer“ als Arbeitnehmer zu qualifizieren ist. Die Abgrenzung zwischen einer selbstständigen Tätigkeit und einer abhängigen Beschäftigung wird notwendig, wenn die Parteien eine freie Mitarbeit vereinbaren, bei der tatsächlichen Durchführung allerdings eine enge Bindung besteht, die auf ein Arbeitsverhältnis hindeuten kann.

Wird im Rahmen einer Betriebsprüfung die Tätigkeit des Subunternehmers oder freien Mitarbeiters als Scheinselbstständigkeit qualifiziert, drohen weitreichende Konsequenzen: Der Scheinselbstständigkeit liegt ein Vertragsverhältnis zugrunde, dessen Parteien sich als selbstständige Unternehmer ansehen. Formal nimmt der Auftragnehmer die Stellung eines Unternehmers – und somit eines Selbstständigen – ein. Daher wurden im Laufe der vermeintlich selbstständigen Tätigkeit vom Auftraggeber für den Auftragnehmer keine Sozialversicherungsbeiträge abgeführt. Wird die Tätigkeit als Scheinselbstständigkeit umqualifiziert, muss eine **Nachzahlung der Sozialversicherungsbeiträge** erfolgen.

Zudem hat der Scheinselbstständige regelmäßig zu Unrecht **Umsatzsteuer** in seinen Rechnungen an den Auftraggeber ausgewiesen, obwohl er tatsächlich kein Unternehmer im Sinne des Umsatzsteuerrechtes war. Letztlich wurde vom „Auftraggeber“ auf die bezahlten Rechnungen keine Lohnsteuer einbehalten und an das Finanzamt abgeführt.

2.1 Kriterien zur Abgrenzung

Zum 01.04.2017 wurde durch das Gesetz zur Änderung des Arbeitnehmerüberlassungsgesetzes und anderer Gesetze vom 21.10.2016 in dem neu geschaffenen § 611a Abs. 1 BGB erstmals eine gesetzliche Definition des Arbeitnehmerbegriffes vorgenommen. Arbeitnehmer ist hiernach, wer auf Grund eines privatrechtlichen Vertrags im Dienste eines anderen zur Leistung weisungsgebundener, fremdbestimmter Arbeit in persönlicher Abhängigkeit verpflichtet ist. Das Weisungsrecht kann Inhalt, Durchführung, Zeit und Ort der Tätigkeit betreffen. Weisungsgebunden ist, wer nicht im Wesentlichen frei seine Tätigkeit gestalten und seine Arbeitszeit bestimmen kann. Der Grad der persönlichen Abhängigkeit hängt dabei auch von der Eigenart der jeweiligen Tätigkeit ab. Für die Feststellung, ob ein Arbeitsvertrag vorliegt, ist eine Gesamtbetrachtung aller Umstände vorzunehmen. Zeigt die tatsächliche Durchführung des Vertragsverhältnisses, dass es sich um ein Arbeitsverhältnis handelt, kommt es auf die Bezeichnung im Vertrag nicht an.

Bei der Abgrenzung eines Arbeitsverhältnisses von dem Rechtsverhältnis eines Selbstständigen ist damit das entscheidende Kriterium der **Grad der persönlichen Abhängigkeit**, in dem sich der zur Dienstleistung Verpflichtete befindet. Neben dem eigentlichen Weisungsrecht in Bezug auf Ort, Zeit und fachlicher Ausführung wird der Eingliederung in den Betrieb sowie der Eigenart der jeweiligen Tätigkeit große Bedeutung beigemessen.

Für die Prüfung, ob der für die Annahme eines Arbeitsverhältnisses erforderliche Grad der persönlichen Abhängigkeit besteht, wurden von der Rechtsprechung eine ganze Reihe von materiellen Abgrenzungskriterien erarbeitet, anhand derer der Status des Vertrages überprüft wird. Hierzu zählen insbesondere:

- Weisungsrecht des Arbeitgebers hinsichtlich des Arbeitsortes
- Fachliche Weisungsgebundenheit
- Zeitliche Weisungsgebundenheit
- Eingliederung in eine fremde Arbeitsorganisation

- Leistungserbringung nur in eigener Person
- Verpflichtung, angebotene Aufträge anzunehmen
- Fehlendes unternehmerisches Auftreten am Markt
- Aufnahme in einen Dienstplan
- Dauerrechtsverhältnis
- keine eigenen versicherungspflichtigen Beschäftigte,
- Tätigkeit auf Dauer und im Wesentlichen nur für einen Auftraggeber,
- Auftraggeber hat Beschäftigte, die dieselben Tätigkeiten verrichten wie der Selbstständige,
- Selbstständiger hat Tätigkeit beim Auftraggeber zuvor als dessen Arbeitnehmer verrichtet.

Liegen die genannten Merkmale (auch nur teilweise) vor, führt dies zum Ergebnis, dass eine Arbeitnehmereigenschaft bzw. abhängige Beschäftigung gegeben ist.

Für eine selbstständige Tätigkeit spricht, wenn die tätige Person unternehmerische Entscheidungsfreiheit genießt, ein Unternehmerrisiko trägt sowie unternehmerische Chancen wahrnehmen und hierfür Eigenwerbung betreiben kann.

Zu typischen Merkmalen unternehmerischen Handelns gehört u. a., dass Leistungen im eigenen Namen und auf eigene Rechnung – statt im Namen und auf Rechnung des Auftraggebers – erbracht werden sowie die eigenständige Entscheidung über

- Warenbezug
- Einkaufs- und Verkaufspreise
- Einsatz von Kapital und Maschinen
- die Zahlungsweise der Kunden
- Einstellung von Personal
- Art und Umfang der Kundenakquisition

- Art und Umfang von Werbemaßnahmen für das eigene Unternehmen (z. B. Benutzung eigener Briefköpfe).

Für die Abgrenzung zwischen Arbeitnehmern und selbstständigen Unternehmern ist im Zweifelsfall **ausschließlich** die **tatsächliche** Vertragsabwicklung von Bedeutung. Maßgeblich sind die **Umstände**, unter denen die Dienstleistung erbracht wird, nicht die Bezeichnung des Vertrages oder eine von den Parteien gewünschte Rechtsfolge.

Auch wenn die Parteien übereinstimmend eine freie Mitarbeit wünschen, bedeutet dies nicht, dass die Arbeitsgerichte, Sozialversicherungsbehörden oder die Finanzverwaltung das Vertragsverhältnis als selbstständige Tätigkeit anerkennen.

Die Einordnung, ob eine selbstständige oder unselbstständige Tätigkeit vorliegt, kann (außer in eindeutigen Fällen) nur nach einer **Gesamtabwägung** der einzelnen Abgrenzungskriterien getroffen werden.

Da es keine abstrakten, für alle Arbeitnehmer gleichermaßen geltenden Kriterien gibt, sind bei der Einzelfallabwägung auch die **Eigenarten der jeweiligen Tätigkeit** zu berücksichtigen.

2.2 Konsequenzen einer Scheinselbstständigkeit

2.2.1 Arbeitsrechtliche Auswirkungen der Scheinselbstständigkeit

Die arbeitsrechtlichen Folgen der Scheinselbstständigkeit sind zumeist weniger gravierend als die sozialversicherungs- und steuerrechtlichen Konsequenzen. Wird ein Vertragsverhältnis, z. B. im Zuge eines arbeitsgerichtlichen Verfahrens oder anlässlich einer Sozialversicherungsprüfung, als Scheinselbstständigkeit qualifiziert, stellt sich insbesondere die Frage, welche **Vergütung** der Arbeitgeber dem (ehemaligen) freien Mitarbeiter zahlen muss und ob er für die Vergangenheit geleistete Zahlungen teilweise zurückverlangen kann.

Die Vertragsparteien haben sich im Falle einer Scheinselbstständigkeit nicht über die „Vergütung im Arbeitsverhältnis" geeinigt, sondern über die Honorierung der selbstständigen Tätigkeit. Es fehlt bei einer späteren Umqualifizierung des Vertragsverhältnisses also eine Vereinbarung über das Arbeitsentgelt.

Hatten die Parteien keine feste Vergütung für das Auftragsverhältnis vereinbart, greift § 612 Abs. 2 BGB und der (jetzige) Arbeitgeber schuldet die übliche Vergütung, die sich von vergleichbaren Arbeitnehmern des Unternehmens oder z. B. aus tarifvertraglichen Vorgaben ableiten lässt. Aber auch, wenn in dem vermeintlichen „freien Mitarbeiterverhältnis" eine **feste Vergütung** vereinbart und bezahlt worden war, könne laut BAG daraus nicht ohne Weiteres gefolgert werden, die Parteien hätten dieselbe Vergütung auch für den Fall vereinbart, dass der Mitarbeiter Arbeitnehmer sei. Der Scheinselbstständige hat daher in der Regel nur Anspruch auf die „übliche Vergütung".

Wurde der Vertrag durch die Parteien hingegen **bewusst** falsch eingeordnet, um Sozialabgaben nicht abführen zu müssen, stellt sich die Interessenslage bei Beurteilung der vereinbarten Vergütung anders dar: Es bleibt im Ergebnis beim „Arbeitsvertrag", wie er tatsächlich durchgeführt wurde. Der künftige Arbeitnehmer kann die vertraglich vereinbarte Vergütung für die selbstständige Tätigkeit vom Arbeitgeber auch als Vergütung im Arbeitsverhältnis verlangen.

Der Arbeitgeber muss zusätzlich den Sozialversicherungsbeitrag abführen.[32]

Auch bei der Frage der **Rückzahlung überzahlter Honorare** ist im Ergebnis zwischen einer irrtümlichen und einer bewusst falschen Einordnung des Vertragsverhältnisses zu unterscheiden:

Der Arbeitgeber kann die Rückzahlung verlangen, wenn der Arbeitnehmerstatus eines freien Mitarbeiters rückwirkend festgestellt wird und eine unbewusste Fehleinschätzung vorlag. Dem Arbeitgeber steht dann gegen den Arbeitnehmer ein Anspruch auf Rückzahlung der Differenz zwischen gezahlter und arbeitnehmerüblicher Vergütung nach bereicherungsrechtlichen Grundsätzen zu.

---

32 Lampe, Arbeitsrechtliche Folgen der aufgedeckten Scheinselbständigkeit, RdA 2002, S. 18

Eine Rückforderung ist jedoch i. d. R. ausgeschlossen, wenn der Leistende (Arbeitgeber) **positive Kenntnis** der Rechtslage im Zeitpunkt der Leistung hatte. **Nicht ausreichend** ist die Kenntnis der Tatsachen, aus denen sich das Fehlen einer rechtlichen Verpflichtung ergibt. Der Leistende muss vielmehr **wissen**, dass er nach der Rechtslage **nichts schuldet**.

2.2.2 Sozialversicherungsrechtliche Auswirkungen

Wird ein vermeintlich Selbstständiger sozialversicherungsrechtlich als Beschäftigter nach § 7 Abs. 1 SGB IV eingestuft, ist der Unternehmer nicht **Auftrag**-, sondern **Arbeitgeber**. Er hat daher die Zahlungspflicht nach § 28e Abs. 1 SGB IV zu erfüllen. Der Arbeitgeber ist im Außenverhältnis zu den Sozialversicherungsträgern **alleiniger Schuldner** des Gesamtsozialversicherungsbeitrages. Für die **Vergangenheit** kann der Arbeitgeber sowohl hinsichtlich der Arbeitgeber- als auch der Arbeitnehmeranteile in Anspruch genommen werden.

Die Verjährungsfrist für Nachzahlungsansprüche beträgt **4 Jahre nach Ablauf des Kalenderjahres**, in dem die Beiträge **fällig** geworden sind. Davon abweichend verjähren Ansprüche auf **vorsätzlich** vorenthaltene Beiträge in **30 Jahren**.

2.2.3 Steuerrechtliche Konsequenzen

Steuerrechtlich haben der Scheinselbstständige und sein Auftraggeber das Beschäftigungsverhältnis in der Vergangenheit als Auftragsverhältnis zwischen **selbstständigen Unternehmern** abgewickelt.

Mangels selbstständiger Tätigkeit ist ein **Scheinselbstständiger kein Unternehmer** im Sinne des § 2 Abs. 1 Satz 1 UStG.

Der **Scheinselbstständige** schuldet dem Finanzamt trotzdem den in seinen Abrechnungsdokumenten zu Unrecht ausgewiesenen Steuerbetrag, auch wenn er sich irrtümlich für einen Unternehmer hielt. Der geschuldete Steuerbetrag kann nur **berichtigt** werden, soweit eine Gefährdung des Steueraufkommens **beseitigt** worden ist. Die Gefährdung des Steueraufkommens ist dann beseitigt, wenn ein Vorsteuerabzug beim Empfänger der Rechnung nicht durchgeführt oder die geltend gemachte Vorsteuer an die Finanzbehörde zurückgezahlt worden ist. Für den Scheinselbstständigen besteht im Ergebnis hinsichtlich der zu Unrecht ausgewiesenen Umsatzsteuer nur in den Fällen des § 14c Abs. 2 Satz 4 UStG eine Berichtigungsmöglichkeit.

Hat der Scheinselbstständige die ausgewiesene und vom Auftraggeber bezahlte Umsatzsteuer um **eigene Vorsteuerbeträge** vermindert an das Finanzamt abgeführt, war er hierzu mangels Unternehmereigenschaft ebenfalls nicht berechtigt. Seine Umsatzsteuererklärungen sind daher zu berichtigen, wobei sich wegen der fehlenden Vorsteuerabzugsberechtigung **erhebliche Umsatzsteuernachforderungen** ergeben können.

Der **Arbeitgeber** war im Gegenzug nicht berechtigt, die ihm vom Scheinselbstständigen in Rechnung gestellte Umsatzsteuer als **Vorsteuer** bei seinen Umsatzsteueranmeldungen zu berücksichtigen. Er trägt als **Rechnungsempfänger** die **Feststellungslast** für das Vorhandensein der den Vorsteuerabzug begründenden Tatsachen. Auch der Arbeitgeber muss daher mit Umsatzsteuernachforderungen rechnen. Ob eine Berichtigung nach § 14c Abs. 2 UStG oder eine Verrechnung aus Billigkeitserwägungen in Betracht kommt, liegt letztlich im Einzelfallermessen der Finanzbehörden. Zivilrechtlich wird der Arbeitgeber in der Regel einen Rückzahlungsanspruch in Höhe der zu Unrecht ausgewiesenen Umsatzsteuer gegen den Arbeitnehmer haben. Allerdings wird dieser in vielen Fällen nicht zu realisieren sein.

Wird der **Auftragnehmer** als Arbeitnehmer „enttarnt“, so waren seine Einkünfte, die er als gewerbliche Einkünfte oder als selbstständige Einkünfte erklärt hatte, einer nichtselbstständigen Tätigkeit zuzuordnen.

Der **Arbeitgeber** haftet für die Lohnsteuer, die er einzubehalten und abzuführen hat bzw. hatte. Die Haftung des Arbeitgebers besteht für die Lohnsteubiernachforderungsansprüche des Finanzamtes gegen den vermeintlichen Auftragnehmer **in voller Höhe**, wenn der Scheinselbstständige während der vermeintlich freien Mitarbeit keine oder zu wenig Steuern gezahlt hat. Der Arbeitgeber tritt als **Gesamtschuldner** neben den Scheinselbstständigen.

Die Haftung des Arbeitgebers setzt **kein Verschulden** voraus. Der Grad des Verschuldens kann lediglich im Rahmen einer Ermessensabwägung, ob der Arbeitgeber in Anspruch genommen wird, Bedeutung erlangen. Die Inanspruchnahme des Arbeitgebers kann **unbillig** sein, wenn er in einem entschuldbaren Rechtsirrtum den Steuerabzug unterlassen hat.

2.3 Statusfeststellungsverfahren und Anrufungsauskunft

Mit dem Statusfeststellungsverfahren besteht eine Möglichkeit zur Klärung der Frage, ob ein **sozialversicherungspflichtiges Beschäftigungsverhältnis** vorliegt. Zuständig ist die Deutsche Rentenversicherung Bund (DRV).

Das Statusfeststellungsverfahren wird auf **schriftlichen oder elektronischen Antrag** eines Beteiligten durchgeführt. Beteiligte sind die Vertragspartner (Auftragnehmer und Auftraggeber). Jeder Beteiligte ist berechtigt, das Anfrageverfahren **alleine** zu beantragen. Es ist nicht erforderlich, dass sich die Beteiligten über die Einleitung des Verfahrens einig sind. Im Falle der Einleitung nur durch einen Beteiligten wird der andere zum Verfahren hinzugezogen.

Für die Antragstellung gibt es **keinen gesetzlich vorgeschriebenen Zeitpunkt**, sodass der Antrag auch nach Aufnahme der Tätigkeit oder auch noch gestellt werden kann, wenn sie **bereits beendet** ist. Den Beteiligten ist aber zu raten, den Antrag **innerhalb eines Monats** nach Aufnahme der Tätigkeit zu stellen. In diesem Fall kann die Versicherungspflicht unter gewissen Voraussetzungen erst mit der **Bekanntgabe der Entscheidung der DRV** eintreten.

Das Verfahren dauert in der Regel **drei bis sechs Monate**, bis eine Entscheidung im Ausgangsverfahren getroffen wird. Beide Beteiligten trifft eine **Mitwirkungsobliegenheit**, die darin besteht, innerhalb des Verfahrens Angaben zu machen und Unterlagen vorzulegen. Eine Verletzung der Obliegenheit führt dazu, dass die Behörde auf Grundlage der ihr vorliegenden Tatsachen entscheiden und damit auch die für die Parteien ungünstigste Schlussfolgerung ziehen kann.

Das Statusfeststellungsverfahren endet mit dem Erlass eines **Verwaltungsaktes**, der zu begründen und den beiden Beteiligten zuzustellen ist. Die Rentenversicherung soll auf Grundlage einer Gesamtwürdigung aller Umstände des Einzelfalles entscheiden, ob eine Beschäftigung vorliegt.

Gegen den Ausgangsbescheid kann zunächst **innerhalb eines Monats** nach Bekanntgabe **Widerspruch** bei der DRV eingelegt werden. Dieser führt dazu, dass eine etwaige Nachzahlungspflicht der Sozialversicherungsbeiträge bis zum Abschluss des Widerspruchsverfahrens aufgeschoben ist. Wird dem Widerspruch nicht stattgegeben, kann kombinierte **Anfechtungs- und Feststellungsklage** beim Sozialgericht mit dem Antrag erhoben werden, den Bescheid aufzuheben und festzustellen, dass keine sozialversicherungspflichtige Beschäftigung in der gesetzlichen Kranken-, Renten-, Arbeitslosen- und Pflegeversicherung vorliegt.

Im **Steuerrecht** besteht die Möglichkeit, das Anrufungsverfahren durchzuführen, um Unsicherheiten hinsichtlich der Beurteilung einer selbstständigen oder nichtselbstständigen Tätigkeit zu beseitigen. Die Anfrage kann sich auf alles beziehen, was mit der Einbehaltung und Abführung der Lohnsteuer zusammenhängt, so also auch die Arbeitnehmereigenschaft. Die Auskunft des Finanzamtes muss beinhalten, ob bzw. inwieweit im einzelnen Fall die Vorschriften über die **Lohnsteuer** Anwendung finden. Sowohl der Arbeitgeber als auch der Arbeitnehmer können die **gebührenfreie Auskunft** verlangen.

Die Anrufungsauskunft kann **formlos** beantragt werden. Aus Beweisgründen bietet sich jedoch eine **schriftliche bzw. der Textform entsprechende Anfrage** an. Für die Auskunftserteilung ist nur das **Betriebsstättenfinanzamt** zuständig. Dies ist das Finanzamt, in dessen Bezirk sich der Betrieb des Auftraggebers befindet und das für die Durchführung des Lohnsteuerabzugs zuständig ist.

Die vom Finanzamt erteilte Auskunft entfaltet ausschließlich gegenüber demjenigen Bindungswirkung, der die Auskunft **beantragt** hat. Die dem **Arbeitgeber** erteilte Auskunft ist folglich für das Finanzamt, welches für den Arbeitnehmer zuständig ist, **nicht bindend**. Dieses Finanzamt kann im Veranlagungsverfahren von der Rechtsauffassung des Betriebsstättenfinanzamtes abweichen. Insofern schließt der Arbeitgeber aber das Risiko der Lohnsteuerhaftung aus, wenn ihm aufgrund der Auskunft des Finanzamtes **keine Pflicht** zur Einbehaltung der Lohnsteuer obliegt, selbst wenn diese Auskunft unrichtig war.

3 Befristung des Arbeitsvertrages

Der Gesetzgeber lässt (neben unbefristeten Arbeitsverhältnissen) auch – unter bestimmten Voraussetzungen – die Befristung des Arbeitsvertrages zu.

Gerade für junge Unternehmen kann es interessant sein, Mitarbeiter nicht dauerhaft zu verpflichten, sondern den benötigten Personalbedarf (zumindest teilweise) durch befristete Arbeitsverhältnisse abzudecken. Wegen der potenziellen Gefahr der Umgehung des Kündigungsschutzes, hat der Gesetzgeber die Befristung unter bestimmte Zulässigkeitsvoraussetzungen gestellt. In diesem Kapitel sollen die Voraussetzungen und Möglichkeiten der befristeten Einstellung von Arbeitnehmern aufgezeigt werden. Dabei stehen die erleichterten Möglichkeiten für neugegründete Unternehmen im Vordergrund.

Hinweis

Anders als etwa der Kündigungsschutz nach dem Kündigungsschutzgesetz (KSchG) gelten die Befristungsregeln unabhängig von der Größe des Arbeitgebers. Auch bei der Beschäftigung des ersten und einzigen Arbeitnehmers kann die Befristung nur mit Sachgrund oder unter den erleichterten Voraussetzungen des § 14 Abs. 2, Abs. 2a Teilzeit- und Befristungsgesetz (TzBfG) erfolgen.

3.1 Arten der Befristung

Ein befristetes Arbeitsverhältnis wird stets für eine bestimmte Zeit abgeschlossen. Die Dauer des Vertragsverhältnisses ergibt sich dabei kalendermäßig (kalendermäßig befristeter Arbeitsvertrag) oder aus Art, Zweck oder Beschaffenheit der Arbeitsleistung (zweckbefristeter Arbeitsvertrag).

Bei der kalendermäßigen Befristung des Arbeitsverhältnisses kann sich die Dauer unmittelbar aus dem Anfangs- und Enddatum nach dem Kalender oder durch die Definition einer bestimmten Dauer ergeben.

Beispiel: Der Arbeitnehmer wird vom 01.01.2023 bis zum 30.06.2023 angestellt.

Beispiel: Der Arbeitnehmer wird von 01.01.2023 für sechs Monate angestellt.

Die kalendermäßige Befristung muss hinreichend bestimmt oder zumindest bestimmbar sein. Ist dies nicht der Fall (z. B. „... solange es warm ist...“), gilt das Arbeitsverhältnis als auf unbestimmte Zeit abgeschlossen. Eventuell kann aber bei einer unbestimmten kalendermäßigen Befristung eine Zweckbefristung vorliegen.

Das Teilzeit- und Befristungsgesetz schreibt nicht zwingend die Bestimmung der Dauer des Arbeitsverhältnisses nach dem Kalender vor. Vielmehr kann sich die Dauer des Arbeitsverhältnisses auch aus Art, Zweck oder Beschaffenheit der Arbeitsleistung ergeben. Bei dieser Zweckbefristung hängt die Beendigung des Arbeitsverhältnisses vom Eintritt eines zukünftigen Ereignisses ab, dessen Eintritt die Arbeitsvertragsparteien für gewiss halten. Ungewiss ist lediglich der Zeitpunkt, zu dem das Ereignis eintreten wird.

Beispiel: Der Arbeitnehmer wird als Krankheitsvertretung für den Mitarbeiter XYZ angestellt. Das Arbeitsverhältnis endet, wenn XYZ an seinen Arbeitsplatz zurückkehrt.

Im Arbeitsvertrag muss der Zweck der Befristung so exakt bezeichnet werden, dass hieraus die Beendigung des Arbeitsverhältnisses mit Zweckerreichung zweifelsfrei feststellbar ist. Im Hinblick auf das Schriftformerfordernis muss der Vertragszweck schriftlich vereinbart werden. Die Angabe des Zwecks tritt an die Stelle der Datums- oder Zeitangabe bei der Zeitbefristung.

Die Zweckbefristung kommt in der Praxis insbesondere bei Vertretungsfällen und bei vorübergehend erhöhtem Arbeitsbedarf in Betracht. Sie erfordert stets die nachweisbare Prognose, dass der Befristungszweck im Rahmen des Vorhersehbaren sicher eintreten wird.[33]

Ebenfalls zulässig ist eine **Kombination aus Zeit- und Zweckbefristung**. Hier sind allerdings an die Bestimmtheit der Befristungsabrede besondere Anforderungen zu stellen. Es muss eindeutig erkennbar sein, wann welcher Befristungstatbestand eingreifen soll. Wurde eine Doppelbefristung vereinbart, hat eine etwaige Unwirksamkeit der Zweckbefristung (z. B. wegen nicht eindeutiger Definition des Zwecks) auf die zugleich geregelte Zeitbefristung keinen Einfluss. Die unwirksame Zweckbefristung entfaltet keine Wirkung, sodass das Arbeitsverhältnis mit der vereinbarten kalendermäßigen Befristung endet.

Beispiel: Der Arbeitnehmer wird als Krankheitsvertretung für den Mitarbeiter XYZ angestellt. Das Arbeitsverhältnis endet, wenn XYZ an seinen Arbeitsplatz zurückkehrt, spätestens jedoch am 31.12.2023.

Wie für jedes andere Rechtsgeschäft, ist auch beim Arbeitsvertrag eine auflösende Bedingung denkbar. Der Unterschied zur Befristung liegt darin, dass das Vertragsverhältnis bei Eintritt eines ungewissen Ereignisses in der Zukunft statt eines gewissen Ereignisses enden soll. Klassische Beispiele einer Bedingung sind etwa die automatische Beendigung des Arbeitsvertrages bei Eintritt einer unbefristeten und vollen Erwerbsminderung oder der Abschluss des Arbeitsvertrages unter der Bedingung der Zustimmung des Betriebsrats zur Einstellung des Arbeitnehmers.

3.2 Zulässigkeit der Befristung

Wegen der potenziellen Gefahr der Umgehung des Kündigungsschutzes durch Reihenbefristungen und im Hinblick darauf, dass der Gesetzgeber den unbefristeten Arbeitsvertrag als den gewünschten Normal-

[33] Schaub, Arbeitsrechts-Handbuch, § 38, Rn. 33

fall ansieht,[34] ist die Befristung des Arbeitsvertrages nur dann zulässig, wenn ein sachlicher Grund hierfür vorliegt oder ausnahmsweise die besonderen Voraussetzungen für die erleichterte Befristung nach § 14 Abs. 2 TzBfG gegeben sind. Für bestimmte Sondersituationen oder Personengruppen definiert der Gesetzgeber weitere Ausnahmen vom generellen Befristungsverbot.

3.2.1 Befristungen mit Sachgrund nach § 14 Abs. 1 TzBfG

Die Befristung eines Arbeitsvertrages ist nach § 14 Abs. 1 Satz 1 TzBfG zulässig, wenn sie durch einen sachlichen Grund gerechtfertigt ist. Nach § 14 Abs. 1 Satz 2 TzBfG liegt ein sachlicher Grund insbesondere vor, wenn

- der betriebliche Bedarf an der Arbeitsleistung nur vorübergehend besteht,
- die Befristung im Anschluss an eine Ausbildung oder ein Studium erfolgt, um den Übergang des Arbeitnehmers in eine Anschlussbeschäftigung zu erleichtern,
- der Arbeitnehmer zur Vertretung eines anderen Arbeitnehmers beschäftigt wird,
- die Eigenart der Arbeitsleistung die Befristung rechtfertigt,
- die Befristung zur Erprobung erfolgt,
- in der Person des Arbeitnehmers liegende Gründe die Befristung rechtfertigen,
- der Arbeitnehmer aus Haushaltsmitteln vergütet wird, die haushaltsrechtlich für eine befristete Beschäftigung bestimmt sind, und er entsprechend beschäftigt wird[35] oder
- die Befristung auf einem gerichtlichen Vergleich beruht.

---

[34] Schaub, Arbeitsrechts-Handbuch, § 40, Rn. 1

[35] Dieser Befristungsgrund wird teilweise als Europarechtswidrig angesehen, wobei eine endgültige Entscheidung noch aussteht.

Ähnlich wie bei der Wirksamkeit einer Kündigung, bei der es auf den Kündigungszeitpunkt ankommt, muss der Sachgrund für die Befristung bei Abschluss des befristeten Arbeitsvertrages vorliegen. Nach Vertragsabschluss eintretende Umstände können den bei Vertragsabschluss objektiv vorliegenden Sachgrund nicht mehr in Frage stellen.

Bei der Beurteilung einiger der oben genannten Sachgründe hat eine **Prognose des Arbeitgebers für die Zukunft** zu erfolgen. Hierfür muss bei Vertragsabschluss mit einiger Sicherheit zu erwarten sein, dass für die Beschäftigung des befristet eingestellten Arbeitnehmers kein dauerhafter, sondern nur ein vorübergehender Arbeitsbedarf besteht. Für die Prognose müssen jeweils **konkrete Anhaltspunkte** vorliegen. Eine bloße Unsicherheit über die zukünftige Entwicklung des Arbeitskräftebedarfs reicht für die Befristung des Arbeitsverhältnisses nicht aus.[36]

Anders als bei der erleichterten Befristung nach § 14 Abs. 2 TzBfG oder der Befristung nach einigen Sondertatbeständen, regelt der Gesetzgeber bei der Befristung mit Sachgrund nach § 14 Abs. 1 TzBfG weder die **zulässige Maximaldauer** der Befristung, noch wird die **Anzahl der Verlängerungen** oder hintereinander geschalteter Befristungen beschränkt.[37]

Von den gesetzlich geregelten Sachgründen in § 14 Abs. 1 TzBfG spielen in der Praxis die Befristung wegen des vorübergehenden betrieblichen Bedarfs an der Arbeitsleistung, die befristete Einstellung des Arbeitnehmers zur Vertretung eines anderen Arbeitnehmers sowie die Befristung wegen in der Person des Arbeitnehmers liegender Gründe die wichtigste Rolle.

---

36 Schaub, Arbeitsrechts-Handbuch, § 40, Rn. 4

37 Allerdings können sich Schranken aus den Grundsätzen eines Rechtsmissbrauchs ergeben, siehe Ziffer 1.4

3.2.1.1 Befristung wegen des vorübergehenden betrieblichen Bedarfs an der Arbeitsleistung (§ 14 Abs. 1 Satz 2 Nr. 1 TzBfG)

Nach § 14 Abs. 1 Satz 2 Nr. 1 TzBfG liegt ein gesetzlich anerkannter Sachgrund für die Befristung des Arbeitsverhältnisses vor, wenn der betriebliche Bedarf an der Arbeitsleistung nur vorübergehend besteht.

Die Wirksamkeit der Befristung hängt von der prognostizierten künftigen Entwicklung des Arbeitskräftebedarfs ab, deren Beurteilung dem Arbeitgeber obliegt. Die Prognose des Arbeitgebers muss ergeben, dass für die Beschäftigung des Arbeitnehmers über das vereinbarte Vertragsende hinaus mit hinreichend bestimmter Sicherheit kein Bedarf mehr bestehen wird.

Hinweis

Die allgemeine Unsicherheit über die Entwicklung der Arbeitsmenge und des Arbeitskräftebedarfs beim Arbeitgeber rechtfertigt dagegen die Befristung nicht. Der Arbeitgeber kann das unternehmerische Risiko nicht durch den Abschluss befristeter Arbeitsverträge auf die Arbeitnehmer abwälzen.[38]

Demzufolge muss aufgrund greifbarer Tatsachen ein vorübergehend erhöhter Arbeitsanfall vorliegen und der spätere Wegfall des Mehrbedarfs mit einiger Sicherheit zu erwarten sein.

Beispiel: Klassische Beispiele für die zulässige Befristung wegen des vorübergehenden betrieblichen Bedarfs an der Arbeitsleistung sind etwa die Skihütte, die in der Wintersaison z. B. zehn Mitarbeiter, im Sommer, wenn sich nur wenige Wanderer zur Hütte verirren, nur drei Mitarbeiter benötigt. Ebenso die typischen Saisonarbeitsverhältnisse, wie etwa die Tätigkeit in einer Freiluft-Badeanstalt, der Verkauf von Weihnachtsartikeln oder die Erntehilfe.[39]

---

[38] Schaub, Arbeitsrechts-Handbuch, § 40, Rn. 9

[39] Erfurter Kommentar zum Arbeitsrecht, § 14 TzBfG, Rn. 26

Zwischen dem vorübergehenden betrieblichen Bedarf an der Arbeitsleistung und der Einstellung des befristeten Arbeitnehmers genügt **ein mittelbarer Zusammenhang**, d. h. der befristet eingestellte Arbeitnehmer muss nicht zwingend unmittelbar den vorübergehend entstandenen Arbeitsbedarf ausführen. Der Arbeitgeber kann bis zu einem gewissen Grad eine Umorganisation vornehmen.

Allerdings muss ein Kausalzusammenhang zwischen dem erhöhten Arbeitskräftebedarf und der Einstellung des befristeten Arbeitnehmers bestehen. Das Erfordernis des Kausalzusammenhangs soll gewährleisten, dass der Sachgrund nicht nur vorgeschoben ist und der Umgehung des Kündigungsschutzes dient. An der notwendigen Kausalität zwischen dem vorübergehenden Bedarf an der Arbeitsleistung und der Befristung fehlt es, wenn der Arbeitgeber einen Mehrbedarf zum Anlass nimmt, beliebig viele Arbeitnehmer einzustellen oder wenn er dem befristet angestellten Arbeitnehmer Daueraufgaben überträgt, die von dem beschäftigten Stammpersonal wegen einer von vornherein unzureichenden Personalausstattung nicht erledigt werden können.

3.2.1.2 Befristete Einstellung des Arbeitnehmers zur Vertretung eines anderen Arbeitnehmers (§ 14 Abs. 1 Satz 2 Nr. 3 TzBfG)

Die Vertretung anderer Arbeitnehmer, die z. B. erkrankt oder beurlaubt sind oder aus anderen Gründen, z. B. wegen der Elternzeitfreistellung vorübergehend an der Arbeitsleistung gehindert sind, gehört zu den typischen, anerkannten sachlichen Gründen für den Abschluss befristeter Arbeitsverträge.

Beispiel: Vorübergehende Beschäftigungsverbote, z. B. nach dem Mutterschutzgesetz, die Freistellung des Arbeitnehmers nach dem Betriebsverfassungs- oder Personalvertretungsrecht, (freiwilliger) Wehrdienst oder auch die vollständige bzw. teilweise Freistellung zur Pflege.

Auch dieser Sachgrund erfordert eine **Prognose des Arbeitgebers** bei Abschluss des befristeten Arbeitsvertrages, die den Wegfall des Vertretungsbedarfs durch die Rückkehr des vertretenen Mitarbeiters erwarten lässt. Die Prognose des Arbeitgebers muss sich nicht darauf erstrecken, wann der vertretene Mitarbeiter in den Betrieb zurückkehrt und ob die vertretene Stammkraft ihre Arbeit wieder in vollem Umfang aufnehmen wird.

Die **wiederholte Befristung** wegen immer wieder verlängerter Arbeitsunfähigkeiten des vertretenen Arbeitnehmers ist zulässig. Der Arbeitgeber ist nicht gehalten, Erkundigungen beim vertretenen Mitarbeiter über dessen Gesundheitsprognose einzuholen. Nur wenn beim Arbeitgeber aufgrund ihm vorliegender Informationen erhebliche Zweifel daran bestehen, dass die vertretene Stammkraft überhaupt wieder an ihren Arbeitsplatz zurückkehren wird, kann dies dafür sprechen, dass der Sachgrund für die Befristung nur vorgeschoben ist.[40]

Auch beim Befristungsgrund nach § 14 Abs. 1 Satz 2 Nr. 3 TzBfG muss die befristet eingestellte Ersatzkraft nicht unmittelbar die Tätigkeit des vertretenen Mitarbeiters übernehmen. Es genügt auch hier ein **Kausalzusammenhang** zwischen dem zeitweiligen Ausfall des Vertretenen und der Einstellung des Vertreters. Hieran fehlt es allerdings, wenn der befristet beschäftigte Arbeitnehmer weder mit den Aufgaben des abwesenden Arbeitnehmers beschäftigt wird, noch mit Aufgaben betraut wird, die die Stammkraft im Falle ihrer Anwesenheit tatsächlich übernehmen könnte.

3.2.1.3 Befristung wegen in der Person des Arbeitnehmers liegender Gründe (§ 14 Abs. 1 Satz 2 Nr. 6 TzBfG)

Diese Regelung stellt einen vielfältigen Befristungsgrund dar. So kann etwa die Befristung eines Arbeitsverhältnisses gerechtfertigt sein, wenn der Arbeitnehmer nur eine vorübergehende Aufenthalts- und Arbeitserlaubnis hat und im Zeitpunkt des Vertragsabschlusses eine hinreichend zuverlässige Prognose erstellt werden kann, die Aufenthalts-/Arbeitserlaubnis werde über das Vertragsende hinaus nicht verlängert. Nach Ansicht des BAG ist auch die Befristung von Arbeitsverträgen mit Studenten hiernach gerechtfertigt, weil die Befristung dem Studenten jeweils die Möglichkeit eröffnet, die Erfordernisse des Studiums mit denen

---

[40] Erfurter Kommentar zum Arbeitsrecht, § 14 TzBfG, Rn. 35

des Arbeitsverhältnisses zu vereinbaren. Wird allerdings der Vereinbarkeit des Studiums mit der Arbeit bereits durch eine entsprechende flexible Arbeitszeitgestaltung des Arbeitsverhältnisses Rechnung getragen, kann ein Sachgrund „in der Person des Arbeitnehmers“ fehlen.[41]

Auch die in vielen Arbeitsverträgen typische Regelung, wonach das Arbeitsverhältnis mit Erreichen der Altersgrenze, bei der eine Regelaltersrente gewährt wird, enden soll ohne dass es einer Kündigung bedarf, stellt eine Befristung dar, die nach § 14 Abs. 1 Satz 2 Nr. 6 TzBfG wegen in der Person des Arbeitnehmers liegender Gründe gerechtfertigt ist. Erfolgt die Befristung auf einen Zeitpunkt, in dem der Arbeitnehmer eine Regelaltersrente beanspruchen kann, ist die Bestimmung mit Unionsrecht zu vereinbaren und stellt keine unzulässige Altersdiskriminierung dar[42].

Allerdings rechtfertigt der Bezug von gesetzlicher Altersrente allein die Befristung des Arbeitsverhältnisses aus in der Person des Arbeitnehmers liegender Gründe nicht.

Eine Befristung nach § 14 Abs. 1 Satz 12 Nr. 6 TzBfG kann zudem durch den **ausdrücklichen Wunsch des Arbeitnehmers** gerechtfertigt sein, wenn im Zeitpunkt des Vertragsabschlusses objektive Anhaltspunkte vorliegen, aus denen gefolgert werden kann, dass der Arbeitnehmer Interesse gerade an einer befristeten Beschäftigung hat. Gründe hierfür können etwa familiäre Verpflichtungen oder die Fortsetzung bzw. zukünftige Aufnahme einer Ausbildung sein. Es muss dem wirklichen, vom Arbeitgeber nicht beeinflussten Wunsch des Arbeitnehmers entsprechen, nur befristet beschäftigt zu werden und der Arbeitnehmer muss bei Abschluss des befristeten Arbeitsvertrages über eine Gestaltungsfreiheit zur Wahrung eigener Interessen mit der realen Möglichkeit verfügen, die Vertragsbedingungen zu beeinflussen. Im Ergebnis muss der Arbeitnehmer auch bei einem Angebot des Arbeitgebers auf Abschluss eines unbefristeten Arbeitsvertrages den Abschluss eines befristeten bevorzugen.[43]

---

41 Erfurter Kommentar zum Arbeitsrecht, § 14 TzBfG, Rn. 54

42 EuGH vom 05.07.2012 – C 141/11, Rechtssache „Hörnfeldt“, NZA 2012, S.785

43 Erfurter Kommentar zum Arbeitsrecht, § 14 TzBfG, Rn. 61

3.2.1.4 Weitere Befristungsgründe

§ 14 Abs. 1 Satz 12 TzBfG nennt weitere Sachgründe, die eine Befristung legalisieren, so etwa die **Befristung im Anschluss an eine Ausbildung oder ein Studium**, um den Übergang des Arbeitnehmers in eine Anschlussbeschäftigung zu erleichtern.

Der Sachgrund spielt in der Praxis keine bedeutende Rolle, da die Befristung für bis zu zwei Jahre auch unter den erleichterten Voraussetzungen des § 14 Abs. 2 TzBfG im **Anschluss an eine Ausbildung oder ein Studium** zulässig ist. Eine Befristungshöchstdauer gibt der Gesetzgeber für diesen Befristungsgrund nicht vor. Diese wird im Einzelfall durch die Erwartung der Eingehung einer Anschlussbeschäftigung begrenzt sein und kann je nach den Umständen des Einzelfalles auch einmal drei oder mehr Jahre umfassen.[44]

Auch die **Eigenart der Arbeitsleistung** kann einen Sachgrund für die Befristung darstellen. Hierunter fallen insbesondere Arbeitsverträge von Sportlern oder Trainern oder bei programmgestaltenden Mitarbeitern der Rundfunkanstalten, wie bei Regisseuren, Moderatoren oder Kommentatoren (sofern überhaupt ein Arbeitsverhältnis vorliegt)[45].

Sachlich gerechtfertigt ist die Befristung auch zur **Erprobung des Arbeitnehmers**, wobei die Erprobung auch eine wechselseitige sein kann.[46] Voraussetzung ist, dass die Erprobung nicht schon in einem vorgeschalteten Arbeitsverhältnis erfolgte. Der Gesetzgeber gibt keine Höchstdauer für die Erprobungsbefristung vor. Im Regelfall wird eine Erprobung nach dem Vorbild des § 1 Abs. 1 KSchG und des § 622 Abs. 3 BGB von sechs Monaten ausreichend sein.

Eine Befristung soll auch dann sachlich gerechtfertigt sein, wenn der Arbeitnehmer aus **Haushaltsmitteln** vergütet wird, die haushaltsrechtlich nur für eine befristete Beschäftigung bestimmt sind, und der Arbeitnehmer auch entsprechend beschäftigt wird. Teilweise wird dieser Befristungsgrund als unzulässig erachtet, da er Arbeitgeber des öffent-

---

44 Erfurter Kommentar zum Arbeitsrecht, § 14 TzBfG, Rn. 33

45 BAG vom 16.01.2018 – 7 AZR 312/16 für die Befristung im Profifußball

46 Erfurter Kommentar zum Arbeitsrecht, § 14 TzBfG, Rn. 49

lichen Dienstes gegenüber privaten Arbeitgebern dadurch privilegiert, dass sich diese durch Befristung der eigenen Haushaltsmittel einen arbeitsrechtlichen Befristungsgrund schaffen können.[47]

Eine Befristung ist auch dann sachlich gerechtfertigt, wenn sie auf einem **gerichtlichen Vergleich** beruht. Über den Wortlaut des Teilzeit- und Befristungsgesetzes hinaus, muss der Vergleich nach Ansicht des BAG der Beilegung einer Bestandstreitigkeit dienen, also z. B. im Rahmen eines Kündigungsschutzverfahrens oder einer Entfristungsklage abgeschlossen werden.

Die Aufzählung der sachlichen Gründe zur Rechtfertigung einer Befristung in § 14 Abs. 1 Satz 12 TzBfG ist nicht abschließend („insbesondere"). Daher können auch andere Sachgründe eine Befristung sachlich im Sinne von § 14 Abs. 1 TzBfG rechtfertigen, wenn diese den dort zum Ausdruck kommenden Wertungsmaßstäben der Befristungskontrolle entsprechen.

Beispiel: So entspricht etwa die **geplante Übernahme eines Auszubildenden** nach Ansicht des Bundesarbeitsgerichts den Wertungsmaßstäben des § 14 Abs. 1 TzBfG und kann daher die Befristung rechtfertigen. Einer besonderen Darlegung des Interesses des Arbeitgebers, für den zu übernehmenden Auszubildenden einen Arbeitsplatz freizuhalten, bedürfe es hierbei nicht. Es läge grds. im berechtigten Interesse des Ausbildenden, für Auszubildende, die er unter erheblichem Aufwand für seine Zwecke ausgebildet hat, bei Ende der Berufsausbildung auch eine Beschäftigungsmöglichkeit zu haben.[48]

In **bestimmten Situationen** oder für **bestimmte Personengruppen** bestehen Sonderregelungen zur Zulässigkeit der Befristung.

Ein sachlicher Grund für die Befristung eines Arbeitsverhältnisses liegt nach § 21 BEEG auch vor, wenn ein Arbeitnehmer zur Vertretung eines anderen Arbeitnehmers oder einer anderen Arbeitnehmerin für die Dauer eines Beschäftigungsverbotes nach dem Mutterschutzgesetz, einer Elternzeit, einer auf Tarifvertrag, Betriebsvereinbarung oder einzelvertraglicher Vereinbarung beruhenden Arbeitsfreistellung zur Be-

---

47 Erfurter Kommentar zum Arbeitsrecht, § 14 TzBfG, Rn. 71, 71a

48 BAG vom 18.03.2015 - 7 AZR 115/13, NZA-RR 2015, S.569

treuung eines Kindes oder für diese Zeiten zusammen oder für Teile davon eingestellt wird.

3.2.2 Erleichterte Befristung ohne Sachgrund nach § 14 Abs. 2 TzBfG

3.2.2.1 Voraussetzungen

Der Gesetzgeber lässt in § 14 Abs. 2 TzBfG die Befristung unter bestimmten Voraussetzungen auch dann zu, wenn der vorübergehende Abschluss des Arbeitsvertrages nicht durch einen Sachgrund gerechtfertigt ist.

Diese vereinfachte Befristung ist aktuell noch auf die Gesamtdauer von zwei Jahren beschränkt. Innerhalb dieser Gesamtdauer ist höchstens die dreimalige Verlängerung des befristeten Arbeitsvertrages zulässig, sodass die Gesamtdauer von zwei Jahren auf insgesamt vier Teilstücke verteilt werden kann. Für neu gegründete Unternehmen gelten hier Sonderregelungen.

Hinweis

Die sachgrundlose oder „rein kalendermäßige" Befristung ist nur dann zulässig, wenn mit demselben Arbeitgeber nicht bereits zuvor ein befristetes oder unbefristetes Arbeitsverhältnis bestanden hat.

Nach diesem **Anschlussverbot** ist eine Befristung ohne Sachgrund ausgeschlossen, wenn mit demselben Arbeitgeber bereits zuvor ein befristetes oder unbefristetes Arbeitsverhältnis bestanden hat. Für das Vorliegen einer solchen „schädlichen Vorbeschäftigung" ist unerheblich, welchen Umfang das frühere Beschäftigungsverhältnis hatte, also ob es in Voll- oder Teilzeit oder gar als geringfügige Beschäftigung bestand.

Frühere Berufsausbildungsverhältnisse sind **kein** Arbeitsverhältnis i. S. d. § 14 Abs. 2 Satz 2 TzBfG und verhindern dadurch nicht eine spätere sachgrundlose Befristung. Ebenso wenig schließt die frühere Beschäftigung als Praktikant, Volontär oder Umschüler eine sachgrundlose Befristung aus, wenn die Vordienstzeit tatsächlich in keinem Arbeitsverhältnis erbracht wurde.[49] Auch mit einem früheren Leiharbeitnehmer ist der spätere Abschluss eines sachgrundlos befristeten Arbeitsvertrages zulässig.

Nach dem Wortlaut des § 14 Abs. 2 Satz 2 TzBfG ist jede „Zuvorbeschäftigung“ schädlich, völlig unabhängig davon, wie lange diese bereits zurückliegt.

Mit seiner **Entscheidung vom 06.04.2011** hatte das BAG das zeitlich unbefristete Anschlussverbot aufgrund einer verfassungsorientierten Auslegung der gesetzlichen Regelung eingeschränkt. Sinn und Zweck des § 14 Abs. 2 Satz 2 TzBfG sei es einerseits, Reihenbefristungen und damit die Umgehung der Kündigungsschutzregelungen zu verhindern, andererseits dem Arbeitgeber zu ermöglichen, auf schwankende Auftragslagen und wechselnde Marktbedingungen durch befristete Einstellungen zu reagieren und für Arbeitnehmer eine Brücke zur Dauerbeschäftigung zu schaffen. Daher sei das Anschlussverbot nur insoweit gerechtfertigt, als dies zur Verhinderung von Befristungsketten erforderlich sei.

Der Gesetzestext müsse daher so ausgelegt werden, dass eine schädliche „Zuvor-Beschäftigung“ nur dann vorliege, wenn ein früheres Arbeitsverhältnis nicht mehr als drei Jahre zurückliege. Eine Zuvor-Beschäftigung sei dagegen nicht schädlich, wenn das Ende des früheren Arbeitsverhältnisses zum Zeitpunkt der Neubegründung bereits mehr als drei Jahre zurückliege.

Im Ergebnis sollten nach der Entscheidung des BAG vom 06.04.2011 daher nur noch solche „Zuvor-Beschäftigungen“ für die sachgrundlose Befristung nach § 14 Abs. 2 S. 1 TzBfG schädlich sein, die innerhalb der letzten 3 Jahre bestanden.

---

[49] Erfurter Kommentar zum Arbeitsrecht, § 14 TzBfG, Rn. 94

Hinweis

Nachdem bereits einige Landesarbeitsgerichte die einschränkende Rechtsprechung des Bundesarbeitsgerichts für verfassungswidrig hielten[50] hat auch das **Bundesverfassungsgericht die Entscheidung des BAG vom 06.04.2011 für verfassungswidrig erklärt.**[51]

Daher ist – wie im Gesetzestext vorgesehen – jede Vorbeschäftigung schädlich, unabhängig davon, wie lange diese zurückliegt.

Das Bundesverfassungsgericht lässt nur Ausnahmen zu, im Hinblick auf die besondere Qualität einer Vorbeschäftigung, wenn die Beschäftigung sehr lange zurückliege oder von sehr kurzer Dauer war. So könnte etwa die Anstellung im Rahmen eines Ferienjobs für eine spätere sachgrundlose Befristung eventuell unschädlich sein. Sehr lange dürfte eine Beschäftigung zurückliegen, wenn die Unterbrechung länger als 20 Jahre andauerte.[52]

Ob eine schädliche **Vorbeschäftigung beim selben Arbeitgeber** vorliegt, beurteilt sich grds. ausschließlich nach formalen Kriterien. Es gilt der Vertragsarbeitgeber. Dies ist die natürliche oder juristische Person, mit dem der Arbeitnehmer den Arbeitsvertrag abgeschlossen hat. Im Falle eines Betriebsübergangs nach § 613a BGB tritt der Betriebserwerber in die bestehenden Arbeitsverhältnisse ein. Eine sachgrundlose Befristung mit dem Betriebserwerber ist daher nur möglich, wenn die Vorbeschäftigung zum Zeitpunkt des Betriebsübergangs beim Betriebsveräußerer bereits beendet war.

Nach diesen Grundsätzen ist eine sachgrundlose Befristung des Arbeitsverhältnisses auch möglich, wenn der Arbeitnehmer bereits ein Arbeitsverhältnis mit einem zum Arbeitgeber verbundenen Unternehmen hatte. Allerdings hält das BAG diese nach dem Teilzeit- und Be-

---

[50] z. B. LAG Baden-Württemberg vom 26.09.2013 – 6 Sa 28/13

[51] BVerfG vom 06.06.2018 – 1 BvL 7/14

[52] Schaub, Arbeitsrechts-Handbuch, § 39, Rn. 13b, 13c

fristungsgesetz an sich vorgesehene Gestaltungsmöglichkeit für rechtsmissbräuchlich, wenn mehrere rechtlich und tatsächlich verbundene Vertragsarbeitgeber in bewusstem und gewolltem Zusammenwirken mit einem Arbeitnehmer aufeinanderfolgende befristete Arbeitsverträge ausschließlich deshalb abschließen, um auf diese Weise über die vorgesehenen Befristungsmöglichkeiten hinaus sachgrundlose Befristungen aneinanderreihen zu können.

Die Befristung des Arbeitsverhältnisses ohne Vorliegen eines sachlichen Grundes ist auch dann zulässig, wenn der Arbeitgeber im Arbeitsvertrag die Befristung auf einen Sachgrund stützt und/oder den Sachgrund konkret bezeichnet. Die Zulässigkeit der sachgrundlosen Befristung setze nach dem Gesetz keine Vereinbarung der Parteien voraus, die Befristung auf diese Rechtsgrundlage stützen zu wollen. Ausreichend sei, dass die Voraussetzungen für die Zulässigkeit der erleichterten Befristung bei Vertragsabschluss objektiv vorlagen. Die Nennung eines Sachgrundes im Arbeitsvertrag bedeute auch keinen vertraglichen Ausschluss der sachgrundlosen Befristung. Etwas anderes könne nur dann gelten, wenn ein Tarifvertrag ein zwingendes Zitiergebot enthalte.

3.2.2.2 Privilegierung neu gegründeter Unternehmen

Auch für Existenzgründer gelten grds. die strengen Vorschriften zur Befristung eines Arbeitsverhältnisses, sodass die vorübergehende Beschäftigung eines Arbeitnehmers ebenso nur bei Vorliegen eines sachlichen Grundes oder unter den Voraussetzungen der sachgrundlosen Befristung möglich ist. Daher schließt ein schädliches Vorbeschäftigungsverhältnis eine sachgrundlose Befristung auch im Unternehmen des Existenzgründers aus.

Hinweis

Durch das Gesetz zu Reformen am Arbeitsmarkt vom 24.12.2003 wurde mit § 14 Abs. 2a TzBfG seit dem 01.01.2004 für **neugegründete Unternehmen** die Möglichkeit geschaffen, in den ersten vier Jahren nach ihrer Gründung über § 14 Abs. 2 TzBfG hinaus ein Arbeitsverhältnis ohne Sachgrund bis zu einer **Gesamtdauer von 4 Jahren** abzuschließen und auch **mehrfach zu verlängern**. Die Zahl der Verlängerungen ist in diesem Fall nicht begrenzt.

Diese Sondervorschrift gilt für neugegründete Unternehmen. Auf ihre Rechtsform kommt es nicht an, sodass z. B. der Einzelunternehmer, die Gesellschaft bürgerlichen Rechts oder die Partnerschaftsgesellschaft die erleichterte Befristung genauso nutzen können, wie die neugeschaffene GmbH oder Aktiengesellschaft. Neugründungen im Rahmen der rechtlichen Umstrukturierung von Unternehmen und Konzernen sind allerdings ausgeschlossen. § 14 Abs. 2a TzBfG greift daher z. B. nicht nach einer Verschmelzung auf eine neu gegründete Gesellschaft oder bei Aufspaltung von Unternehmen oder bei Abspaltung von Unternehmensteilen. Übernimmt aber ein neugegründetes Unternehmen den Betrieb oder Betriebsteil eines anderen, länger als vier Jahre bestehenden Unternehmens, kann es von der Befristungsmöglichkeit Gebrauch machen.[53]

Hinweis

Da § 14 Abs. 2a TzBfG auf den Unternehmensbegriff, also den rechtlichen Träger als Arbeitgeber abstellt, genügt ein neu gegründeter Betrieb, also z. B. eine neue Niederlassung des Arbeitgebers, nicht für die erleichterte Befristung.

---

[53] Erfurter Kommentar zum Arbeitsrecht, § 14 TzBfG, Rn. 104

Maßgebend für den Zeitpunkt der Gründung des Unternehmens ist die Aufnahme einer Erwerbstätigkeit, die nach § 138 Abgabenordnung (AO) der Gemeinde oder dem Finanzamt mitzuteilen ist. Entscheidend ist der Zeitpunkt der tatsächlichen Aufnahme der anzeigepflichtigen Tätigkeit, nicht ihrer Anzeige.[54] Ist die Mitteilung unterblieben, scheidet eine Befristungsmöglichkeit nach § 14 Abs. 2a TzBfG aus.[55]

Hinweis

Neugegründete Unternehmen dürfen befristete Arbeitsverträge ohne Sachgrund bis zur Dauer von vier Jahren bis zu ihrem „4. Geburtstag" abschließen. Voraussetzung ist, dass die Arbeitsaufnahme vor dem „4. Geburtstag" erfolgt. Verlängerungsverträge, die später als vier Jahre nach Gründung des Unternehmens abgeschlossen werden, fallen dagegen bereits unter die Grundregel von § 14 Abs. 2 TzBfG.

Innerhalb des 4-Jahres-Zeitraums ist eine unbeschränkte Anzahl von Verlängerungen zulässig.

Beispiel: O gründet die U-GmbH und zeigt den Beginn der Erwerbstätigkeit gegenüber der Gemeinde und dem Finanzamt zum 01.01.2020 an.

Am 01.04.2020 stellt die U-GmbH A befristet ohne Sachgrund bis zum 31.03.2024 an.

B wird von der U-GmbH ohne Sachgrund ab 01.12.2021 bis 31.12.2023 befristet angestellt. Im Dezember 2023 erfolgt eine Verlängerung bis 30.11.2024.

C wird ab 01.05.2020 bis zum 31.12.2024 aufgrund einer 6-fach verlängerten Befristung angestellt.

D wird ab 31.12.2023 für 36 Monate bis zum 30.12.2026 angestellt.

Die Befristungen der Arbeitnehmer A, B, C und D sind wirksam.

---

54 Erfurter Kommentar zum Arbeitsrecht, § 14 TzBfG, Rn. 104

55 Schaub, Arbeitsrechts-Handbuch, § 39, Rn. 19

Auch wenn für D eine Gesamtdauer der Befristung von 4 Jahren zulässig gewesen wäre (Arbeitsbeginn vor dem „4. Geburtstag" der U-GmbH), kann dessen Befristung nicht mehr verlängert werden. Eine Verlängerung über zwei Jahre hinaus ist nach dem „4. Geburtstag" des Unternehmens nicht mehr möglich.

3.3 Schriftformerfordernis des befristeten Arbeitsvertrages

Der Arbeitsvertrag bedarf grds. keiner Form. Er kann z. B. mündlich, schriftlich oder durch schlüssiges Verhalten abgeschlossen werden.

3.3.1 Befristungsabrede

Die Befristung des Arbeitsvertrages bedarf dagegen zwingend der Schriftform. Das Schriftformerfordernis dient zum einen der Rechtssicherheit, zum anderen soll der Arbeitnehmer bei Vertragsabschluss erkennen, dass es sich bei dem angebotenen Vertrag nicht um ein Dauerarbeitsverhältnis handelt. Letztlich soll die zwingende Schriftform auch der Beweiserleichterung dienen und unnötigen Streit der Parteien über das Vorliegen und den Inhalt einer Befristung vermeiden.[56]

Das Schriftformerfordernis gilt **für jegliche Art der Befristung**, d. h. sowohl für die Befristung mit Sachgrund als auch die erleichterte Befristung ohne Sachgrund und unabhängig davon, ob eine kalendermäßige Befristung oder eine Zweckbefristung vorliegt.

Nur die **Befristungsabrede** als solche unterliegt dem Schriftformerfordernis nach § 126 BGB. Der Arbeitsvertrag im Übrigen könnte daher (theoretisch) wie jeder andere Arbeitsvertrag auch z. B. mündlich oder durch schlüssiges Verhalten abgeschlossen werden. In der Praxis werden Befristungen regelmäßig aber insgesamt auf Grundlage eines schriftlichen Arbeitsvertrages vereinbart.

Das Schriftformerfordernis der Befristungsabrede gilt auch für solche Befristungen, deren Rechtsgrundlage außerhalb des Teilzeit- und Befristungsgesetzes liegt, wie etwa bei der Befristung nach § 21 BEEG.[57]

[56] Schaub, Arbeitsrechts-Handbuch, § 38, Rn. 50

[57] Schaub, Arbeitsrechts-Handbuch, § 38, Rn. 51

Hinweis

Das Schriftformerfordernis gilt nicht nur für den erstmaligen Abschluss des befristeten Arbeitsvertrages, sondern **auch für jede (befristete) Verlängerung**.

Ist durch Gesetz schriftliche Form vorgeschrieben, so muss die Urkunde (Befristungsabrede) von dem Aussteller eigenhändig durch Namensunterschrift oder mittels notariell beglaubigten Handzeichens unterzeichnet werden. Bei einem Vertrag muss die Unterzeichnung der Parteien auf derselben Urkunde erfolgen. Werden über den Vertrag mehrere gleichlautende Urkunden aufgenommen, so genügt es, wenn jede Partei die für die andere Partei bestimmte Urkunde unterzeichnet.

Ein Briefwechsel (Angebot des befristeten Arbeitsverhältnisses und Annahme in gesonderten Dokumenten) genügt daher nicht, da sich die Willensübereinstimmung der Parteien nicht aus einer, sondern erst aus der Zusammenfassung mehrerer Urkunden ergibt.[58]

Eine nur mündliche oder durch schlüssiges Verhalten vereinbarte Befristung ist wegen Formverstoßes nichtig und führt zum Vorliegen eines **unbefristeten Arbeitsverhältnisses**.

Das Schriftformerfordernis der Befristungsabrede setzt nicht voraus, dass dort die **Rechtfertigung der Befristung** (Befristung mit Sachgrund oder erleichterte sachgrundlose Befristung) angegeben oder der konkrete **Sachgrund** bezeichnet wird. Es genügt, wenn sich aus der Befristungsabrede eindeutig die vorübergehende Dauer des Arbeitsverhältnisses, etwa durch Angabe des Endtermins oder der Vertragslaufzeit ergibt. Da sich allerdings das Vertragsende eindeutig aus der Befristungsabrede ergeben muss, ist bei der Zweckbefristung aus sachlogischen Gründen der zu erreichende Zweck, der dann zur Beendigung des Arbeitsverhältnisses führt, schriftlich niederzulegen. Der angegebene Zweck wird in der Regel auch den Sachgrund der Befristung darstellen.

---

58 Schaub, Arbeitsrechts-Handbuch, § 38, Rn. 55

3.3.2 Rückwirkender Abschluss

Ein zunächst mündlich oder schlüssig abgeschlossener „befristeter" Arbeitsvertrag kann nicht mehr durch die spätere Unterzeichnung eines befristeten Arbeitsvertrages rückwirkend geheilt werden.

Die Unterzeichnung der Befristungsabrede und damit eine formwirksame Befristung muss grds. vor Vertragsbeginn vorliegen. Halten die Vertragsparteien die Befristungsabrede zunächst nur mündlich fest und setzen das Arbeitsverhältnis daraufhin in Kraft, entsteht wegen der Formunwirksamkeit regelmäßig ein unbefristetes Arbeitsverhältnis. Eine nach dem Vertragsbeginn später unterzeichnete schriftliche Befristungsabrede hat auf den zunächst entstandenen unbefristeten Vertrag grds. keinen Einfluss.[59]

Etwas anderes kann nur dann gelten, wenn z. B. das (bereits schriftliche!) Angebot des Arbeitgebers auf Abschluss eines befristeten Arbeitsverhältnisses ausdrücklich unter den Vorbehalt der beidseitigen Unterzeichnung der Befristungsabrede gestellt wurde oder die Parteien in der nach Vertragsbeginn abgeschlossenen, schriftlichen Befristungsabrede das ursprüngliche, durch mündliche oder konkludente Absprache entstandene unbefristete Arbeitsverhältnis aufheben und einen neuen, dann befristeten Arbeitsvertrag abschließen. Wegen des Anschlussverbotes ist die zuletzt genannte Variante nur bei der Befristung mit Sachgrund, nicht aber bei der vereinfachten Befristung nach § 14 Abs. 2 TzBfG möglich.

3.4 Verlängerung befristeter Arbeitsverhältnisse

Das befristete Arbeitsverhältnis kann verlängert werden. Erfolgt die **Befristung mit Sachgrund** und besteht ein Sachgrund zum Zeitpunkt der Verlängerung fort (nicht zwingend derselbe, der bei der ursprünglichen Befristung vorlag), ist wie dargestellt die Gesamtdauer des befristeten Arbeitsverhältnisses und die Anzahl der Verlängerungen gesetzlich nicht beschränkt.

---

[59] Schaub, Arbeitsrechts-Handbuch, § 38, Rn. 56

Nach der Rechtsprechung des Bundesarbeitsgerichts kann aber unter besonderen Umständen die Befristung eines Arbeitsvertrages trotz Vorliegen eines (an sich zulässigen) sachlichen Grundes wegen rechtsmissbräuchlicher Ausnutzung der an sich eröffneten rechtlichen Gestaltungsmöglichkeit unwirksam sein. Die Rechtsprechung war bezüglich der Voraussetzungen einer rechtsmissbräuchlichen Gestattung zunächst uneinheitlich und einzelfallbezogen.

In einem Urteil vom 26.10.2016 stellte das BAG erstmals Grundsätze auf, wann eine umfassende gerichtliche Kontrolle nach den Grundsätzen des institutionellen Rechtsmissbrauchs regelmäßig geboten ist.[60]

Dies ist der Fall, wenn die Gesamtdauer der befristeten Arbeitsverhältnisse

- acht Jahre überschreitet **oder** mehr als zwölf Verlängerungen vereinbart wurden bzw.
- sechs Jahre überschreitet **und** mehr als neun Verlängerungen vereinbart wurden.

Unter diesen Voraussetzungen hängt es von weiteren, zunächst vom Arbeitnehmer vorzutragenden Umständen ab, ob ein Missbrauch der Befristungsmöglichkeit anzunehmen ist.

Von einem **indizierten Rechtsmissbrauch** ist auszugehen, wenn die Gesamtdauer des Arbeitsverhältnisses

- zehn Jahre überschreitet **oder** mehr als 15 Verlängerungen vereinbart wurden bzw.
- acht Jahre überschreitet **und** mehr als 12 Verlängerungen vereinbart wurden.

Werden diese Grenzen überschritten, obliegt es dem Arbeitgeber, den Rechtsmissbrauch durch die Angabe besonderer Gründe zu entkräften.

Die **sachgrundlose Befristung** ist bis zur Dauer von zwei Jahren (für neugegründete Unternehmen bis zu vier Jahre) zulässig. Bis zu dieser

---

60 BAG vom 26.10.2016 – 7 AZR 135/15

Gesamtdauer ist auch die höchstens dreimalige Verlängerung des befristeten Vertrages zulässig. Für neugegründete Unternehmen gibt es hierzu keine Einschränkung.

Unter einer **„Verlängerung“** ist die einvernehmliche Abänderung des Endtermins zu verstehen, d. h. das befristete Arbeitsverhältnis wird über den ursprünglich vereinbarten Endtermin hinaus bis zu einem neu vereinbarten Endtermin fortgesetzt.[61]

3.4.1 Gleichzeitige Vertragsänderung

Da die Rechtsprechung auf Grundlage des Gesetzeswortlauts bei der Verlängerung jegliche **Vertragsänderung** ausschließt, muss die Verlängerungsvereinbarung den befristeten Arbeitsvertrag im Übrigen un berührt lassen.

Hinweis

Wird anlässlich der „Verlängerung“ dagegen der Ausgangsvertrag abgeändert, liegt keine Verlängerung im Sinne des TzBfG, sondern der Neuabschluss eines befristeten Arbeitsvertrages vor. Wegen des Anschlussverbots in § 14 Abs. 2 Satz 12 TzBfG ist im Rahmen der sachgrundlosen Befristung der Neuabschluss eines (weiteren) befristeten Arbeitsverhältnisses nicht möglich, da die ursprüngliche Befristung ein schädliches Vorbeschäftigungsverhältnis darstellt. Im Ergebnis liegt dann ein unbefristetes Arbeitsverhältnis vor.

Von einem (schädlichen) Neuabschluss statt einer Verlängerung ist z. B. auszugehen, wenn die Vertragsparteien ein im Ausgangsvertrag vorbehaltenes Kündigungsrecht aufheben oder die Parteien eine andere Wochenarbeitszeit vereinbaren. Das BAG geht auch dann von

---

[61] Erfurter Kommentar zum Arbeitsrecht, § 14 TzBfG, Rn. 88

einer unwirksamen Verlängerung und damit dem Neuabschluss eines befristeten Arbeitsverhältnisses aus, wenn die mit der Verlängerung vereinbarte Vertragsänderung zu Gunsten des Arbeitnehmers erfolgt, also z. B. ein höheres Entgelt oder zusätzlicher Urlaub vereinbart wird.

Beispiel: Zwischen der U-GmbH und dem Mitarbeiter A wurde am 15.12.2020 schriftlich ein befristeter Arbeitsvertrag (ohne Vorliegen eines sachlichen Grundes) wirksam vom 01.01.2021 bis 31.12.2021 abgeschlossen.

Da die U-GmbH mit A sehr zufrieden ist, möchte diese den Arbeitsvertrag verlängern. Wegen der schlechten Konjunkturaussichten kann die U-GmbH allerdings keinen unbefristeten Arbeitsvertrag anbieten.

Die Parteien vereinbaren daher schriftlich am 22.12.2021 folgendes:

1. Das bis zum 31.12.2021 befristete Arbeitsverhältnis wird – wiederum befristet – bis zum 31.12.2022 fortgesetzt.
2. Ab dem 01.01.2022 erhält der Arbeitnehmer statt bisher 2.700,00 Euro brutto zukünftig 3.100,00 Euro brutto pro Monat.

Die Verlängerung der Befristung ist zwar formell wirksam (d. h. vor Ablauf der ursprünglichen Befristung und unter Einhaltung der Schriftform) erfolgt, wurde aber mit weiteren Vertragsänderungen kombiniert. Dies stellt nach der Rechtsprechung des BAG begrifflich keine Verlängerung, sondern vielmehr den Neuabschluss eines Arbeitsverhältnisses dar.

Da eine Befristung ohne Sachgrund vorliegt, erfolgte ein Verstoß gegen § 14 Abs. 2 Satz 2 TzBfG, da bereits vom 01.01.2021 bis 31.12.2021 ein (damit schädliches) Vorbeschäftigungsverhältnis bestand.[62]

---

[62] Läge eine Befristung mit Sachgrund (z. B. die Vertretung eines Arbeitnehmers in Elternzeit) vor, wäre zwar auch die „Verlängerung" unter Änderung der Vertragsbedingungen unwirksam. Da ein Vorbeschäftigungsverhältnis für die Sachgrundbefristung aber nicht schädlich ist, wäre die (zweite) Befristung in diesem Falle wirksam, vorausgesetzt zum Zeitpunkt der Verlängerung liegt der (ursprüngliche oder ein anderer anerkannter) Sachgrund vor.

Hinweis

Selbstverständlich können die Bedingungen des Arbeitsverhältnisses (auch) im befristeten Arbeitsvertrag einvernehmlich zwischen den Parteien abgeändert werden. Die Veränderung darf nur nicht im Zusammenhang mit der Verlängerung der Befristung erfolgen (also insbesondere nicht in derselben Urkunde enthalten sein). Solche Absprachen unterliegen nicht der Befristungskontrolle, sondern ggf. lediglich der Inhaltskontrolle.[63]

3.4.2 Rückwirkende Verlängerung

Die Verlängerung des befristeten Arbeitsvertrages als einvernehmliche Änderung des Endtermins ist nur dann möglich, wenn der befristete Arbeitsvertrag nicht bereits durch Zeitablauf, also durch Erreichen des Endtermins, geendet hatte. Daher setzt eine Verlängerung voraus, dass sie **noch während der Laufzeit** des zu verlängernden Vertrages vereinbart wird.

Hinweis

Eine **„nachträgliche Verlängerung“** des Arbeitsvertrages, also nach Ablauf der ursprünglichen Befristung, stellt dagegen die neue Abrede über die Vertragsbedingungen (also einen neuen befristeten Vertrag) dar und führt im **sachgrundlos befristeten** Arbeitsverhältnis wegen des Anschlussverbots zur Unwirksamkeit der Befristung.

Wie der befristete Arbeitsvertrag selbst auch, bedarf auch die Vereinbarung über die Verlängerung der ursprünglichen Befristung der

63 Erfolgt die Veränderung der Vertragsbedingungen in einem mit Sachgrund befristeten Arbeitsverhältnis, muss im Zeitpunkt der Änderungsvereinbarung der (ursprüngliche oder ein anderer anerkannter) Sachgrund noch vorliegen.

Schriftform. Spätestens bis zum Ablauf der ursprünglichen Befristung muss die Verlängerungsvereinbarung durch beide Parteien unterzeichnet sein.[64]

Beispiel: Zwischen der U-GmbH und dem Arbeitnehmer A wurde wirksam am 15.12.2021 ein befristeter Arbeitsvertrag ab 01.01.2022 für ein Jahr abgeschlossen. Das Arbeitsverhältnis soll – wiederum befristet ohne Vorliegen eines Sachgrundes – um ein weiteres Jahr verlängert werden.

Die vom Geschäftsführer der U-GmbH mit Datum 22.12.2022 unterzeichnete Verlängerungsvereinbarung bringt A nach seinem Weihnachtsurlaub mit zur Arbeit und übergibt sie dem Arbeitgeber. Die Verlängerung wurde von A am 06.01.2023 unterzeichnet.

Die unterzeichnete Verlängerungsvereinbarung der U-GmbH vom 22.12.2022 stellt ein Angebot zur Verlängerung des Arbeitsverhältnisses dar. Wegen der zwingenden Schriftform wurde das Angebot durch A mit seiner Unterzeichnung am 06.01.2023 angenommen. Zu diesem Zeitpunkt – und damit verspätet nach Ablauf der ursprünglichen Befristung – kam die Verlängerung zustande und stellt daher einen neuen befristeten Arbeitsvertrag dar.

Da eine sachgrundlose Befristung vorliegt, ist diese wegen des schädlichen Vorbeschäftigungsverhältnisses (01.01.2022 bis 31.12.2022) unwirksam.

3.5 Befristung einzelner Arbeitsbedingungen

Es ist nach der zivilrechtlichen Vertragsfreiheit denkbar, nicht das gesamte Arbeitsverhältnis zu befristen, sondern im Rahmen eines an sich unbefristeten Arbeitsvertrages einzelne Arbeitsbedingungen. Die Rechtsprechung geht grds. von der Wirksamkeit der Befristung einzelner Arbeitsbedingungen aus. Die vorübergehende Änderung der vertraglichen Absprachen darf – zumindest im Formulararbeitsvertrag – den Arbeitnehmer nicht unangemessen benachteiligen.

Eine unangemessene Benachteiligung liegt nach Ansicht der Rechtsprechung jedenfalls dann nicht vor, wenn die Befristung einzelner Vertragsbedingungen auf Umständen beruht, die die Befristung des

---

64 Schaub, Arbeitsrechts-Handbuch, § 38, Rn. 56

gesamten Arbeitsvertrages nach § 14 Abs. 1 TzBfG sachlich rechtfertigen könnten, wie etwa beim vorübergehenden Vertretungsbedarf.

3.6 Befristungskontrolle und Entfristungsklage

Ist die Befristung rechtsunwirksam, so gilt der befristete Arbeitsvertrag als auf unbestimmte Zeit geschlossen. Er kann vom Arbeitgeber frühestens zum vereinbarten Ende ordentlich gekündigt werden, sofern nicht die ordentliche Kündigung zu einem früheren Zeitpunkt vereinbart wurde oder nach Tarifvertrag zulässig ist. Ist die Befristung nur wegen des Mangels der Schriftform unwirksam, kann der Arbeitsvertrag auch vor dem vereinbarten Ende ordentlich gekündigt werden.

Hinweis

Will der Arbeitnehmer geltend machen, dass die Befristung seines Arbeitsvertrages rechtsunwirksam ist, so muss er innerhalb von drei Wochen nach dem vereinbarten Ende des befristeten Arbeitsvertrages Klage beim Arbeitsgericht auf Feststellung erheben, dass das Arbeitsverhältnis aufgrund der Befristung nicht beendet ist. Wird das Arbeitsverhältnis nach dem vereinbarten Ende der Befristung fortgesetzt, so beginnt die Frist zur Klageeinreichung mit dem Zugang der schriftlichen Erklärung des Arbeitgebers, dass das Arbeitsverhältnis aufgrund der Befristung beendet sei.

Die Regelungen zur Kündigungsschutzklage in §§ 5 bis 7 KSchG gelten für die sogenannte „Entfristungsklage" entsprechend. Wird daher die Entfristungsklage nicht rechtzeitig innerhalb der 3-Wochen-Frist eingereicht, gilt die Befristung von Anfang an als rechtswirksam.

Wegen der komplexen Problematik sollten Sie sich in jedem Fall frühzeitig anwaltlich beraten lassen.

B Personaleintritt und -verwaltung

Autor: Christian Beck, Ingrid Grube

1 Die Pflichten des Arbeitgebers im Arbeitsverhältnis

Der Arbeitsvertrag ist ein privatrechtlicher, gegenseitiger Vertrag, durch den sich der Arbeitnehmer zur Leistung von Arbeit und der Arbeitgeber zur Zahlung einer Vergütung verpflichten.

Die Hauptleistungspflicht des Arbeitgebers besteht in der Gewährung der Vergütung spätestens zum Fälligkeitszeitpunkt, die sich aus der vertraglichen Vereinbarung oder z. B. zwingenden Tarifverträge ergeben kann. Das Arbeitsverhältnis begründet nicht nur Leistungs-, sondern auch Verhaltenspflichten.

Als Nebenpflichten aus dem Arbeitsverhältnis für den Arbeitgeber bestehen Fürsorgepflichten, die Beschäftigungspflicht unter bestimmten Umständen sowie das Maßregelungsverbot.

Weitere Verpflichtungen des Arbeitgebers, z. B. zur Fortbeschäftigung und Freistellung des Arbeitnehmers zur Kindererziehung oder während einer Pflegezeit, ergeben sich häufig aus spezialgesetzlichen Regelungen.

1.1 Fürsorgepflicht des Arbeitgebers

1.1.1 Grundlagen

Als arbeitsvertragliche Nebenpflicht hat der Arbeitgeber auf die Rechte, Rechtsgüter und Interessen des Arbeitnehmers Rücksicht zu nehmen. Diese Verpflichtung für den Arbeitgeber wird in der Praxis als **Fürsorgepflicht** bezeichnet, die der Treuepflicht des Arbeitnehmers entspricht.

Hintergrund für die arbeitgeberische Fürsorgepflicht ist die Tatsache, dass der Arbeitnehmer regelmäßig in den Betrieb des Arbeitgebers eingegliedert ist und dem Direktionsrecht des Arbeitgebers unterliegt.

Die Fürsorgepflicht des Arbeitgebers kann nicht im Ganzen vertraglich ausgeschlossen oder eingeschränkt werden.[65] Nur für einzelne Schutzpflichten des Arbeitgebers können **abweichende Vereinbarungen** getroffen werden.

Nach den allgemeinen Regelungen in §§ 617 und 618 BGB hat der Arbeitgeber eine vertragliche Fürsorgepflicht für das Leben und die Gesundheit seiner Arbeitnehmer. Diese allgemeinen Regelungen werden durch spezialgesetzliche Vorschriften ergänzt:

Nach dem **Arbeitszeitgesetz** (ArbZG) etwa ist die Arbeitszeit grds. auf acht Stunden je Werktag beschränkt. Auf bis zu zehn Stunden darf die Arbeitszeit nur dann ausgeweitet werden, wenn im Durchschnitt eines halben Jahres acht Stunden werktäglich nicht überschritten werden. Außerdem müssen dem Arbeitnehmer Ruhepausen ab einer Arbeitszeit von sechs Stunden gewährt werden und ein Arbeitnehmer muss nach Beendigung der täglichen Arbeitszeit eine ununterbrochene Ruhezeit von mindestens elf Stunden haben.

Bei der **Beschäftigung von Kindern und Jugendlichen** gelten besondere Schutzvorschriften nach dem Jugendarbeitsschutzgesetz (JArbSchG). Für Kinder und Jugendliche sind vom Arbeitszeitgesetz abweichende Vorgaben für die Maximalarbeitszeit, für Ruhepausen und Ruhezeiten einzuhalten. Außerdem dürfen Kinder und Jugendliche nicht für bestimmte Aufgaben und nicht zu bestimmten Zeiten eingesetzt werden.

1.1.2 Allgemeiner Arbeitsschutz

Der Arbeitgeber hat die Arbeitsleistung des Arbeitnehmers so zu organisieren, dass der Arbeitnehmer gegen Gefahren für Leben und Gesundheit soweit geschützt ist, als es die Natur der Dienstleistung gestattet. Insbesondere hat der Arbeitgeber Räume, Vorrichtungen und Gerätschaften, die er zur Verrichtung der Dienste zu beschaffen hat, in dieser Weise einzurichten und zu unterhalten.

---

[65] Schaub, Arbeitsrechts-Handbuch, § 106, Rn. 5

Diese Fürsorgepflicht ist begrenzt durch die Art des Betriebes, die Möglichkeiten der Technik sowie auch der Wirtschaftlichkeit der Produktion.[66]

Auch die allgemeine Regelung in § 618 BGB wird durch spezialgesetzliche Vorschriften, wie z. B. durch das Arbeitsschutzgesetz und verschiedene Verordnungen[67], ergänzt.

Arbeitsräume[68] sind ausreichend zu beleuchten und es ist für eine hinreichende Beseitigung von Staub, Dünsten, Gasen und Abfällen zu sorgen. Schutz gegen Zugluft ist zu gewährleisten.

§ 618 BGB gibt aber grds. keinen Anspruch auf einen **tabakfreien Arbeitsplatz.**[69] Allerdings hat der Arbeitgeber nach § 5 Arbeitsstättenverordnung (ArbStättVO) die erforderlichen Maßnahmen zu treffen, damit die nichtrauchenden Beschäftigten in Arbeitsstätten wirksam vor den Gesundheitsgefahren durch Tabakrauch geschützt sind. Hierzu hat der Arbeitgeber ggf. ein allgemeines oder auf einzelne Bereiche der Arbeitsstätte beschränktes Rauchverbot zu erlassen.[70]

Der Arbeitgeber hat **Arbeitsgeräte**, also Maschinen, Werkzeuge, Kraftfahrzeuge und sonstige Hilfsmittel und das zu verarbeitende Material so einzurichten und zu unterhalten, dass der Arbeitnehmer soweit wie möglich gegen Gesundheits- und Lebensgefahren geschützt ist. Der Arbeitgeber hat hierfür die notwendigen Schutzvorrichtungen anzubringen und den Arbeitnehmer über Unfallverhütungsvorschriften und -maßnahmen zu schulen.

Im Zusammenhang mit der Corona Pandemie war der Arbeitgeber verpflichtet, die Schutzmaßnahmen nach der Corona-Arbeitsschutzverord-

---

66 Schaub, Arbeitsrechts-Handbuch, § 106, Rn. 14

67 z. B. Verordnung zum Schutz des Beschäftigten vor Gefährdungen durch Lärm und Vibrationen (LärmVibrationsArbSchV) oder Arbeitsschutzverordnung zu künstlicher optischer Strahlung.

68 Hierunter sind alle Räume und Flächen zu verstehen, die der Arbeitnehmer im Zusammenhang mit der Arbeitsleistung befugterweise betritt, z. B. auch Baustellen.

69 Schaub, Arbeitsrechts-Handbuch, § 106, Rn. 15

70 Die Nichtrauchergesetze der Länder ergänzen diese Regelungen teilweise.

nung durchzuführen und umzusetzen, z. B. im Wege des Direktionsrechts nach § 106 S. 2 GewO das Tragen einer Mund-Nase-Bedeckung im Betrieb anzuordnen.

Umstritten ist, ob der Arbeitgeber seine Arbeitnehmer anweisen durfte, im Betrieb Antigen-Schnelltests durchzuführen. Dafür spricht, dass der Arbeitgeber nach der Corona-Arbeitsschutzverordnung verpflichtet war, solche Tests anzubieten und die Arbeitnehmer ihrerseits zwar nach der Verordnung nicht zur Durchführung der Tests verpflichtet waren, aber nach § 16 Abs. 2 S. 1 ArbSchG den Arbeitgeber bei der Gewährleistung des Gesundheitsschutzes zu unterstützen haben.[71]

Aufgrund seiner Fürsorgepflicht treffen den Arbeitgeber auch **Obhuts- und Verwahrungspflichten** bzgl. der vom Arbeitnehmer an den Arbeitsplatz mitgebrachten Sachen. Der Umfang der Verpflichtung des Arbeitgebers unterscheidet sich danach, ob es sich bei den mitgebrach ten Gegenstände für den Arbeitnehmer um persönlich unentbehrliche Sachen,[72]unmittelbare arbeitsdienliche Sachen[73] oder um mittelbar arbeitsdienliche Sachen[74] handelt.

Beispiel: Stellt der Arbeitgeber einen Parkplatz zur Verfügung, trifft ihn aufgrund der arbeitsrechtlichen Fürsorgepflicht eine Verkehrssicherungspflicht, selbst dann, wenn der Arbeitnehmer keinen Anspruch auf die Bereitstellung des Parkplatzes hatte.

Der Arbeitgeber hat daher für eine ausreichende Beleuchtung und für die Erfüllung der Streupflicht zu sorgen.

Zur Fürsorgepflicht des Arbeitgebers gehört es dagegen nicht, die auf dem Parkplatz abgestellten Fahrzeuge gegen Diebstahl oder Beschädigung zu schützen, da die Fahrzeuge auch sonst im Straßenverkehr diesen Risiken ausgesetzt sind.

Der Arbeitgeber hat dem Arbeitnehmer Schutzkleidung zur Verfügung zu stellen, soweit dies zur Arbeitsleistung erforderlich ist.

---

[71] die Vorgaben der Corona-Arbeitsschutzverordnung sind bundesweit seit Anfang 2023 ausgelaufen.

[72] z. B. Straßen- und Arbeitsbekleidung, angemessener Geldbetrag, usw.

[73] z. B. Fachbücher oder eigenes Werkzeug

[74] z. B. privat genutzte Verkehrsmittel, wie Fahrräder oder Kraftfahrzeuge

1.1.3 Weitere Fürsorgepflichten

Die allgemeine Fürsorgepflicht des Arbeitgebers besteht nicht nur im Bereich des Gesundheits- und Lebensschutzes sowie bei der Gestaltung des Arbeitsplatzes, sondern kann sich auf viele Bereiche des Arbeitslebens beziehen. Daher hat der Arbeitgeber in der Situation einer Druckkündigung zunächst alles Erdenkliche zu tun, um den Arbeitsplatz des Arbeitnehmers zu erhalten.[75]

Auch der Schutz der **personenbezogenen Daten** des Arbeitnehmers (der überwiegend aus dem Bundesdatenschutzgesetz (BDSG) folgt), ist Teil der Fürsorgepflicht des Arbeitgebers.

Letztlich hat der Arbeitgeber auch die **Persönlichkeitsrechte** des Arbeitnehmers zu schützen, d. h. das Recht des Einzelnen auf Achtung seiner Menschenwürde und auf Entfaltung seiner individuellen Persönlichkeit. Aus dem Schutz der Persönlichkeitsrechte folgt etwa, dass der Arbeitgeber den Arbeitnehmer vor sexuellen Belästigungen am Arbeitsplatz schützen muss und bei Kontroll- und Überwachungseinrichtungen das jeweils mildeste Mittel wählen muss.

Die Fürsorgepflichten des Arbeitgebers bestehen auch nach Beendigung des Arbeitsverhältnisses fort.

So ist dem Arbeitnehmer etwa ein wohlwollendes Zeugnis zu erteilen und ihm ist weiterhin Einsicht in die Personalakte zu gestatten, soweit hierfür ein sachliches Bedürfnis besteht.

1.2 Mutterschutz und Beschäftigungsverbote

Mit der zum 01.01.2018 in Kraft getretenen Reform des Mutterschutzgesetztes (MuSchG) soll berufsgruppenunabhängig ein für alle Frauen einheitliches Gesundheitsschutzniveau in der Schwangerschaft, nach der Entbindung und während der Stillzeit sichergestellt werden. Auch Schülerinnen und Studentinnen sollen in den Anwendungsbereich des

---

[75] Bei der Druckkündigung verlangen z. B. Kollegen des Arbeitnehmers oder Kunden des Arbeitgebers die Kündigung des Beschäftigten unter Androhung weitgehender, eigener Konsequenzen, wie etwa die Eigenkündigung der Kollegen oder den Verlust von größeren Aufträgen.

Gesetztes eingebzogen werden, soweit die jeweilige Ausbildungsstelle (z. B. Schule oder Hochschule) Ort, Zeit und Ablauf von Ausbildungsveranstaltungen verpflichtend vorgibt.

1.2.1 Schutzfristen, Gesundheitsschutz und Beschäftigungsverbote

Werdende Mütter dürfen in den letzten sechs Wochen vor der Entbindung und bis zum Ablauf von acht Wochen nach der Entbindung nicht beschäftigt werden.

Bei Früh- oder Mehrlingsgeburten und bei Feststellung einer Behinderung des Kindes verlängert sich die Mutterschutzfrist auf 12 Wochen nach der Entbindung bzw. bei Frühgeburten nach dem zunächst prognostizierten Entbindungstermin.

Der betriebliche Gesundheitsschutz hat durch die Neuregelung des Mutterschutzgesetzes zum 01.01.2018 eine vollständig neue Ausgestaltung erfahren. § 9 Abs. 1 MuSchG regelt grundlegenden Zielsetzungen des betrieblichen Gesundheitsschutzes: Bei der Gestaltung der Arbeitsbedingungen und des Arbeitsplatzes einer schwangeren oder stillenden Frau hat der Arbeitgeber alle aufgrund einer verpflichtenden Gefährdungsbeurteilung nach § 10 MuSchG erforderlichen Maßnahmen für den Schutz der physischen und psychischen Gesundheit von Mutter und Kind zu treffen. Der in § 9 Abs. 1 S. 1 MuSchG verwendete Begriff der „erforderlichen Maßnahmen" erfasst auch die Beurteilung der Arbeitsbedingungen nach § 10 MuSchG sowie die Umsetzung der sich daraus ergebenden Schutzmaßnahmen nach Maßgabe der §§ 11 und 12 MuSchG. Der Schutz bezieht sich auch auf das ungeborene bzw. zu stillende Kind. § 9 Abs. 2 MuSchG verlangt vom AG, die Arbeitsbedingungen so zu gestalten, dass Gefährdungen einer schwangeren oder stillenden Frau oder ihres Kindes möglichst vermieden werden und eine unverantwortbare Gefährdung ausgeschlossen wird. Zur Gefahrenfeststellung hat der Arbeitgeber zunächst eine abstrakte, anlassunabhängige Gefährdungsbeurteilung nach Maßgabe von § 10 Abs. 1 MuSchG vorzunehmen. Sobald eine Frau ihm mitgeteilt hat, dass sie schwanger ist oder stillt, hat er nach § 10 Abs. 2 unverzüglich die nach

Maßgabe dieser Gefährdungsbeurteilung erforderlichen Schutzmaßnahmen festzulegen und ihr ein Gespräch über eine weitere Anpassung der Arbeitsbedingungen anzubieten.[76]

Der Katalog konkret verbotener Beschäftigungen für die werdende Mutter ist durch die Neuregelung des Mutterschutzgesetzes überwiegend durch die abstrakte Gefährdungsbeurteilung ersetzt worden. Bei der Gestaltung der Arbeitsbedingungen müssen Gefährdungen der schwangeren oder stillenden Frau möglichst vermieden und die verbleibenden Gefährdungen möglichst geringgehalten werden.

§ 9 MuSchG unterscheidet zwischen verantwortbaren und unverantwortbaren Gefährdungen. Gemäß § 9 Abs. 2 S. 2 MuSchG ist eine Gefährdung unverantwortbar, wenn die Eintrittswahrscheinlichkeit einer Gesundheitsbeeinträchtigung angesichts der zu erwartenden Schwere des möglichen Gesundheitsschadens nicht hinnehmbar ist. Insoweit sind insbesondere die Vorgaben aus §§ 10 und 11 MuSchG sowie die veröffentlichten Regeln des Ausschusses für Mutterschutz (§ 30 MuSchG) zu beachten.[77]

Stellt der Arbeitgeber im Rahmen der Gefährdungsbeurteilung Gefährdungen für die Schwangere oder stillende Frau fest, folgt entgegen der früheren Regelung nicht unmittelbar ein Beschäftigungsverbot. Vielmehr ergibt sich die Rangfolge der Schutzmaßnahmen aus § 13 MuSchG:

- Der Arbeitgeber hat die Arbeitsbedingungen für die schwangere oder stillende Frau durch geeignete Schutzmaßnahmen umzugestalten.
- Kann der Arbeitgeber unverantwortbare Gefährdungen für die schwangere oder stillende Frau nicht durch die Umgestaltung der Arbeitsbedingungen ausschließen oder ist eine Umgestaltung wegen des nachweislich unverhältnismäßigen Aufwandes nicht zu-

---

76 Schaub, Arbeitsrechts-Handbuch, § 167, Rn. 1

77 Informationen stellt das Bundesamt für Familie und zivilgesellschaftliche Aufgaben unter „www.ausschuss-fuer-mutterschutz.de" zur Verfügung.

mutbar, hat der Arbeitgeber die Frau an einem anderen geeigneten Arbeitsplatz einzusetzen, wenn er einen solchen Arbeitsplatz zur Verfügung stellen kann und dieser Arbeitsplatz der schwangeren oder stillenden Frau zumutbar ist. Der AG hat bei der Prüfung, ob er der Frau einen anderen Arbeitsplatz im Betrieb zur Verfügung stellen kann, auch besetzte Arbeitsplätze einzubeziehen, die er mit anderen Arbeitnehmern tauschen kann, sofern dem jeweiligen Stelleninhaber im Wege des Direktionsrechts ein anderer Arbeitsplatz zugewiesen werden kann. Eine Änderungskündigung muss der AG nicht aussprechen.[78]

- Kann der Arbeitgeber unverantwortbare Gefährdungen für die schwangere oder stillende Frau weder durch Schutzmaßnahmen noch durch einen Arbeitsplatzwechsel ausschließen, darf er die schwangere oder stillende Frau nicht weiter beschäftigen. In diesem Fall tritt ein Beschäftigungsverbot ein.

Nach § 11 MuSchG darf der Arbeitgeber schwangere Frauen keine Tätigkeiten ausüben lassen, bei denen sie in unverantwortbarer Weise Gefahrstoffen, insbesondere gefährdenden Biostoffen sowie physikalischen Einwirkungen ausgesetzt sind.

§ 11 Abs. 5 MuSchG nennt bestimmte körperliche Belastungen oder mechanische Einwirkungen, denen die schwangere Frau durch den Arbeitgeber nicht ausgesetzt werden darf.

Der Arbeitgeber darf eine schwangere Frau insbesondere keine Tätigkeiten ausüben lassen, bei denen

- sie ohne mechanische Hilfsmittel regelmäßig Lasten von mehr als 5 Kilogramm Gewicht oder gelegentlich Lasten von mehr als 10 Kilogramm Gewicht von Hand heben, halten, bewegen oder befördern muss,
- sie mit mechanischen Hilfsmitteln Lasten von Hand heben, halten, bewegen oder befördern muss und dabei ihre körperliche Beanspruchung der von Arbeiten nach Nummer 1 entspricht,

[78] Schaub, Arbeitsrechts-Handbuch, § 167, Rn. 5

- sie nach Ablauf des fünften Monats der Schwangerschaft überwiegend bewegungsarm ständig stehen muss und wenn diese Tätigkeit täglich vier Stunden überschreitet,
- sie sich häufig erheblich strecken, beugen, dauernd hocken, sich gebückt halten oder sonstige Zwangshaltungen einnehmen muss,
- sie auf Beförderungsmitteln eingesetzt wird, wenn dies für sie oder für ihr Kind eine unverantwortbare Gefährdung darstellt,
- Unfälle, insbesondere durch Ausgleiten, Fallen oder Stürzen, oder Tätlichkeiten zu befürchten sind, die für sie oder für ihr Kind eine unverantwortbare Gefährdung darstellen,
- sie eine Schutzausrüstung tragen muss und das Tragen eine Belastung darstellt oder
- eine Erhöhung des Drucks im Bauchraum zu befürchten ist, insbesondere bei Tätigkeiten mit besonderer Fußbeanspruchung.

Der Arbeitgeber darf eine schwangere Frau

- keine Akkordarbeit oder sonstige Arbeiten, bei denen durch ein gesteigertes Arbeitstempo ein höheres Entgelt erzielt werden kann,
- keine Fließarbeit oder
- keine getaktete Arbeit mit vorgeschriebenem Arbeitstempo ausüben lassen, wenn die Art der Arbeit oder das Arbeitstempo für die schwangere Frau oder für ihr Kind eine unverantwortbare Gefährdung darstellt.

Der Arbeitgeber hat sicherzustellen, dass die schwangere oder stillende Frau ihre Tätigkeit am Arbeitsplatz, soweit es für sie erforderlich ist, kurz unterbrechen kann. Er hat darüber hinaus sicherzustellen, dass sich die schwangere oder stillende Frau während der Pausen und Arbeitsunterbrechungen unter geeigneten Bedingungen hinlegen, hinsetzen und ausruhen kann.

Hinweis

Zudem kann der Arzt der schwangeren Frau die Arbeitsbedingungen eingrenzen (teilweises Beschäftigungsverbot) oder ein vollständiges Beschäftigungsverbot festlegen, wenn die Gesundheit von Mutter oder Kind bei Fortdauer der Tätigkeit gefährdet ist (§ 16 MuSchG). Das Verbot wird mit Zeugnisvorlage beim Arbeitgeber wirksam.

Werdende (und stillende) Mütter dürfen grundsätzlich nicht mit **Mehrarbeit**,[79] nicht in der **Nacht**[80] zwischen 20.00 Uhr und 06.00 Uhr und nicht an **Sonn- und Feiertagen**[81] beschäftigt werden, wobei §§ 4 bis 6 MuSchG unter bestimmten Voraussetzungen Ausnahmen zulassen, die teils der ausdrücklichen Zustimmung der Schwangeren bzw. stillenden Frau bedürfen.

Werdende Mütter sollen dem Arbeitgeber ihre Schwangerschaft und den mutmaßlichen Tag der Entbindung mitteilen, sobald ihnen ihr Zustand bekannt ist und sollen auf Verlangen des Arbeitgebers einen Nachweis eines Arztes oder einer Hebamme vorlegen. Der Arbeitgeber hat die Aufsichtsbehörde unverzüglich von der Mitteilung der werdenden Mutter zu benachrichtigen. Er darf die Mitteilung der werdenden Mutter Dritten nicht unbefugt bekannt geben.

1.2.2 Mutterschutzlohn, Mutterschaftsgeld und Zuschuss

Während der **Mutterschutzfrist** (6 Wochen vor und 8 Wochen nach der Entbindung bzw. bei Früh- oder Mehrlingsgeburten 12 Wochen nach der Entbindung) wird Frauen, die bei Beginn der Mutterschutzfrist in einem Arbeitsverhältnis stehen, von der Krankenkasse (oder vom Bun-

[79] Mehrarbeit nach § 4 Abs. 1 MuSchG ist jede Arbeit, die von Frauen unter 18 Jahren über 8 Stunden täglich oder 80 Stunden in der Doppelwoche, von sonstigen Frauen über 8,5 Stunden täglich oder 90 Stunden in der Doppelwoche hinaus geleistet wird.

[80] Ausnahmen unter bestimmten Voraussetzungen §§ 5, 29 MuSchG

[81] Ausnahmen unter bestimmten Voraussetzungen §§ 6, 29 MuSchG

desversicherungsamt) Mutterschaftsgeld bezahlt. Die Höhe des **Mutterschaftsgeldes** bestimmt sich nach dem um die gesetzlichen Abzüge verminderten, durchschnittlichen, kalendertäglichen Arbeitsentgelt der letzten 3 abgerechneten Kalendermonate vor Beginn der Mutterschutzfristen. Das Mutterschaftsgeld beträgt höchstens 13,00 Euro pro Kalendertag.

Der Arbeitgeber muss einen **Zuschuss zum Mutterschaftsgeld** in Höhe des Unterschiedsbetrages zwischen 13,00 Euro und dem um die gesetzlichen Abzüge verminderten durchschnittlichen kalendertäglichen Arbeitsentgelt, das sich aus den letzten drei abgerechneten Kalendermonaten bzw. den letzten 13 abgerechneten Wochen vor Beginn der Mutterschutzfristen berechnet, bezahlen.

Soweit **Beschäftigungsverbote** einer Fortsetzung der üblichen Arbeit oder der Beschäftigung in bisherigem Umfang oder vollständig entgegenstehen, darf dies nicht zu einer Verdienstminderung führen.[82]

Der Arbeitgeber hat deshalb mindestens den Durchschnittsverdienst der letzten 13 Wochen bzw. der letzten drei Monate vor Beginn des Monats, in dem die Schwangerschaft eingetreten ist, weiter zu zahlen.

Nach dem **Aufwendungsausgleichsgesetz** erhalten Arbeitgeber die volle Entgeltfortzahlung bei individuellen Beschäftigungsverboten sowie die darauf entfallenden Arbeitgeberanteile zum Gesamtsozialversicherungsbeitrag von der für die Arbeitnehmerin zuständigen Krankenkasse erstattet (**sog. „U2-Verfahren“**). Außerdem erhalten sie während der Mutterschutzfristen den von ihnen ausgezahlten Zuschuss zum Mutterschaftsgeld in voller Höhe zurück.

1.2.3 Kündigungsverbot

Vom Beginn der Schwangerschaft an bis zum Ablauf von 4 Monaten nach der Entbindung ist die Kündigung des Arbeitsverhältnisses durch den Arbeitgeber unzulässig. Das bedeutet, dass der Arbeitgeber wäh-

---

[82] Dies gilt auch, wenn die Arbeitnehmerin mit anderen zumutbaren, aber geringwertigeren Arbeiten beschäftigt wird.

rend dieser Zeit auch nicht zu einem danach liegenden Zeitpunkt kündigen darf. Voraussetzung für das Wirksamwerden des Kündigungsverbotes ist, dass dem Arbeitgeber im Zeitpunkt der Kündigung die Schwangerschaft oder die Entbindung bekannt war. Oder ihm innerhalb von zwei Wochen nach Zugang der Kündigung mitgeteilt wird. Die Frist von zwei Wochen ist eine Ausschlussfrist.

1.3 Elternzeit und Elterngeld

1.3.1 Anspruchsberechtigte und Dauer der Elternzeit

Nach dem Bundeselterngeld- und Elternzeitgesetz (BEEG) besteht bis zur Vollendung des dritten Lebensjahres des Kindes Anspruch auf Elternzeit. Es handelt sich dabei um einen Anspruch des Arbeitnehmers gegen den Arbeitgeber auf unbezahlte Freistellung von der Arbeit aus Anlass der Betreuung des Kindes.

Hinweis

Die Elternzeit kann von beiden Elternteilen nacheinander, abwechselnd, aber auch gleichzeitig beansprucht werden.

Der Anspruch auf Elternzeit ist nicht von einer Mindestgröße des Arbeitgebers abhängig. Auch der einzige Arbeitnehmer des Arbeitgebers kann Elternzeit beanspruchen.

Elternzeit können Arbeitnehmer, die zu ihrer Berufsausbildung Beschäftigten sowie weitere Personen beanspruchen. Dies gilt unabhängig davon, ob das Arbeitsverhältnis unbefristet, befristet oder in Voll -oder in Teilzeit besteht.

Steht der Arbeitnehmer in mehreren Arbeitsverhältnissen, besteht der Anspruch für jedes Arbeitsverhältnis gesondert. Er kann also in allen oder in einzelnen Arbeitsverhältnissen Elternzeit nehmen.

Anspruch auf Elternzeit haben Arbeitnehmer, wenn sie

- mit ihrem Kind
- mit einem Kind, das sie in Vollzeitpflege aufgenommen haben,
- mit einem Kind, das der Arbeitnehmer mit dem Ziel der Annahme als Kind aufgenommen hat,
- einem Kind des Ehepartners, des Lebenspartners, das er in den Haushalt aufgenommen hat oder
- mit einem Kind, für das die erklärte Anerkennung der Vaterschaft noch nicht wirksam ist oder über die beantragte Vaterschaftsfeststellung noch nicht entschieden wurde,

in einem Haushalt leben und dieses Kind selbst betreuen und erziehen.

Auch **Großeltern** können Elternzeit nehmen, wenn keines der Elternteile selbst Elternzeit beantragt, sofern sie mit ihrem Enkelkind in einem Haushalt leben und dieses Kind selbst betreuen und erziehen und ein Elternteil des Kindes minderjährig ist oder ein Elternteil des Kindes sich im letzten oder vorletzten Jahr einer Ausbildung befindet, die vor Vollendung des 18. Lebensjahres begonnen wurde und die Arbeitskraft des Elternteils im Allgemeinen voll in Anspruch nimmt.

Der Anspruch auf Elternzeit besteht **bis zur Vollendung des dritten Lebensjahres** eines Kindes. Das ist der Tag, der dem dritten Geburtstag des Kindes vorausgeht.

Beispiel: Der Sohn von Paula Muster-Müller kam am 20.03.2023 zur Welt. Sie könnte Elternzeit bis längstens zum 19.03.2026 beantragen. Die Elternzeit wird durch den achtwöchigen Mutterschutz nach Entbindung nicht verlängert.

Die Elternzeit kann vollständig und auch anteilig von jedem Elternteil allein oder von beiden Elternteilen gemeinsam genommen werden. Beide Elternteile können die volle dreijährige Elternzeit ausnutzen.

Ein Anteil von bis zu 24 Monaten kann zwischen dem dritten Geburtstag und dem vollendeten achten Lebensjahr des Kindes in Anspruch genommen werden.

Hinweis

Jeder Elternteil kann seine Elternzeit auf (bis zu) drei Zeitabschnitte verteilen. Eine Verteilung auf weitere Zeitabschnitte ist nur mit der Zustimmung des Arbeitgebers möglich.

Der Arbeitgeber kann die Inanspruchnahme eines dritten Abschnitts einer Elternzeit innerhalb von acht Wochen nach Zugang des Antrags aus dringenden betrieblichen Gründen ablehnen, wenn dieser Abschnitt im Zeitraum zwischen dem dritten Geburtstag und dem vollendeten achten Lebensjahr des Kindes liegen soll.

Die Elternzeit bis zur Vollendung des dritten Lebensjahres gilt grds. auch bei Geburt **mehrerer Kinder** innerhalb der Drei-Jahres-Frist, sodass die Elternzeit bis zur Vollendung des dritten Lebensjahres des letzten Kindes dauern kann. **Überschneidungszeiten** gehen nicht verloren, sodass Überschneidungen von bis zu 24 Monaten auf eine Zeit bis zur Vollendung des achten Lebensjahres des Kindes übertragen werden können.

Nach Ansicht des BAG bedeutet die Erklärung, Elternzeit für ein weiteres Kind zu nehmen, gleichzeitig die vorzeitige Beendigung der ersten Elternzeit.

Beispiel: Am 20.03.2020 wurde der Sohn von Paula geboren. Sie beantragte Elternzeit bei ihrem Arbeitgeber bis 19.03.2023. Als die Tochter von Paula am 05.01.2022 zur Welt kommt, beantragt sie Elternzeit bis 04.01.2025. Gleichzeitig möchte sie 12 Monate der „nicht verbrauchten" Elternzeit für ihren Sohn auf Juli 2026 bis Juli 2027 übertragen.

1.3.2 Festlegung der Elternzeit

Die Elternzeit muss

- für den Zeitraum bis zum vollendeten dritten Lebensjahr des Kindes spätestens sieben Wochen und
- für den Zeitraum zwischen dem dritten Geburtstag und dem vollendeten achten Lebensjahr des Kindes spätestens 13 Wochen

vor ihrem Beginn **schriftlich** beim Arbeitgeber verlangt werden.

Verlangt die Arbeitnehmerin oder der Arbeitnehmer Elternzeit für den Zeitraum bis zum vollendeten dritten Lebensjahr des Kindes, muss sie oder er gleichzeitig erklären, für welche Zeiten innerhalb von zwei Jahren Elternzeit genommen werden soll. Diese Erklärung ist für den/die Arbeitnehmer/in grds. bindend.

Der Arbeitnehmer kann Elternzeit auch für einen kürzeren Zeitraum beantragen oder auch sofort die volle Dauer von drei Jahren ausnutzen. Allerdings ist auch diese Erklärung für den Arbeitnehmer bindend.[83]

Wird die Frist zur Beantragung der Elternzeit nicht eingehalten, ist der Antrag nach der Rechtsprechung nicht unwirksam. Es verschiebt sich lediglich der Zeitpunkt des gewünschten Beginns entsprechend.

Die Elternzeit kann **vorzeitig beendet** oder im Rahmen des § 15 Abs. 2 BEEG **verlängert** werden, wenn der Arbeitgeber zustimmt.

Die vorzeitige Beendigung wegen der Geburt eines weiteren Kindes oder in Fällen besonderer Härte, insbesondere bei Eintritt einer schweren Krankheit, Schwerbehinderung oder Tod eines Elternteils oder eines Kindes der berechtigten Person oder bei erheblich gefährdeter wirtschaftlicher Existenz der Eltern nach Inanspruchnahme der Elternzeit, kann der Arbeitgeber nur innerhalb von vier Wochen aus dringenden betrieblichen Gründen schriftlich ablehnen.

Auch ohne Zustimmung des Arbeitgebers kann die Elternzeit zur Inanspruchnahme der Schutzfristen des § 3 MuSchG vorzeitig beendet

---

[83] Ausnahmefälle sieht § 16 Abs. 3 BEEG vor.

werden. Die Arbeitnehmerin soll dem Arbeitgeber die Beendigung der Elternzeit rechtzeitig mitteilen.

Eine Verlängerung der Elternzeit kann verlangt werden, wenn ein vorgesehener Wechsel der Anspruchsberechtigten aus einem wichtigen Grund nicht erfolgen kann.

Stirbt das Kind während der Elternzeit, endet diese spätestens drei Wochen nach dem Tod des Kindes.

Eine Änderung in der Anspruchsberechtigung hat der Arbeitnehmer oder die Arbeitnehmerin dem Arbeitgeber unverzüglich mitzuteilen.

1.3.3 Entgeltansprüche während der Elternzeit

Während der Elternzeit sind die Hauptpflichten aus dem Arbeitsverhältnis **suspendiert**. Das Arbeitsverhältnis ruht in dieser Zeit. Nebenpflichten, wie etwa Wettbewerbsverbote oder Verschwiegenheitspflichten, bestehen hingegen fort.

Es gibt jedoch Elterngeld in Höhe von 65 % bis 67 % des letzten Nettoeinkommens. Das Elterngeld beträgt mind. 300 Euro bis max. 1.800 Euro monatlich. Die Höhe des Elterngeldes berechnet sich individuell nach den jeweiligen Einkommensverhältnissen vor der Geburt. Grundsätzlich wird Elterngeld bei einem bisherigen Nettoverdienst unter 1.200 Euro in Höhe von 67 % des durchschnittlichen Nettoeinkommens der letzten 12 Monate vor dem Monat der Geburt des Kindes bezahlt. Eltern mit einem Erwerbseinkommen von mehr als 1.240 Euro erhalten 65 % des letzten Nettoverdienstes. Wenn das ermittelte Einkommen vor der Geburt des Kindes weniger als 1.000 Euro beträgt, bekommen Geringverdiener nicht 67 % ihres Netto-Einkommens , sondern mehr als 67 % als Elterngeld ausbezahlt. Dabei erhöht sich der Prozentsatz um 0,1 Prozentpunkte für je 2 Euro, um die das maßgebliche Einkommen den Betrag von 1000 Euro unterschreitet, auf bis zu 100 Prozent. Das Anknüpfen der Berechnung des Elterngels an das im maßgeblichen 12-Monats-Zeitraum vor der Geburt des Kindes bezogene Einkommen aus Erwerbstätigkeit ist verfassungsgemäß (BSG-Urteil vom 17.02.2011 B 10 EG 17/09R und B 10 EG 20/09 R).

Ein Anspruch auf **laufendes Arbeitsentgelt** besteht während der Elternzeit nicht. Ob der Arbeitnehmer während der Elternzeit **Sonderzahlungen** (z. B. Weihnachtsgratifikation) beanspruchen kann, hängt von dem Inhalt der maßgeblichen Zuwendungsvereinbarung ab.

Bei Prämien, die allein für die Betriebstreue des Arbeitnehmers bezahlt werden, kann ein Anspruch bestehen, da nicht die geleistete Arbeit (teilweise) honoriert werden soll, sondern lediglich die Fortsetzung des Arbeitsverhältnisses.

Ansprüche auf **Sachbezüge**, die von der geleisteten Arbeit abhängen (freie Verpflegung, private Dienstwagennutzung), ruhen während der Elternzeit. Etwas anderes gilt für überlassenen Wohnraum. Verrichtet der Arbeitnehmer während der Elternzeit keine Teilzeitarbeit (beim Arbeitgeber), besteht auch kein Anspruch auf Entgeltfortzahlung im Krankheitsfalle.

1.3.4 Erwerbstätigkeit während der Elternzeit

Während der Elternzeit ist Erwerbstätigkeit zulässig, wenn die vereinbarte monatsdurchschnittliche wöchentliche Arbeitszeit 32 Stunden nicht übersteigt.

Die Erwerbstätigkeit ist beim gleichen oder auch bei einem anderen Arbeitgeber zulässig.

Der Anspruch auf Elterngeld geht nicht verloren, Das Elterngeld wird dann nur noch mit 67 % des entfallenden Teileinkommens berechnet. Als Einkommen vor der Geburt werden dabei höchstens 2.700 Euro berücksichtigt.

Hinweis

Erfolgt die Erwerbstätigkeit bei einem anderen Arbeitgeber, bedarf der Arbeitnehmer der Zustimmung seines Hauptarbeitgebers. Der Arbeitgeber darf die Zustimmung zur Teilzeitarbeit bei einem anderen Arbeitgeber nur aus dringenden betrieblichen Gründen ablehnen. Die Ablehnung hat innerhalb einer Frist von 4 Wochen schriftlich unter Angabe der Gründe zu erfolgen.

Unter bestimmten Voraussetzungen hat der Arbeitnehmer einen Anspruch auf Teilzeitbeschäftigung während der Elternzeit beim gleichen Arbeitgeber, wenn keine dringenden betrieblichen Gründe entgegenstehen und der Antrag frist- und formgerecht gestellt wurde. Voraussetzung ist, dass der Arbeitgeber, unabhängig von der Anzahl der Personen in Berufsbildung, in der Regel mehr als 15 Arbeitnehmer beschäftigt und das Arbeitsverhältnis ohne Unterbrechung länger als sechs Monate bestanden hat.

Hinweis

Falls der Arbeitgeber die beanspruchte Verringerung der Arbeitszeit ablehnen will, muss er dies innerhalb von vier Wochen mit schriftlicher Begründung tun. Erfolgt die Ablehnung nicht Form und fristgerecht, wird die Verringerung der Arbeitszeit nach den Wünschen des Arbeitnehmers fingiert.

1.3.5 Basiselterngeld, Elterngeld Plus, Partnerschaftsbonusmonate

Das Elterngeld fängt fehlendes Einkommen auf, wenn Eltern nach der Geburt für ihr Kind da sein wollen und deshalb ihre berufliche Arbeit unterbrechen oder einschränken. Den Eltern stehen gemeinsam insgesamt 14 Monate Basiselterngeld zu, wenn sich beide an der Betreuung beteiligen und den Eltern dadurch Einkommen wegfällt. Sie können die Monate frei untereinander aufteilen. Ein Elternteil kann dabei mindestens 2 und höchsten 12 Monate für sich in Anspruch nehmen.

Alleinerziehende, die das Elterngeld zum Ausgleich des wegfallenden Erwerbseinkommens beziehen, können die vollen 14 Monate Elterngeld in Anspruch nehmen. Basiselterngeld können Eltern nur innerhalb der ersten 14 Lebensmonate des Kindes erhalten. Danach können sie nur noch das Elterngeld Plus oder den Partnerschaftsbonus beziehen.

Für Kinder, die ab dem 01.09.21 geboren sind gilt außerdem: wenn das Kind mind. 6 Wochen vor dem errechneten Geburtstermin zur Welt kommt, bekommen die Eltern länger Elterngeld. Bis zu 4 zusätzliche Monate Basiselterngeld sind möglich, je nachdem, wie viele Wochen vor dem errechneten Geburtstermin das Kind geboren wurde.

Das Elterngeld Plus stärkt die Vereinbarkeit von Beruf und Familie und erkennt insbesondere die Pläne derjenigen an, die schon wieder während des Elterngeldbezugs in Teilzeit arbeiten wollen. Mütter und Väter haben damit die Möglichkeit, länger Elterngeld in Anspruch zu nehmen. Elterngeld Plus können Eltern doppelt so lange bekommen wie Basiselterngeld : Ein Monat Basiselterngeld entspricht 2 Monaten Elterngeld Plus. Wenn Eltern nach der Geburt nicht arbeiten, ist das Elterngeld Plus halb so hoch wie das Basiselterngeld. Wenn sie nach der Geburt in Teilzeit arbeiten, kann das monatlich Elterngeld Plus genau so hoch sein wie das monatliche Basiselterngeld mit Teilzeit.

Eltern können jeweils bis zu vier zusätzliche Elterngeld Plus Monate als Partnerschaftsbonus erhalten, wenn sie in diesem Zeitraum gleichzeitig zwischen 24 und 32 Wochenstunden in Teilzeit arbeiten, um mehr Zeit für ihr Kind zu haben (zwischen 25 und 30 Stunden für Kinder, die vor dem 01.09.21 geboren wurden). Der Partnerschaftsbonus kann für mindestens 2 und höchstens 4 Monate beantragt werden. Die Regelung gilt auch für getrennt erziehende Eltern, die als Eltern gemeinsam in Teilzeit gehen. Alleinerziehenden steht der gesamt Partnerschaftsbonus zu.

1.4 Pflegezeit und Familienpflegezeit

Nach dem Pflegezeitgesetz haben Beschäftigte das Recht, bei einer auftretenden Akutpflegesituation ihrer Arbeit bis zu 10 Tagen fern zu bleiben und sich bis zu einer Höchstdauer von längstens 6 Monaten vollständig oder teilweise von der Arbeitsleistung freistellen zu lassen, wenn sie einen pflegebedürftigen nahen Angehörigen in häuslicher Umgebung pflegen (Pflegezeit).

Das Familienpflegezeitgesetz gibt Arbeitnehmern eine weitere Möglichkeit, sich zur häuslichen Pflege (teilweise) freistellen zu lassen. Während der Familienpflegezeit kann die wöchentliche Arbeitszeit für maximal 24 Monate auf bis zu 15 Stunden reduziert werden. Das Gehalt verringert sich nur um die Hälfte der Arbeitszeitverkürzung.

Für Beschäftigte in Betrieben mit mehr als 25 Arbeitnehmern besteht ein Rechtsanspruch auf Familienpflegezeit für die Dauer von 24 Monaten. In dieser Zeit ist der Arbeitnehmer berechtigt, seine Arbeitsleistung auf bis zu 15 Stunden zu reduzieren.

Da aber weiterhin nur eine teilweise Freistellung zur Familienpflege vorgesehen ist muss – wie auch bei einer nur teilweisen Freistellung während der sechsmonatigen Pflegezeit – eine Vereinbarung mit dem Arbeitgeber getroffen, ggf. auch gerichtlich erzwungen werden.

1.4.1 Leistungsverweigerungsrecht wegen Akutpflege, § 2 PflegeZG

Wie erwähnt, haben Beschäftigte das Recht, bis zu 10 Arbeitstage der Arbeit fern zu bleiben, wenn dies erforderlich ist, um für einen pflegebedürftigen nahen Angehörigen in einer akut auftretenden Pflegesituation eine bedarfsgerechte Pflege zu organisieren oder eine pflegerische Versorgung in dieser Zeit sicherzustellen.

Das Leistungsverweigerungsrecht bei Akutpflege ist nicht auf den häuslichen Bereich beschränkt, sondern kann etwa auch dann bestehen, wenn der Beschäftigte den stationären Aufenthalt des Pflegebedürftigen organisieren muss.

Während der Akutpflege entfällt nach allgemeinen Vorschriften mangels erbrachter Arbeitsleistung der Gehaltsanspruch des Beschäftigten. Das Pflegezeitgesetz enthält selbst keine Bestimmungen zur Entgeltfortzahlung, es kann sich aber Anspruch auf Entgeltfortzahlung aus § 616 BGB ergeben.

Beschäftigte haben seit 2015 die Möglichkeit, für die Zeit der Akutpflege nach § 2 Abs. 1 PflegeZG ein sog. „**Pflegeunterstützungsgeld**" nach § 44a Abs. 3 bis 7 SGB XI zu beantragen (§ 2 Abs. 3 Satz 2 PflegeZG). Die Dauer richtet sich nach dem Freistellungsanspruch.

1.4.2 Pflegezeit bis zu sechs Monate, §§ 3 und 4 PflegeZG

Beschäftigte sind von der Arbeitsleistung vollständig oder teilweise bis zu einer Höchstdauer von längstens sechs Monaten freizustellen, wenn sie einen pflegebedürftigen nahen Angehörigen in häuslicher Umgebung pflegen.

Durch die Neuregelung des Pflegezeitgesetzes wurde gesondert die Möglichkeit geschaffen, einen minderjährigen pflegebedürftigen nahen Angehörigen zu pflegen und zwar nicht nur in häuslicher, sondern auch in außerhäuslicher Umgebung, z. B. im Rahmen einer stationären Behandlung. Beschäftigte können sich zudem zur Begleitung eines na hen Angehörigen in seiner letzten Lebensphase für bis zu drei Monate vollständig oder teilweise freistellen lassen (Sterbebegleitung).

Liegen die Voraussetzungen vor, hat der Beschäftigte einen durchsetzbaren Anspruch gegen den Arbeitgeber auf Freistellung im gewünsch ten Umfang.

1.4.3 Familienpflegezeit, §§ 2, 3 Abs. 1 FPfZG

Auch die Familienpflegezeit gibt Beschäftigten die Möglichkeit, einen pflegebedürftigen nahen Angehörigen einschließlich pflegebedürftiger Kinder in häuslicher Umgebung zu pflegen und sich hierfür vom Arbeitgeber freistellen zu lassen. Anders als bei der Pflegezeit ist allerdings eine vollständige Freistellung nicht möglich. Die Arbeitszeit muss weiterhin mindestens 15 Stunden pro Woche betragen. Dafür kann die Familienpflegezeit bis zu 24 Monate dauern.

1.4.4 Voraussetzungen der Pflegezeit und der Familienpflegezeit

Das Pflegezeitgesetz und das Familienpflegezeitgesetz gelten für **Beschäftigte** und die zu ihrer **Berufsbildung** Beschäftigten. Beschäftigte sind Arbeitnehmerinnen und Arbeitnehmer. Zu den Arbeitnehmern zählen auch leitende Angestellte. Besondere Vorgaben zur Arbeitszeit enthält das Gesetz nicht. Daher können auch **Teilzeitarbeitnehmer** sämtliche Freistellungsformen sowie **geringfügig Beschäftigte** Akutpflege bzw. Pflegezeit in Anspruch[84] nehmen.

Befristet eingestellte Arbeitnehmer gehören gleichfalls zu den Beschäftigten im Sinne des Pflegezeitgesetzes. Die Inanspruchnahme der Pflegezeit oder der Familienpflegezeit verschiebt das Befristungsende nicht.

Hinweis

Für die Ansprüche aus dem Pflegezeitgesetz und die Möglichkeit, die Förderung aus dem Familienpflegezeitgesetz in Anspruch zu nehmen, muss der Beschäftigte keine Wartezeit, wie etwa beim Urlaubsanspruch oder zur Erlangung des allgemeinen Kündigungsschutzes, erfüllen. **Die Bestimmungen gelten ab dem ersten Tag des Beschäftigungsverhältnisses.**

Die Möglichkeit der Akutpflege besteht unabhängig von der **Unternehmensgröße**, also der Anzahl der insgesamt Beschäftigten beim Arbeitgeber. Selbst der einzige Beschäftigte hat das Leistungsverweigerungsrecht bei Akutpflegesituationen.

Der Anspruch auf die bis zu sechsmonatige Pflegezeit, die bis zu sechsmonatige Kinderpflegezeit und die Begleitung Sterbender von bis zu drei

[84] Familienpflegezeit scheidet für geringfügig Beschäftigte – spätestens seit Einführung des gesetzlichen Mindestlohns – aus, da während der Pflegephase die verringerte Arbeitszeit noch mindestens durchschnittlich 15 Stunden pro Woche erreichen muss.

Monaten kann nur gegenüber Arbeitgebern mit in der Regel mindestens 15 Beschäftigten beansprucht werden (inklusive Auszubildender).

Beschäftigte von Arbeitgebern mit in der Regel 15 oder weniger Beschäftigten können bei ihrem Arbeitgeber den Abschluss einer Vereinbarung über eine Pflegezeit beantragen. Der Arbeitgeber hat den Antrag innerhalb von vier Wochen nach Zugang zu beantworten. Eine Ablehnung des Antrags ist zu begründen.

Der Abschluss einer Vereinbarung zur teilweisen Freistellung im Rahmen der Familienpflegezeit besteht nicht gegenüber Arbeitgebern mit in der Regel 25 oder weniger Beschäftigten ausschließlich der zu ihrer Berufsausbildung Beschäftigten.

Wie bei der Pflegezeit kann auch der Abschluss einer Vereinbarung zur Familienpflegezeit gegenüber kleineren Arbeitgebern beantragt werden. Der Arbeitgeber hat den Antrag innerhalb von vier Wochen nach Zugang zu beantworten. Eine Ablehnung des Antrags ist zu begründen.

Die Ansprüche auf Akutpflege und Pflegezeit nach dem Pflegezeitgesetz sowie die Möglichkeit, Familienpflegezeit in Anspruch zu nehmen, bestehen, wenn **nahe Angehörige[85] pflegebedürftig** sind.

Der nahe Angehörige muss pflegebedürftig sein. Pflegebedürftigkeit liegt vor, wenn eine Person die Voraussetzungen der §§ 14 und 15 SGB XI erfüllt, d. h. wegen einer körperlichen, geistigen oder seelischen Krankheit oder Behinderung für die gewöhnlichen und regelmäßig wiederkehrenden Verrichtungen im Ablauf des täglichen Lebens auf Dauer, voraussichtlich aber für mindestens sechs Monate, in erheblichem oder höherem Maße der Hilfe bedarf.

---

85 Großeltern, Eltern, Schwiegereltern und Stiefeltern, Ehegatten, Partner einer eingetragenen Lebenspartnerschaft nach § 1 LPartG, Partnereinereheähnlichen Gemeinschaft, Geschwister, Schwägerinnen und Schwäger, eigene Kinder, Adoptiv- oder Pflegekinder, Kinder, Adoptiv- oder Pflegekinder des Ehegatten oder des Partners einer eingetragenen Lebenspartnerschaft, Schwiegerkinder und Enkelkinder.

1.4.5 Zinsloses Darlehen der BAFzA für Pflege und Familienpflege

Das Bundesamt für Familie und zivilgesellschaftliche Aufgaben (BAFzA) gewährt Beschäftigten auf Antrag für die Dauer der Familienpflegezeit nach § 2 FPfZG oder für die Freistellungen nach § 3 PflegeZG ein in monatlichen Raten zu zahlendes zinsloses Darlehen.

Der Anspruch auf das zinslose Darlehen besteht auch dann, wenn dem Beschäftigten kein durchsetzbarer Anspruch gegen den Arbeitgeber auf Pflegezeit oder Familienpflegezeit zusteht, weil der Arbeitgeber den **Schwellenwert für die Mitarbeiterzahl** nicht erreicht.

Dem Beschäftigten steht es frei, ob er ein Darlehen während der Pflege- oder Familienpflegezeit nach § 3 FPfZG in Anspruch nehmen will. Allerdings geht das Darlehen nach § 3 FPfZG bedürftigkeitsabhängigen Sozialleistungen nach dem SGB II und SGB XII vor (§ 3 Abs. 6 Satz 1 FPfZG).

Die monatlichen **Darlehensraten** werden in Höhe der Hälfte der Differenz zwischen den pauschalierten monatlichen Netto-Entgelten vor und während der Freistellung im Rahmen der Pflege- oder Familienpflegezeit gewährt. Bei einer Pflegefreistellung nach § 3 PflegeZG ist die monatliche Darlehensrate allerdings auf den Betrag begrenzt, der bei einer fiktiven Mindestarbeitszeit von 15 Wochenstunden zu gewähren wäre (§ 3 Abs. 4 FPfZG).

Beschäftigte können während der Freistellung auch einen geringeren Darlehensbetrag in Anspruch nehmen, wobei die monatliche Darlehensrate **mindestens 50 Euro** betragen muss (§ 4 Abs. 5 FPfZG).

Der Beschäftigte ist verpflichtet, das in Anspruch genommene zinslose Darlehen innerhalb von 48 Monaten nach Beginn der Freistellung zur Inanspruchnahme der Pflege- oder Familienpflegezeit zurückzuzahlen. Die Rückzahlung soll möglichst in gleichbleibenden monatlichen Raten erfolgen und beginnt grds. in dem Monat, der auf das Ende der Förderung der Freistellung folgt (§ 6 Abs. 2 Satz 1 FPfZG).

Der Arbeitgeber hat dem BAFzA den Arbeitsumfang sowie das Arbeitsentgelt des Beschäftigten vor der Freistellung zu bescheinigen, soweit dies zum Nachweis des Einkommens aus Erwerbstätigkeit oder der wöchentlichen Arbeitszeit erforderlich ist.

2 Beginn der Beschäftigung

2.1 Wann erfolgt eine Anmeldung?

Spätestens innerhalb von sechs Wochen nach Beginn der Beschäftigung muss der Arbeitgeber seinen Arbeitnehmer bei der zuständigen Krankenkasse anmelden. In bestimmten Branchen (siehe § 28a Abs. 4 SGB IV) ist eine Sofortmeldung zu erstellen, d. h. bei Arbeitsaufnahme muss der Mitarbeiter bereits angemeldet sein.

Meldungen an die Sozialkassen können nur noch elektronisch durch gesicherte und verschlüsselte Datenübertragung mit systemgeprüften Programmen erfolgen. Diese Voraussetzungen erfüllt jedes DATEV-Lohnabrechnungsprogramm.

Mit der Eingabe der Mitarbeiterstammdaten wird bei den DATEV-Programmen automatisch die Meldung an die Sozialkassen bereitgestellt.

2.2 Erforderliche Angaben

Für die Anmeldung zu Sozialversicherung müssen folgende Daten zur Verfügung stehen:

- Sozialversicherungsnummer des Arbeitnehmers
- Schlüsselzahl für Meldegrund (siehe Liste „Anmeldungen“)
- Personengruppenschlüssel (siehe Liste „Personengruppenschlüssel“)
- Beitragsgruppenschlüssel (siehe Liste „Beitragsgruppenschlüssel“)

Falsche oder fehlerhafte Meldungen sind zu stornieren und mit den korrekten Angaben neu zu erstatten.

Anmeldungen		
Schlüsselzahl	**Meldegrund**	**Meldefrist**
10	Anmeldung wegen Beginn einer Beschäftigung	Mit der ersten Lohn- und Gehaltsabrechnung, spätestens innerhalb von sechs Wochen nach Beginn der Beschäftigung
11	Anmeldung wegen Krankenkassenwechsel	
12	Anmeldung wegen Beitragsgruppenwechsel	
13	Anmeldung wegen sonstiger Gründe z. B. nach unbezahltem Urlaub oder Streik von mehr als 1 Monat Wegen Änderung des Personengruppenschlüssels ohne Beitragsgruppenwechsel	Mit der nächsten Lohn- und Gehaltsabrechnung, spätestens innerhalb von sechs Wochen
20	Sofortmeldung bei Aufnahme einer Beschäftigung nach § 28a SGB IV bei bestimmten Branchen	sofort

Personengruppenschlüssel

Schlüsselzahl	Personenkreis
101	Sozialversicherungspflichtig Beschäftigte
102	Auszubildende ohne besondere Merkmale
103	Beschäftigte in Altersteilzeit
104	Hausgewerbetreibende
105	Praktikanten
106	Werkstudenten
107	Behinderte Menschen in anerkannten Werkstätten oder gleichartigen Einrichtungen
108	Bezieher von Vorruhestandsgeld
109	Geringfügig entlohnte Beschäftigte
110	Kurzfristige Beschäftigte
111	Personen in berufsfördernden Maßnahmen zur Rehabilitation
112	Mitarbeitende Familienangehörige in der Landwirtschaft
113	Nebenerwerbslandwirte
114	Nebenerwerbslandwirte – saisonal beschäftigt
116	Ausgleichsgeldempfänger nach dem FELEG
118	Unständig Beschäftigte
119	Versicherungsfreie Altersvollrentner und Versorgungsbezieher wegen Alters
121	Auszubildende, deren Arbeitsentgelt die Geringverdienergrenze nicht übersteigt
122	Auszubildende in einer außerbetrieblichen Einrichtung
123	Personen, die ein freiwilliges soziales oder ökologisches Jahr leisten
124	Heimarbeiter ohne Entgeltfortzahlungsanspruch
190	Beschäftigte, die nur in der gesetzlichen Unfallversicherung versichert sind
900	Nicht meldepflichtig Beschäftigte

Beitragsgruppenschlüssel

Beitrag zur Krankenversicherung	
Kein Beitrag	0
Allgemeiner Beitrag	1
Ermäßigter Beitrag	3
Beitrag zur landwirtschaftlichen Krankenversicherung	4
Pauschalbeitrag für geringfügig Beschäftigte	6
Firmenzahler	9
Beitrag zur Rentenversicherung	
Kein Beitrag	0
Voller Beitrag	1
Halber Beitrag	3
Pauschalbeitrag für geringfügig Beschäftigte	5
Beitrag zur Arbeitslosenversicherung	
Kein Beitrag	0
Voller Beitrag	1
Halber Beitrag	2
Beitrag zur Pflegeversicherung	
Kein Beitrag	0
Voller Beitrag	1
Halber Beitrag	2

Beispiel: Für einen voll sozialversicherungspflichtigen Arbeitnehmer lautet der Beitragsgruppenschlüssel: 1 1 1 1

Beispiel: Für einen freiwillig krankenversicherten Arbeitnehmer, für den der Arbeitgeber die Beiträge abführt, lautet der Beitragsgruppenschlüssel: 9 1 1 1

2.3 Bescheinigung für den Arbeitnehmer

Auch beim automatisierten Meldeverfahren ist der Arbeitgeber verpflichtet, dem Arbeitnehmer eine Bescheinigung über die Anmeldung auszustellen.

2.4 Adressat der Anmeldung

Für gesetzlich und freiwillig Krankenversicherte sind die Meldungen an die gewählte Krankenkasse zu richten. Bei privater Krankenversicherung ist die Meldung an eine gesetzliche Krankenkasse zu erstatten, die der Arbeitnehmer im Falle der Krankenversicherungspflicht wählen könnte.

2.5 Anmeldung von geringfügig Beschäftigten

Das automatisierte Meldeverfahren gilt auch für geringfügig Beschäftigte. Die Meldung für geringfügig Beschäftigte geht an die Deutsche Rentenversicherung Knappschaft-Bahn-See. Für Beschäftigte in Privathaushalten ist das sog. Haushaltsscheckverfahren anzuwenden.

2.6 Stammdaten zur Anmeldung

Zur Anmeldung muss der Arbeitgeber folgende Daten zur Verfügung haben:

- Sozialversicherungsnummer des Arbeitnehmers (siehe SV-Ausweis oder Versicherungsnummernnachweis)
- Personalnummer (Freiwillige Angabe, betriebliche Ordnungsnummer)
- Schlüssel für den Grund der Meldung (siehe Liste „Meldepflichtige Sachverhalte")
- Beginn der Beschäftigung
- Betriebsnummer (8-stellige Nummer, die der Arbeitgeber von der Agentur für Arbeit zugeteilt bekommt)
- Personengruppenschlüssel (siehe Liste „Personengruppenschlüssel")
- Mehrfachbeschäftigung (Arbeitnehmer fragen)
- Beitragsgruppen (siehe Liste „Beitragsgruppenschlüssel")
- Tätigkeitsschlüssel (Schlüsselverzeichnis wird von der Agentur für Arbeit zur Verfügung gestellt)
- Staatsangehörigkeitsschlüssel (Schlüsselverzeichnis ist bei der Krankenkasse erhältlich)

Alle erforderlichen Schlüssel und Schlüsselkombinationen sind in den DATEV-Lohnabrechnungsprogrammen hinterlegt und werden mit der Eingabe der Stammdaten automatisch zur Anmeldung herangezogen.

Meldebescheinigung zur Sozialversicherung
gemäß § 25 DEÜV

VKZ: H7A/H7 129553/43011/00002
Datum: 24.03.2023
Seite: 1

Testauswertung - ungültiger SV-Nachweis

Pers.-Nr. 00002
Erstellungs-/Übermittlungsdatum 24.03.2023 / 10:06

Versicherungsnummer 52051075S495
Geburtsdatum

Fritz-Muster GmbH*Musterstraße 1*90329 Nürnberg

Pers.-Nr. 00002

SV H7

Thomas-Muster Sonntag
Fürther Str. 24
90429 Nürnberg

Geburtsname (falls Versicherungsnummer unbekannt)

Geburtsort (falls Versicherungsnr. unbekannt)

Geschlecht (falls Versicherungsnr. unbekannt)

Geburtsland (falls Meldung europ. Vers.Nr.)

Europäische Versicherungsnummer

WICHTIGES DOKUMENT - sorgfältig aufbewahren!
IMPORTANT DOCUMENT - Please keep in a safe place!
ÖNEMLI BELGE - titizlikle saklayiniz
DOCUMENTO IMPORTANTE - Conservare accuratamente!
Σπουδαιο εγγραφο.– Διαφυλαξτε το προσεκτικα.
IMPORTANTE DOCUMENTO - guárdelo cuidadosamente
VAZAN DOKUMENT - brizljivo cuvati
DOCUMENTO IMPORTANTE: guardar cuidadosamente
DOCUMENT IMPORTANT A conserver précieusement.

Folgende Angaben wurden gemäß DEÜV an den zuständigen Träger der Sozialversicherung/Rentenversicherung übermittelt:

Grund der Abgabe	10	Anmeldung wegen Beginn einer Beschäftigung
mit Namensmeldung	Ja	
mit Anschriftenmeldung	Ja	
Stornierung	Nein	
Betriebs-Nr. Krankenkasse/Einzugsstelle	15027365	EK Techniker-Krankenkasse
Betriebs-Nr. Arbeitgeber	99999011	
Personengruppe	101	Sozialversicherungspflichtig Beschäftigte
Statuskennzeichen		
Staatsangehörigkeit	000	deutsch
Angaben zur Tätigkeit	251122211	
Mehrfachbeschäftigung		
Betriebsstätte (Rechtskreis)	West	
Beitragsgruppen		
Krankenversicherung	1	allgemeiner Beitrag
Rentenversicherung	1	allgemeiner Beitrag
Arbeitslosenversicherung	1	allgemeiner Beitrag
Pflegeversicherung	1	allgemeiner Beitrag
Kennzeichen Midijob		
Beschäftigungszeitraum	01.01.2023 bis	
Bruttoarbeitsentgelt	Euro	

- Bitte inhaltlich überprüfen auf Übereinstimmung mit den entsprechenden Entgeltabrechnungsnachweisen! -

AFP Form.-Nr. LOMS04

DATEV

2.7 Sofortmeldung

Um die Schwarzarbeit besser bekämpfen zu können, ist in bestimmten Branchen eine Sofortmeldung Pflicht. Vor Arbeitsbeginn ist zu spät. Am Tag der Beschäftigungsaufnahme ist der Familien- und Vorname sowie die Sozialversicherungsnummer des Arbeitnehmers, die Betriebsnummer des Arbeitgebers und das Datum der Beschäftigungsaufnahme an die Datenstelle der Rentenversicherungsträger (DSRV) zu melden. Diese Sofortmeldung ist eine zusätzliche Meldung und ersetzt die allgemeine Anmeldung nicht.

Branchen mit Sofortmeldungspflicht:

- Baugewerbe
- Hotel- und Gaststättengewerbe
- Personenbeförderungsgewerbe
- Speditions-, Transport- und damit verbundenes Logistikgewerbe
- Schaustellergewerbe
- Unternehmen der Forstwirtschaft
- Gebäudereinigungsgewerbe
- Unternehmen, die sich am Auf- und Abbau von Messen und Ausstellungen beteiligen
- Fleischwirtschaft
- Prostitutionsgewerbe
- Wach- und Sicherheitsgewerbe

Hinweis

Dieser Überblick lässt bereits auf die Schwierigkeit und Risiken der Materie schließen. Es wird daher dringend empfohlen, sich an einen Steuerberater zu wenden.

3 Versicherungsnummernnachweis

Seit 01. Januar 2023 ersetzt der Versicherungsnummernachweis den Sozialversicherungsausweis. Der neue Ausweis enthält – wie bisher der SV-Ausweis – die Versicherungsnummer, Vorname(n), Familienname, Geburtsname und das Ausstellungsdatum.

Darüber hinaus profitieren die Versicherten von folgenden Neuerungen:

Der Verlust oder das Wiederauffinden eines Versicherungsnummernachweises/Sozialversicherungsausweises muss der zuständigen Einzugsstelle oder dem Rentenversicherungsträger nicht mehr mitgeteilt werden.

Zugleich entfällt die Pflicht, unbrauchbare Versicherungsnummernachweise an die zuständige Einzugsstelle oder den Rentenversicherungsträger zurückzugeben.

Beschäftigte sind außerdem nicht mehr generell verpflichtet, ihrem Arbeitgeber einen Versicherungsnummernachweis vorzulegen. Nur, wenn keine eindeutige Versicherungsnummer im nunmehr verpflichtenden automatisierten Abruf seitens der Arbeitgeber bei der Datenstelle der Rentenversicherung zurückgemeldet werden kann, ist dieser beizubringen.

Alle bisher ausgestellten Sozialversicherungsausweise bleiben weiterhin gültig.

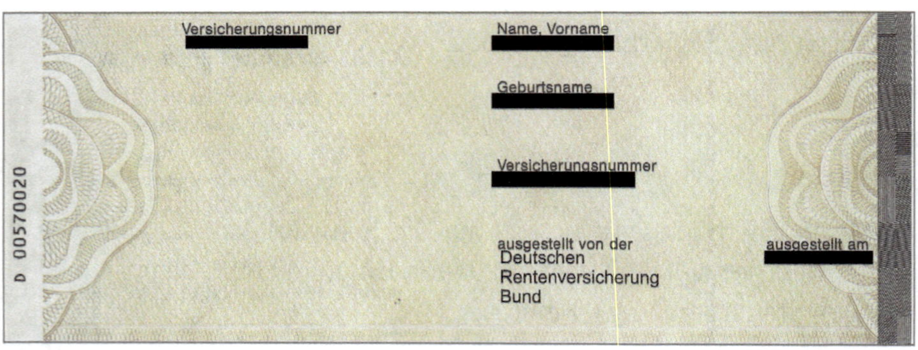

3.1 Was kommt anstelle des Ausweises?

Wird künftig erstmalig eine Rentenversicherungsnummer vergeben, gibt es nur noch einen entsprechenden Brief an den Betroffenen. Eine Vorlage beim Arbeitgeber kann erfolgen, ist aber nicht mehr zwingend vorgesehen. Natürlich kann dies aber trotzdem – auch mit dem noch vorhandenen Sozialversicherungsausweis erfolgen. Es ist aber nicht mehr vorgeschrieben.

Stattdessen fragt der Arbeitgeber anhand der Personaldaten elektronisch beim Rentenversicherungsträger die Sozialversicherungsnummer ab. Die Antwort wird dann in der Regel automatisch im Abrechnungssystem gespeichert.

Damit das funktioniert, muss der Arbeitgeber die Personaldaten nach wie vor aus einem amtlichen Dokument entnehmen und dies in den Entgeltunterlagen dokumentieren. Zur sicheren Zuordnung sind neben Namen und Geburtsdatum auch der Geburtsort und das Geburtsland anzugeben. So ist eine eindeutige Identifizierung sichergestellt. Sollte es noch keine Versicherungsnummer geben, wird diese dann von der Rentenversicherung neu vergeben – hierüber erhält der Arbeitgeber natürlich auch eine Rückmeldung, der Beschäftigte bekommt das Schreiben mit seiner Nummer.

3.2 Zusammensetzung der Sozialversicherungsnummer

Eine Sozialversicherungsnummer setzte sich aus einer Zahlen- und Buchstabenkombination zusammen wie folgt:

5	4	1	5	1	1	8	2	S	5	0	3

↓ ↓
2-stellige Bereichsnummer des Sozialversicherungsträgers

↓ ↓ ↓ ↓ ↓ ↓
6-stelliges Geburtsdatum

↓
1. Buchstabe des Nachnamens zum Zeitpunkt der Nummernvergabe

↓ ↓
00 – 49 = männlich
50 – 99 = weiblich oder divers

↓
Prüfzahl

3.3 Pflichten für den Arbeitgeber

Der Arbeitgeber erhält von der Krankenkasse des Versicherten die Sozialversicherungsnummer elektronisch übermittelt.

4 Ausländische Arbeitnehmer

4.1 Arbeitspapiere für ausländische Arbeitnehmer

Wer einen ausländischen Arbeitnehmer aus der EU oder dem EWR beschäftigen möchte, benötigt kein Visum und keine Arbeitserlaubnis für diesen Mitarbeiter, muss sich aber folgende Papiere vorlegen lassen bzw. eine Kopie zu den Akten nehmen:

- Gültigen Pass oder Passersatz. Bei Staatsangehörigen von Mitgliedstaaten der EU reicht ein amtlicher Personalausweis.

Für Bürger der EU gilt das Gesetz über die allgemeine Freizügigkeit. Sie können in Deutschland in den meisten Fällen ohne Aufenthaltstitel und ohne Arbeitsgenehmigung tätig warden, sie müssen nur ihren neuen Wohnsitz bei der örtlichen Meldebehörde anzeigen.

Schwieriger wird es bei ausländischen Arbeitnehmern aus sog. Drittstaaten. Sie dürfen nur in Deutschland arbeiten, wenn sie eine "Aufenthaltserlaubnis zum Zweck der Beschäftigung" haben. Zuständig für diese Erteilung ist die Ausländerbehörde. Diese prüft, ob eine Zustimmung der Bundesanstalt für Arbeit erforderlich ist. Sie sehen sofort in den Ausweispapieren, ob eine Genehmigung zum Zwecke der Beschäftigung erteilt ist.

In bestimmten Mangelberufen ist eine Vorrangprüfung nicht notwendig. Wo der Fachkräftemangel in Deutschland sehr groß ist, wie z. B. in den Pflegeberufen, ist es relativ leicht, Mitarbeiter einzustellen.

Achten Sie darauf, dass Änderungen in den Arbeitsbedingungen schwierig sind. Wer eine Erlaubnis als Pflegefachkraft hat, kann nicht ohne weiteres als Verkäufer arbeiten. Dies ist durch eine vorhandene Genehmigung nicht abgedeckt.

Ob Sie einen Asylsuchenden einstellen können, hängt von seinem Aufenthaltsstatus ab. Es gibt

- Asylberechtigte (diese Leute haben bereits eine Anerkennung als Geflüchtete),
- Asylsuchende (diese Leute sind registriert, der Asylantrag muss aber erst noch gestellt werden),
- Asylbewerber (diese Leute haben einen Asylantrag gestellt, er ist aber noch nicht abschließend behandelt),
- Geduldete (der Asylantrag dieser Leute wurde abgelehnt, aber die Abschiebung wurde ausgesetzt).

Nur anerkannte Asylberechtigte dürfen ohne spezielle Genehmigung arbeiten. Alle anderen Gruppen dürfen Sie nur mit Genehmigung der Ausländerbehörde einstellen. Diese spezielle Genehmigung brauchen Sie auch für Minijobs oder Praktika, es sei denn, der Praktikant ist noch Schüler und macht bei Ihnen ein sog. Schulpraktikum.

Siehe hierzu das Merkblatt zur Beschäftigung ausländischer Arbeitnehmerinnen und Arbeitnehmer in Deutschland unter folgenden Link: *https://t1p.de/k8kfw*

4.2 Unterscheidungsmerkmale ausländischer Arbeitnehmer für die Lohnabrechnung

1. **Ausländische Arbeitnehmer mit Wohnsitz oder gewöhnlichem Aufenthalt in Deutschland**

   Sie sind unbeschränkt einkommensteuerpflichtig wie deutsche Arbeitnehmer. Der Lohnsteuerabzug wird entsprechend den ELStAM-Daten vorgenommen. Sozialversicherungspflicht besteht wie für deutsche Arbeitnehmer, vorausgesetzt es handelt sich um einen inländischen Arbeitgeber im Inland.

2. **Vorübergehend in Deutschland für einen ausländischen Arbeitgeber tätig**

   Wenn kein inländischer Arbeitgeber vorhanden ist, besteht auch keine Steuerabzugspflicht. Gibt es ein Doppelbesteuerungsabkommen mit dem Wohnsitzstaat des Arbeitnehmers und Deutschland, ist der Arbeitnehmer in der Regel in Deutschland steuerpflichtig, wenn er mehr als 183 Tage im Inland arbeitet. Der Arbeitnehmer ist dann auch zu einer Einkommensteuererklärung bei einer deutschen Finanzbehörde verpflichtet.

   Gemäß dem Prinzip der Einstrahlung besteht für einen ausländischen Arbeitnehmer, der bei einem ausländischen Arbeitgeber beschäftigt ist und nach Deutschland entsendet wird, keine Sozialversicherungspflicht.

3. **Beschäftigung bei einem inländischen Arbeitgeber und tägliche Rückkehr an den Wohnsitz im Ausland (Grenzgänger)**

   Es gelten Grenzgängervereinbarungen mit den Nachbarstaaten Österreich und Frankreich. Hier gilt ein Besteuerungsrecht im Wohnsitzstaat. Dies bedeutet, dass der inländische Arbeitgeber keine Lohnsteuer einbehält. Voraussetzung ist, dass eine Freistellungsbescheinigung vom Betriebsstättenfinanzamt ausgestellt wurde. Besondere Regelungen gelten für die Schweiz und Belgien.

   Auch für die Sozialversicherungspflicht gibt es besondere Regelungen. Die Einzugsstellen erteilen hierüber Auskunft.

4. **Beschäftigung bei einem inländischen Arbeitgeber ohne Wohnsitz in Deutschland und ohne gewöhnlichen Aufenthalt in Deutschland, wenn keine Grenzgängervereinbarung besteht**

   ELStAM-Daten gibt es für diese Arbeitnehmer nicht. Sie erhalten auf Antrag vom zuständigen Betriebsstättenfinanzamt eine Bescheinigung, die für ein Kalenderjahr gilt und in der die maßgebende Steuerklasse und eventuelle beim Steuerabzug zu berücksichtigende Freibeträge stehen. Liegt dem Arbeitgeber keine solche Bescheinigung vor, muss er nach Steuerklasse VI abrechnen.

4.3 Lohnsteuerbescheinigung für ausländische Arbeitnehmer

Auch wenn ausländische Arbeitnehmer nur beschränkt steuerpflichtig sind, ist der Arbeitgeber immer verpflichtet, eine Lohnsteuerbescheinigung auszugeben und die Daten an die Steuerverwaltung elektronisch zu übermitteln.

4.4 Kirchensteuer für ausländische Arbeitnehmer

Eine Kirchensteuerpflicht gilt nur für Arbeitnehmer, die einer kirchensteuerberechtigten Religionsgemeinschaft angehören und im Inland ihren Wohnsitz oder gewöhnlichen Aufenthalt haben.

5 Beschäftigung von Flüchtlingen

Die Beschäftigung von Flüchtlingen ist für die Arbeitgeber mit verschiedenen rechtlichen Regelungen verbunden. So hängt der Arbeitsmarktzugang vom jeweiligen Aufenthaltsstatus der geflüchteten Personen ab. Dabei spielen folgende Fragen eine Rolle:

- Welche Flüchtlingsgruppen mit welchem Aufenthaltsstatus gibt es?
- Wie sind ihre Bleibeperspektiven?
- Wie sehen Aufenthaltstitel und Aufenthaltspapiere aus?
- Wie läuft ein (idealtypisches) Asylverfahren ab?
- Welche Länder gelten als sichere Herkunftsstaaten?

Für anerkannte Flüchtlinge gelten beispielsweise die gleichen Regelungen wie für Einheimische oder EU-Ausländer im Hinblick auf eine Beschäftigung.

Für Asylbewerber und Geduldete sind in den letzten Monaten zahlreiche Vereinfachungen zur Integration in den Arbeitsmarkt in Kraft getreten. Allerdings sind für diese beiden Gruppen einige Besonderheiten zu beachten.

Die Antworten auf die wichtigsten Fragen rund um das Thema Integration von Flüchtlingen in Unternehmen können aus den Folien der Fachkräftesicherung für kleine und mittlere Unternehmen unter *www.kofa.de/themen-von-a-z/fluechtlinge* entnommen werden.

6 Fachkräfteeinwanderungsgesetz

Das im Juli 2023 beschlossene Fachkräfteeinwanderungsgesetz ermöglicht es Arbeitgebern, schneller und unbürokratischer Fachkräfte aus dem Ausland, insbesondere auch aus Drittstaaten zu engagieren. So werden etwa Gehaltsschwellen gesenkt und Nachweise von Deutschkenntnissen entbehrlich. Für potentielle Fachkräfte, die noch keinen Arbeitsvertrag vorweisen können, wird eine Chancenkarte mit einem Punktesystem. Im Detail wurde folgendes beschlossen:

1. **Einwanderungsgrund: Blaue Karte EU**

   Mit der blauen Karte EU können etwa IT-Spezialisten, die in Deutschland derzeit besonders gefragt sind, bereits heute mit anerkannten Abschluss nach Deutschland kommen. Wer aufgrund der blauen Karte EU in Deutschland arbeiten möchte, muss künftig keine Deutschkenntnisse mehr nachweisen, weniger Berufserfahrung vorweisen und die Gehaltsschwelle gesenkt. Die Gehaltsschwelle beträgt nunmehr 50 Prozent der jährlichen Beitragsbemessungsgrenze in der allgemeinen Rentenversicherung.

2. **Einwanderungsgrund: Berufsabschluss und Erfahrung**

   Jeder, der mindestens zwei Jahre Berufserfahrung und einen im Ausland erworbenen und dort staatlich anerkannten Berufsabschluss hat, kann künftig als Fachkraft kommen. Ein Anerkennungsverfahren für den im Ausland erworbenen Abschluss ist nicht mehr erforderlich, wenn die Gehaltsschwelle erreicht wird. Wird die notwendige Gehaltsschwelle nicht erreicht, muss auch weiterhin ein Anerkennungsverfahren durchgeführt werden. Um diese zu beschleunigen, wird die Möglichkeit einer Anerkennungspartnerschaft zwischen Beschäftigten und Arbeitgebern geschaffen.

3. **Einwanderungsgrund: Chancenkarte für Fachkräfte ohne deutschen Arbeitsvertrag**

   Für Menschen, die noch kein konkretes Arbeitsplatzangebot haben, aber Potenzial für den Arbeitsmarkt mitbringen, wird eine Chancenkarte eingeführt. Diese basiert auf einem Punktesystem. Zu den Kriterien gehören Qualifikation, Deutsch- und Englischkenntnisse, Berufserfahrung, Deutschlandbezug, Alter und Potenzial der Lebens- oder Ehepartnerinnen oder -partner. Die Chancenkarte kann um bis zu zwei Jahre verlängert werden, wenn der Ausländer einen Arbeitsvertrag oder ein verbindliches Arbeitsplatzangebot für eine inländische qualifizierte Beschäftigung hat und die Bundesagentur für Arbeit zustimmt.

4. **Westbalkan-Regelung entfristet und Kontingent verdoppelt**

   Die sogenannte Westbalkan-Regelung wird entfristet und das Kontingent verdoppelt. Künftig dürfen jährlich bis zu 50.000 Staatsangehörige aus den sechs Westbalkanstaaten Albanien, Bosnien und Herzegowina, Kosovo, Montenegro, Nordmazedonien und Serbien nach Deutschland zuwandern. Sie dürfen für jede Art der Beschäftigung eingesetzt werden, ein Nachweis beruflicher Qualifikationen ist nicht erforderlich.

5. **Erleichterungen für Asylbewerber**

   Asylbewerber, die vor dem 29. März 2023 eingereist sind, sowie unter anderem eine entsprechende Qualifikation und ein Arbeitsplatzangebot haben oder sich bereits in einem entsprechenden Arbeitsverhältnis befinden, können ihr Asylverfahren durch Antragsrücknahme beenden und eine Aufenthaltserlaubnis als Fachkraft beantragen, ohne zuvor auszureisen und ein Visumverfahren durchlaufen zu habe

   Auch soll den Eltern einer Fachkraft eine Aufenthaltserlaubnis zum Familiennachzug erteilt werden können. Hält der Ehepartner der Fachkraft sich dauerhaft in Deutschland auf, sollen auch die Schwiegereltern eine Aufenthaltsgenehmigung zum Familiennachzug erhalten.

C Personalaufwendungen und -entgelte

Autor: Christian Beck, Ingrid Grube

1 Lohnabrechnung durch den Steuerberater

Soll ich als Unternehmer nun die Lohnabrechnung selber machen oder soll der Steuerberater für mich das Thema übernehmen? Hierzu haben wir bereits im Editorial klar Stellung genommen. Daher sind die entscheidenden Fragen die Folgenden:

Will ich mich aufs Kerngeschäft konzentrieren?

Wenn Ihre Antwort diese Frage bejaht, dann stellen sich anschließend weitere Fragen:

- Welche Informationen benötigt der Steuerberater zu meinen Arbeitnehmern?
- In welcher Form und auf welchem Weg benötigt er sie?

Folgende Ergebnisse sollten herauskommen:

- Ausnutzung des vorhandenen Know-hows
- Reduzierung von zeitfressenden Routineaufgaben

Der Lohnprozess und seine „Stellschrauben"

Wenn Ihre Antwort die Frage verneint, stellen sich natürlich andere Fragen.

- Wer steht bei Fragen zur Verfügung?
- Wer klärt Fragen zu den Auswertungen?
- Wer kann bei Engpässen im Unternehmen unterstützen?

Ihr Steuerberater ist in allen Punkten der richtige Ansprechpartner!

Ihr Steuerberater hilft Ihnen auch bei der Auswahl der richtigen Programmkomponenten. DATEV bietet zwei unterschiedliche Lohnprogramme an. Das Programm Lohn und Gehalt ist ein PC-basiertes Programm.

Das Programm LODAS ist ein rechenzentrumsbasiertes Programm. Beide Programme gibt es mit unterschiedlichen Zusatzmöglichkeiten.

	LODAS/Lohn und Gehalt compact	**LODAS/Lohn und Gehalt classic**	**LODAS/Lohn und Gehalt comfort (bis 31.12.2023)**
Anzahl abgerechnete Arbeitnehmer	Max. 50	Unbegrenzt	Unbegrenzt
Netzwerkfähigkeit	Nein	Ja	Ja
DATEV-Systemumgebung	Nicht erforderlich	Erforderlich	Erforderlich
Bescheinigungen erstellen	Nein	Ja	Ja
Daten-Analyse-System Personalwirtschaft Pro	Nein	Nein	Ja

Alle Programme können Betriebliche Altersversorgung, Kurzarbeitergeld, Pfändungen, Altersteilzeit und Versorgungsbezüge abrechnen.

Baulohn kann nur von den LODAS classic Programmen abgerechnet werden. Wenn das Unternehmen zum Öffentlichen Dienst gehört, kann die Lohnabrechnung nur über LODAS classic erfolgen[86].

Sofern Sie sich entscheiden, die Lohnabrechnung durch Ihren Steuerberater durchführen zu lassen, finden Sie in nachfolgendem Schaubild einen ersten Überblick zu den Möglichkeiten der Zusammenarbeit.

[86] Einen ausführlichen Produktvergleich finden Sie unter *www.datev.de/web/de/datev-shop/personalwirtschaft/lodas-compact/* im „Produktvergleich".

Lösungen für die Personalwirtschaft
Überblick

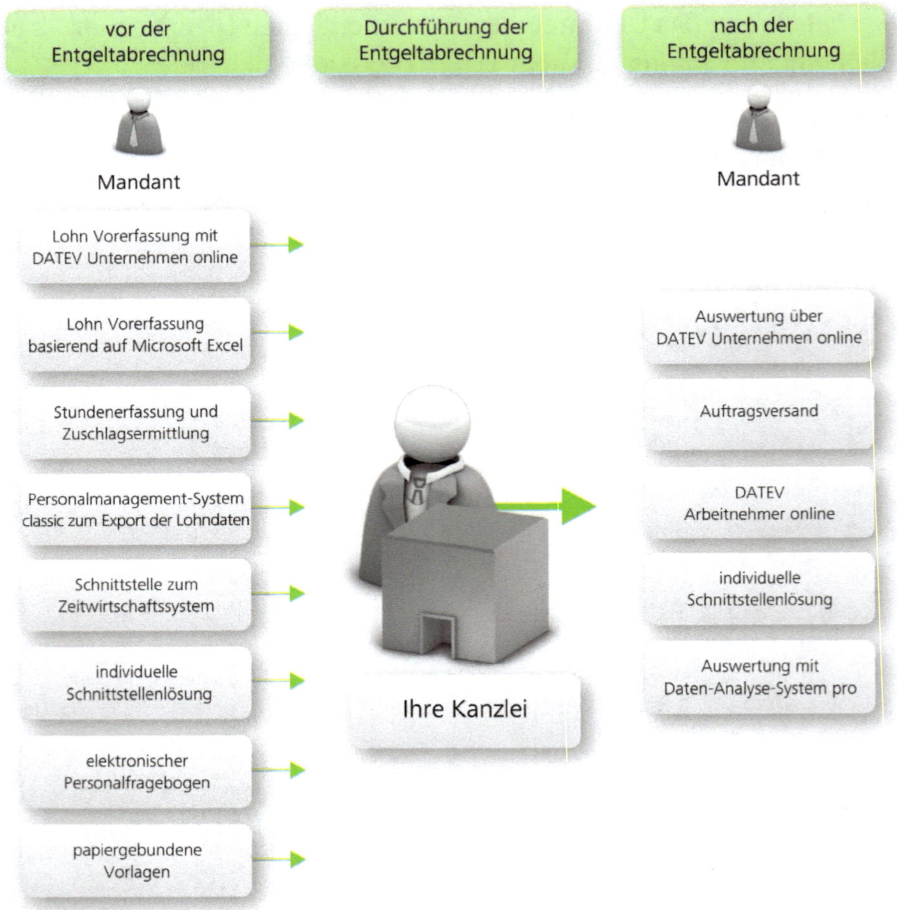

Vor der Entgeltabrechnung

Grds. lassen sich die notwendigen Informationen aufteilen in

- Veränderungen der Stammdaten Ihrer Arbeitnehmer (z. B. Krankenkasse, Bankverbindung, Gehalt)
- Variable Stammdaten (Stunden nach Stundenzettel, Urlaubsgelder, Weihnachtsgelder, Fehlzeiten).

Diese Information können Sie auf unterschiedlichen Wegen Ihrem Steuerberater mitteilen (siehe obiges Schaubild).

Zuletzt aktualisiert: 11.07.2023
Dok.-Nr.: 1018407
Betrifft Produkte:
DATEV Personal Add-on, DATEV Personaldaten

3.2 Personalfragebogen online bereitstellen und Daten übernehmen

Personalfragebogen – Voraussetzungen für die Online-Bereitstellung:

- Der Mitarbeiter wird neu angelegt.
- Die Mitarbeiterdaten sind in DATEV Personaldaten noch nicht freigegeben.
  Wenn die Freigabe durchgeführt ist, kann der Personalfragebogen nicht mehr online bereitgestellt werden. Auch die Datenübernahme des ausgefüllten Personalfragebogens kann nach der Freigabe nicht mehr erfolgen.
- Der Personalfragebogen kann im Internet Explorer nicht angezeigt werden. Nutzen Sie für die Anzeige und Bearbeitung des Personalfragebogens einen anderen Browser (z. B. Google Chrome, Microsoft Edge).

3.2.1 Personalfragebogen online bereitstellen

Personalfragebogen online bereitstellen

Voraussetzung:
Unternehmen und Mitarbeiter ist geöffnet: DATEV Personaldaten (über DATEV Unternehmen online) öffnen (Dok.-Nr. 1027519).

Vorgehen:

1 Im geöffneten Mitarbeiter im Bereich Persönliches: Schaltfläche Personalfragebogen bereitstellen klicken.

2 Im Fenster Personalfragebogen bereitstellen kann die E-Mail für den Mitarbeiter vorbereitet werden:

Element	Funktion
Feld Empfänger	E-Mail-Adresse des Mitarbeiters erfassen.
Feld Betreff	Standardtext ggf. anpassen.
Feld Text	Standardtext ggf. anpassen. **Hinweis:** Änderungen im Standardtext werden nicht dauerhaft gespeichert.
Schaltfläche E-Mail-Programm öffnen	Klicken, um das Standard-E-Mail-Programm zu öffnen. Die E-Mail wird angezeigt und kann an den Mitarbeiter gesendet werden. Versenden Sie den Link als verschlüsselte E-Mail an Ihren Mitarbeiter.
-Alternativ -	
Gruppe Link zum Personalfragebogen kopieren	Anstatt die vorgefertigte E-Mail zu verwenden: Um den Link zu kopieren

Störung Service-TAN Kontakt

Besprechen Sie die Details mit Ihrem Berater auch unter folgenden Gesichtspunkten:

- Was können Sie zeitlich und inhaltlich leisten?
- Welche technischen Voraussetzungen sind gegeben?

Nach der Entgeltabrechnung

Die Ergebnisse der Lohnabrechnung können Sie auf verschiedenen Wegen erhalten (*siehe obige Abbildung*).

Sie können die gedruckten Ergebnisse von Ihrem Berater zugesandt bekommen, wobei die Möglichkeit besteht, dass Ihre Arbeitnehmer ihre Lohnabrechnung direkt erhalten. Weiterhin gibt es für die Nutzer von DATEV Unternehmen Online die Möglichkeit, alle Ergebnisse direkt am PC einzusehen. Dann wäre von Ihrer Seite keine Ablage erforderlich.

Wahlweise ist es möglich, mit „DATEV Arbeitnehmer-Online" die arbeitnehmerbezogenen Auswertungen (Brutto-Nettoabrechnung, Lohnsteuerbescheinigung, Sozialversicherungsmeldung) über das Internet bereitzustellen und direkt auf das Handy schicken zu lassen.

Es gibt einen großen Umfang an Standardauswertungen. Besprechen Sie mit Ihrem Steuerberater, welche Auswertungen für Sie sinnvoll und wichtig sind. Überlegen Sie auch, ob Sie über diesen Standard hinaus noch individuelle Zusammenstellungen Ihrer Zahlen benötigen.

Die folgenden Kapitel geben verständliche Antworten auf komplexe Vorgänge in der Lohn und Gehaltsabrechnung im eigentlichen Sinn. Neben Beispielen aus dem Arbeitsalltag finden sich auch Bezüge zur Programmlösung mit DATEV.

2 ELStAM und Lohnsteuerbescheinigung

2.1 Was bedeutet ELStAM?

ELStAM steht für **E**lektronische **L**ohn**St**euer**A**bzugs**M**erkmale.

Derzeit werden folgende ELStAM zur Verfügung gestellt:

- Lohnsteuerklasse und ggf. Faktor
- Zahl der Kinderfreibeträge bei den Steuerklassen I – IV
- Freibeträge und Hinzurechnungsbeträge
- Kirchensteuerabzugsmerkmal

Zum ersten Mal kommt ein Arbeitgeber mit den ELStAM-Daten seines Arbeitnehmers in Berührung, wenn er ihn anmeldet und die ELStAM-Daten bei der Finanzverwaltung abruft. Wichtig ist hierbei zu wissen, dass der Arbeitnehmer verpflichtet ist, Änderungen seiner Steuerklasse oder individuelle Freibeträge bei der Finanzverwaltung selbst zu beantragen bzw. eintragen zu lassen.

2.2 Voraussetzungen für den Abruf der ELStAM-Daten

Um die ELStAM-Daten abrufen zu können, muss sich der Arbeitgeber im Elster-Online-Portal (*www.elsteronline.de*) registriert haben, es sei denn, er arbeitet mit einem DATEV-Programm, dann übernimmt dieses für ihn die Datenübermittlung.

Folgende Daten muss der Arbeitgeber kennen, um erfolgreich mit der ELStAM Datenbank und den DATEV-Programmen kommunizieren zu können:

- Steueridentifikationsnummer des Arbeitnehmers
- Geburtsdatum des Arbeitnehmers
- Beginn des Arbeitsverhältnisses

- Angabe, ob es sich um ein erstes oder ein weiteres Arbeitsverhältnis des Arbeitnehmers handelt
- Angaben, ob und in welcher Höhe ein Freibetrag abgerufen werden soll

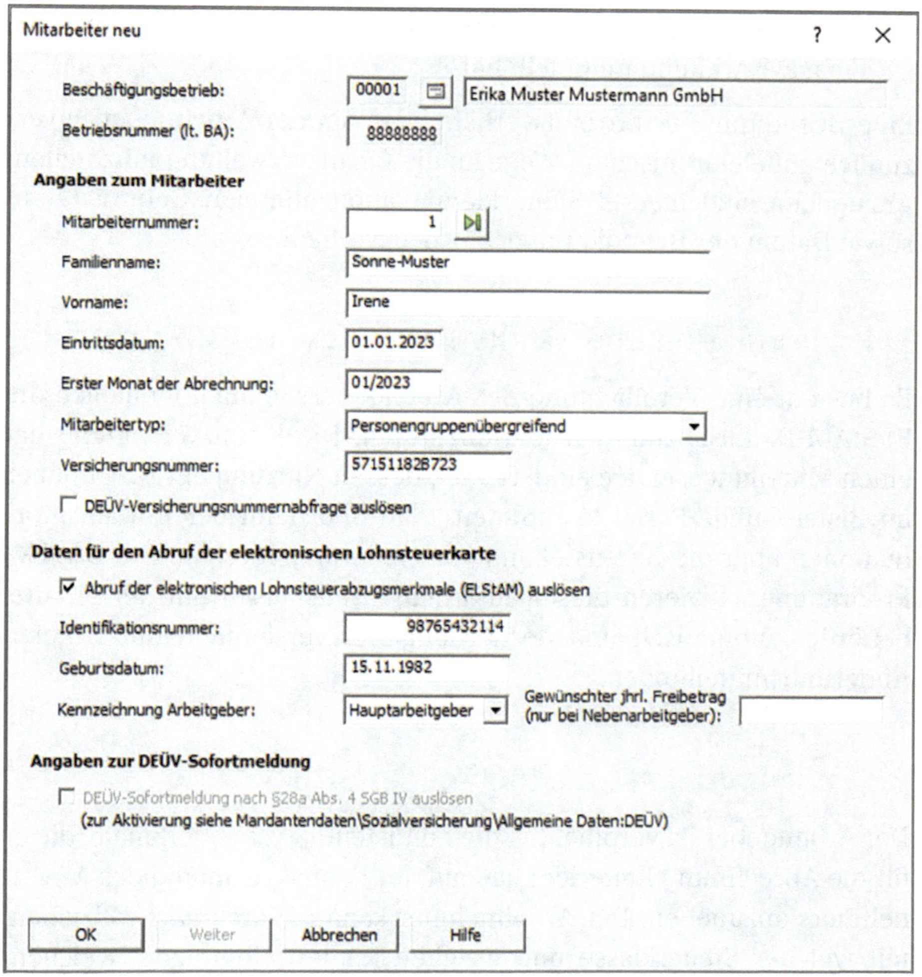

2.3 Anwendung der abgerufenen ELStAM-Daten

Die abgerufenen ELStAM-Daten werden für den Lohnsteuerabzug des Arbeitnehmers verwendet, solange

- die Finanzverwaltung keine geänderten ELStAM-Daten zum Abruf bereitstellt, oder
- der Arbeitgeber das Arbeitsverhältnis nicht gekündigt und dies der Finanzverwaltung mitgeteilt hat.

Eine Beendigung des Arbeitsverhältnisses hat der Arbeitgeber unverzüglich auf elektronischem Wege an die Finanzverwaltung mitzuteilen. Anzugeben sind hierbei Steueridentifikationsnummer, Geburtsdatum sowie Datum der Beendigung des Arbeitsverhältnisses.

2.4 Information über Änderungen der ELStAM-Daten

Es besteht eine Verpflichtung des Arbeitgebers, einmal monatlich die ELStAM-Daten abzufragen und abzurufen. Die Finanzverwaltung hat einen Mitteilungsservice eingerichtet, dessen Nutzung der Arbeitgeber im Elster-Online-Portal beantragen kann und dann per E-Mail Informationen über die Bereitstellung von Änderungen erhält. Die DATEV-Programme aktivieren diesen Informationsaustausch mit der Finanzbehörde automatisch und der Arbeitgeber versäumt dadurch keine Änderungsmitteilungen.

2.5 Wie wird der Arbeitnehmer informiert?

Der Arbeitgeber ist verpflichtet, die Lohnsteuerabzugsmerkmale, die er für die Abrechnung hinterlegt hat, auf der Lohnabrechnung des Arbeitnehmers anzugeben. Der Arbeitnehmer kann dadurch nachvollziehen, mit welcher Steuerklasse und welchen Kinderfreibeträgen, welchem Religionsmerkmal und welchen individuellen Freibeträgen abgerechnet wurde.

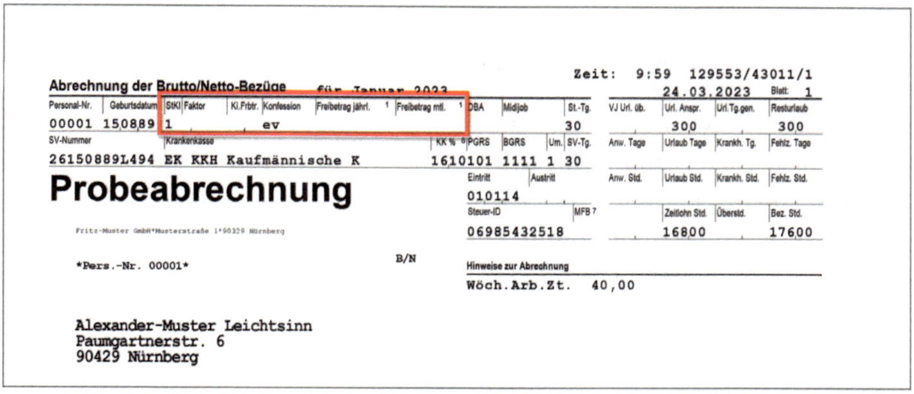

Abrechnung der Brutto/Netto-Bezüge für Januar 2023

Zeit: 9:59 129553/43011/1
24.03.2023 Blatt: 1

Personal-Nr.	Geburtsdatum	StKl	Faktor	Ki.Frbtr.	Konfession	Freibetrag jährl. [1]	Freibetrag mtl. [1]	DBA	Midijob	St.-Tg.
00001	150889	1			ev					30

SV-Nummer	Krankenkasse	KK % [6]	PGRS	BGRS	Um.	SV-Tg.
26150889L494	EK KKH Kaufmännische K		1610101	1111	1	30

Eintritt	Austritt
010114	

Steuer-ID	MFB 7
06985432518	

VJ Url. üb.	Url. Anspr.	Url.Tg.gen.	Resturlaub
	300		300
Anw. Tage	**Urlaub Tage**	**Krankh. Tg.**	**Fehlz. Tage**
Anw. Std.	**Urlaub Std.**	**Krankh. Std.**	**Fehlz. Std.**
	Zeitlohn Std.	**Überstd.**	**Bez. Std.**
	16800		17600

Probeabrechnung

Fritz-Muster GmbH*Musterstraße 1*90329 Nürnberg

Pers.-Nr. 00001

B/N

Hinweise zur Abrechnung

Wöch.Arb.Zt. 40,00

Alexander-Muster Leichtsinn
Paumgartnerstr. 6
90429 Nürnberg

2.6 Was tun, wenn die ELStAM-Daten falsch sind?

Hat der Arbeitgeber von der Finanzverwaltung falsche Daten übermittelt bekommen, kann der Arbeitnehmer die Berichtigung beim zuständigen Finanzamt beantragen. Damit unverzüglich korrekt abgerechnet werden kann, wird die Finanzverwaltung auf Antrag des Arbeitnehmers eine Bescheinigung für den Lohnsteuerabzug für die Dauer des Kalenderjahres ausstellen (§ 39 Abs. 1 Satz 2 EStG) und gleichzeitig den Arbeitgeberabruf für diesen Mitarbeiter sperren (sog. Vollsperrung). Die Lohnsteuerabzugsmerkmale für den betroffenen Mitarbeiter sind damit gemäß Bescheinigung gültig. Eine Sperre der Übermittlung von Änderungsdaten wird dadurch ausgelöst und diese Sperre wird von Seiten der Finanzverwaltung erst nach Korrektur der (fehlerhaften) Daten wieder aufgehoben. Es steht dann eine sog. Änderungsliste bereit, die abgerufen werden muss. Ist die Änderungsliste abgerufen, verliert die schriftliche Bescheinigung für den Lohnsteuerabzug ihre Gültigkeit.

2.7 Störungen beim ELStAM-Abruf

- **Sperrung durch den Arbeitnehmer**

  Hat der Arbeitnehmer seine ELStAM-Daten beim Finanzamt sperren lassen, werden dem Arbeitgeber keine ELStAM-Daten übertragen. Der Arbeitgeber wird jedoch hierüber informiert und ist verpflichtet, den Arbeitnehmer dann nach Steuerklasse 6 abzurechnen (§ 39e Abs. 6 Satz 8 EStG).

- **Andere Störungen**

  Liegen technische Störungen vor, die weder der Arbeitnehmer noch der Arbeitgeber zu vertreten haben, sodass der Arbeitgeber die Daten von der Finanzverwaltung nicht abrufen kann, darf der Arbeitgeber längstens für einen Zeitraum von drei Monaten die voraussichtlichen Lohnsteuerabzugsmerkmale für die Erstellung der Lohnabrechnung verwenden. Werden die ELStAM-Daten innerhalb der drei Monate übermittelt, ist der Arbeitgeber zur Prüfung der vorgenommenen Lohnabrechnung und zur eventuellen Korrektur verpflichtet. Ist innerhalb der drei Monate keine Aufhebung der Störung erfolgt und liegt auch keine schriftliche Bescheinigung über den Lohnsteuerabzug von Seiten der Finanzbehörde vor, muss rückwirkend nach Steuerklasse VI abgerechnet werden.

2.8 Ende des Arbeitsverhältnisses

Scheidet ein Arbeitnehmer aus einem Betrieb aus, ist der Arbeitgeber verpflichtet, die Beendigung des Arbeitsverhältnisses unverzüglich der Finanzverwaltung mitzuteilen und den Arbeitnehmer bei der Finanzverwaltung elektronisch abzumelden. Die DATEV-Programme übernehmen diesen Schritt automatisch, wenn ein Austrittsdatum in den Stammdaten hinterlegt wird.

Verstirbt ein Arbeitnehmer, wird der Abruf der ELStAM-Daten gesperrt. Bei eventuellen Lohnzahlungen an Erben oder Hinterbliebene des verstorbenen Arbeitnehmers, müssen diese als Arbeitnehmer vom Arbeitgeber angemeldet werden.

2.9 Arbeitgeberwechsel

Der Arbeitgeber ist im Falle eines Arbeitgeberwechsels seines Mitarbeiters unverzüglich aufgefordert, die Beendigung des Arbeitsverhältnisses der Finanzverwaltung anzuzeigen und den Arbeitnehmer abzumelden (§ 39e Abs. 4 Satz 5 EStG). Der neue Arbeitgeber ist verpflichtet, den Arbeitnehmer unverzüglich als erster Arbeitgeber (Hauptarbeitgeber) anzumelden und die ELStAM-Daten abzurufen.

Die Finanzverwaltung stellt dem Arbeitgeber ab dem 1. bis zum 5. Werktag des Folgemonats die ELStAM-Daten zum Abruf zur Verfügung.

Erfolgt nach einem Arbeitgeberwechsel die Anmeldung durch den neuen (Haupt-)Arbeitgeber, bevor der vorherige (Haupt-)Arbeitgeber die Abmeldung vorgenommen hat, gilt Folgendes:

Der neue (Haupt-)Arbeitgeber erhält die für das erste Arbeitsverhältnis gültigen ELStAM-Daten rückwirkend ab dem Beginn des Arbeitsverhältnisses. Der bisherige (Haupt-)Arbeitgeber erhält ab diesem Tag die Steuerklasse VI. Erfolgt die Anmeldung des neuen (Haupt-)Arbeitgebers aber erst 6 Wochen nach Beginn des Arbeitsverhältnisses, erhält der neue (Haupt-)Arbeitgeber die für das erste Dienstverhältnis gültigen ELStAM erst mit dem Tag der Anmeldung. Der alte (Haupt-)Arbeitgeber erhält ab dem Tag der Anmeldung des neuen (Haupt-)Arbeitgebers dann die ELStAM mit der Steuerklasse VI.

Merke:

Anmeldung des Arbeitnehmers durch den neuen Arbeitgeber ohne Abmeldung des Arbeitnehmers durch den bisherigen Arbeitnehmer	
Innerhalb von 6 Wochen nach Beginn des Arbeitsverhältnisses	Nach Ablauf von 6 Wochen nach Beginn des Arbeitsverhältnisses
Arbeitgeber NEU: Ab Beginn ELStAM für erstes Arbeitsverhältnis	**Arbeitgeber NEU:** Ab Anmeldung ELStAM für erstes Arbeitsverhältnis
Arbeitgeber ALT: Ab diesem Zeitpunkt (Beginn beim neuen Arbeitgeber) Steuerklasse VI	**Arbeitgeber ALT:** Ab der Anmeldung des Arbeitgeber NEU Steuerklasse VI

2.10 Weitere Arbeitsverhältnisse

Arbeitnehmer, die ein weiteres Arbeitsverhältnis (über 520,00 Euro) eingehen, müssen nach Steuerklasse VI besteuert und zum Abruf der ELStAM-Daten vom Arbeitgeber angemeldet werden. Bei Arbeitnehmern mit der Steuerklasse VI ist es wichtig zu wissen, ob der Arbeitnehmer ein Kirchensteuermerkmal hat. Nur für geringfügig Beschäftigte, deren Lohn/Gehalt pauschal versteuert wird, werden keine ELStAM-Daten abgerufen.

Wenn der Arbeitnehmer ein weiteres Arbeitsverhältnis aufnimmt (über 520,00 Euro), muss er entscheiden, welches sein erstes und welches sein weiteres Dienstverhältnis ist. Soll das neue Arbeitsverhältnis nach Steuerklasse VI abgerechnet werden, muss er dem Arbeitgeber neben seiner Steuer-Identifikationsnummer und seinem Geburtsdatum mitteilen, dass es sich um ein weiteres Arbeitsverhältnis handelt.

Soll das zweite Arbeitsverhältnis nach den Merkmalen des ersten Dienstverhältnisses abgerechnet werden, muss der Arbeitnehmer dies seinem neuen Arbeitgeber mitteilen, damit dieser ihn korrekt anmelden kann. Auch dem ersten Arbeitgeber muss er darüber informieren, dass er nun ein zweites Arbeitsverhältnis begonnen hat und hier nach Steuerklasse VI abzurechnen ist. Die ELStAM-Daten gehen dem neuen wie dem bisherigen Arbeitgeber zu.

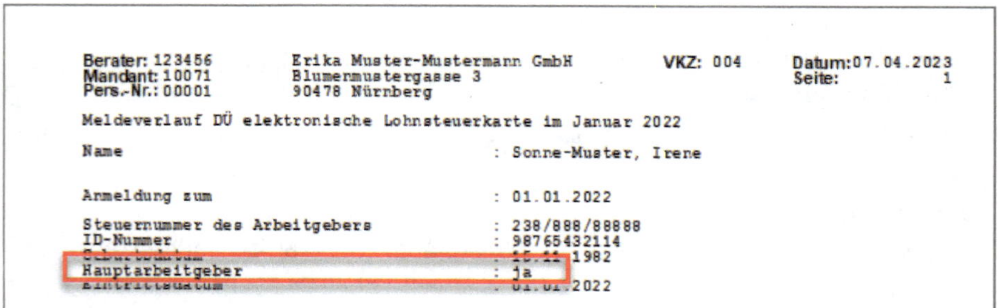

Berater: 123456 Erika Muster-Mustermann GmbH VKZ: 004 Datum:07.04.2023
Mandant: 10071 Blumermustergasse 3 Seite: 1
Pers.-Nr.: 00001 90478 Nürnberg

Meldeverlauf DÜ elektronische Lohnsteuerkarte im Januar 2022

Name : Sonne-Muster, Irene

Anmeldung zum : 01.01.2022

Steuernummer des Arbeitgebers : 238/888/88888
ID-Nummer : 98765432114
[illegible] : [illegible] 1982
Hauptarbeitgeber : ja
[illegible] : [illegible].2022

2.11 Arbeitnehmer ohne Steuer-Identifikationsnummer

Liegt für einen Arbeitnehmer keine Steuer-Identifikationsnummer vor, obwohl er in Deutschland wohnt und unbeschränkt einkommensteuerpflichtig ist (§ 1 Abs. 1 EStG), erhält der Arbeitnehmer auf Antrag von der Finanzbehörde eine Bescheinigung für den Lohnsteuerabzug. Diese Bescheinigung ersetzt die Verpflichtung und Berechtigung des Arbeitgebers zum Abruf der ELStAM.

2.12 Arbeitnehmer ohne Wohnsitz im Inland

Arbeitnehmer ohne Wohnsitz in Deutschland und ohne gewöhnlichen Aufenthalt in Deutschland können noch nicht am ELStAM-Verfahren teilnehmen. Sie müssen sich beim Betriebsstättenfinanzamt eine Bescheinigung für den Lohnsteuerabzug holen (§ 39 Abs. 2 und 3 EStG), die jeweils für ein Jahr gilt. Die Bescheinigung kann auch vom Arbeitgeber im Namen des Arbeitnehmers auf einem amtlich vorgeschriebenen Vordruck beantragt werden.

3 Steuerabzug von Lohn/Gehalt

3.1 Berechnung der Lohnsteuer

Die Lohnsteuer ist eine Vorauszahlung auf die Einkommensteuerschuld und bemisst sich nach der Einkommensteuer, die bei der Veranlagung am Ende des Kalenderjahres geschuldet wird. Die DATEV erhält jährlich vom BMF Programmablaufpläne mit dem aktuellen Steuertarif zur maschinellen Berechnung der Lohnsteuer. Diese Programmablaufpläne mit den Steuertarifen werden in die DATEV-Programme eingearbeitet, sodass man keinerlei weitere Lohnsteuertabellen erwerben muss. Der Lohnsteuerabzug erfolgt nach Eingabe der korrekten Stammdaten automatisch bei der Lohnabrechnung.

Abrechnung der Brutto/Netto-Bezüge für Januar 2023

Zeit: 9:59 129553/43011/1
24.03.2023 Blatt: 1

Personal-Nr.	Geburtsdatum	StKl	Faktor	Ki.Frbtr.	Konfession	Freibetrag jährl. [1]	Freibetrag mtl. [1]	DBA	Midijob	St.-Tg.
00001	150889	1			ev					30

VJ Url. üb.	Url. Anspr.	Url.Tg.gen.	Resturlaub
	30,0		30,0

SV-Nummer	Krankenkasse	KK % [8]	PGRS	BGRS	Um.	SV-Tg.
26150889L494	EK KKH Kaufmännische K		1610101	1111	1	30

Anw. Tage	Urlaub Tage	Krankh. Tg.	Fehlz. Tage

Probeabrechnung

Eintritt	Austritt
010114	

Anw. Std.	Urlaub Std.	Krankh. Std.	Fehlz. Std.

Steuer-ID	MFB [7]
06985432518	

	Zeitlohn Std.	Überstd.	Bez. Std.
	168,00		176,00

Fritz-Muster GmbH*Musterstraße 1*90329 Nürnberg

Pers.-Nr. 00001

B/N

Hinweise zur Abrechnung

Wöch.Arb.Zt. 40,00

Alexander-Muster Leichtsinn
Paumgartnerstr. 6
90429 Nürnberg

Brutto-Bezüge

Lohnart	Bezeichnung	Einheit [2]	Menge [3]	Faktor [3]	Prozentsatz	St [4]	SV [4]	GB [5]	Betrag
100	Stundenlohn	Std	168,00	16,00		L	L	J	2.688,00
150	Feiertagslohn	Std	8,00	16,00		L	L	J	128,00
310	VWL AG-Anteil					L	L	J	20,00

Gesamt-Brutto 2.836,00

Steuer/Sozialversicherung

St [4]	Steuer-Brutto	Lohnsteuer	Kirchensteuer	Solidaritätszuschlag	Steuerrechtliche Abzüge
L	2.836,00	303,91	24,31		328,22

SV [4]	KV-Brutto	RV-Brutto	AV-Brutto	PV-Brutto	KV-Beitrag	RV-Beitrag	AV-Beitrag	PV-Beitrag [6]	SV-rechtliche Abzüge
L	2.836,00	2.836,00	2.836,00	2.836,00	228,30	263,75	36,87 Z	53,18	582,10

Netto-Verdienst 1.925,68

Verdienstbescheinigung

Gesamt-Brutto	2.836,00	SV-Brutto	2.836,00
Steuer-Brutto	2.836,00	KV-Beitrag	228,30
Lohnsteuer	303,91	RV-Beitrag	263,75
Kirchensteuer	24,31	AV-Beitrag	36,87
Solidaritätszuschlag		PV-Beitrag	53,18
Steuerfreie Bezüge		VWL gesamt	40,00
P. verst. Zuk.sich.		Kug-Auszahlung	
Pfändung Rest			
Darlehen Rest			

Netto-Bezüge/Netto-Abzüge

Nr.	Bezeichnung	Betrag
9998	Vermögensbildung	40,00-

Bank	Postbank Ndl Deutsche Ba
Konto	DE45 7601 0085 0000 0123 45

SV-AG-Anteil	Zus. AG-Kosten	Gesamtkosten	Auszahlungsbetrag
572,17			1.885,68

[1] H = Hinzurechnungsbetrag
[2] Std = Stunden, T = Tage, Km = Kilometer, St = Stück
EUR = Euro, Tsd = Tausend Euro, Mio = Million Euro
[3] Gegebenenfalls Netto-Lohn/Netto-Stundenlohn
[4] L = Laufender Bezug, S = Sonstiger Bezug, F = Frei,
E = Einmalbezug, P = Pauschalierung, A = Abfindung,
M = mehrjährige Versteuerung, N = Nachberechnung
V = Vorjahr, W = Entgeltguthaben
[5] J = Bestandteil des Gesamt-Bruttos
[6] Z = Einschl. Beitragszuschlag zur PV für Kinderlose
[7] MFB = Mehrfachbeschäftigung
[8] Maßgeblicher Beitragssatz zur KV inkl. Zusatzbeitrag

- Dies ist eine Entgeltbescheinigung nach § 108 Abs. 3 Satz 1 der Gewerbeordnung -

AFP Form.-Nr. LOGN15

DATEV

3.2 Steuertarif 2023

Im Jahr 2023 gelten folgende Eckpunkte des Steuertarifs:

- Grundfreibetrag 10.908,00 Euro (Verheiratete 21.816,00 Euro)
- Eingangssteuersatz 14 %
- Spitzensteuersatz 42 % (ab einem zu versteuernden Einkommen von 61.972 Euro pro Person)
- Reichensteuer 45 % (ab einem zu versteuernden Einkommen von 277.826 Euro pro Person)

3.3 Rentenbeiträge voll absetzbar

Seit 01.01.2023 können Aufwendungen für die Altersvorsorge vollständig von der Steuer abgesetzt werden. Dadurch erhöhen sich die als Sonderausgaben abzugsfähigen Altersvorsorgeaufwendungen im Jahr 2023 um 4 Prozentpunkte. Dies gilt als Steuerentlastung.

3.4 Lohnsteuertabellen

In den DATEV-Programmen sind die unterschiedlichen Lohnsteuertabellen eingearbeitet. Je nach Stammdaten- oder Lohnarteneingabe greift das Programm automatisch auf die

- Monats- oder Wochentabelle für den laufenden Steuerabzug
- die Tagestabelle für den Teillohnzahlungszeitraum (Eintritt oder Ausscheiden während des Monats)
- die Jahrestabelle zur Besteuerung sonstige Bezüge (z. B. Urlaubsgeld, Weihnachtsgeld)
- die Jahrestabelle zur Durchführung des Lohnsteuerjahresausgleichs

zu. In den Lohnsteuertabellen zur manuellen Lohnabrechnung sind Tabellenstufen eingearbeitet (z. B. von 1.900,00 Euro bis 1.903,00 Euro). In den maschinellen Lohnabrechnungsprogrammen wird nicht nach Stufen abgerechnet, sondern es wird der exakte Arbeitslohn nach dem

Steuertarif bei der Berechnung hinterlegt. Deshalb kommt es stets zu kleinen Abweichungen, wenn Lohnsteuerbeträge aus manuellen Abrechnungen mit denen einer Programmabrechnung verglichen werden.

Auch die Beitragszuschläge für Kinderlose in der Pflegeversicherung und die länderspezifischen Besonderheiten von Sachsen werden in den manuellen Lohnsteuertabellen nicht berücksichtigt.

3.5 Lohnsteuerberechnung bei mehreren nebeneinander bestehenden Arbeitsverhältnissen

Besteht ein zweites Arbeitsverhältnis (Gehalt/Lohn höher als 520,00 Euro), ist dieses mit der Steuerklasse VI abzurechnen. Der Arbeitnehmer kann selbst entscheiden, welches Arbeitsverhältnis mit der Steuerklasse VI abgerechnet werden soll und welches mit der dem Familienstand entsprechenden Steuerklasse (I, II, III, IV oder V). Freibeträge werden für die Steuerklasse VI nicht berücksichtigt, auch kein Kinderfreibetrag. Hier ergibt sich stets ein hoher Steuerabzug.

3.6 Steuerklasse VI vermeiden – Frei- und Hinzurechnungsbeträge nutzen

Wenn im 1. Arbeitsverhältnis wegen eines geringen Lohnes/Gehalts keine Lohnsteuer anfällt, wird vermutlich im 2. Arbeitsverhältnis durch die Steuerklasse VI zu viel Lohnsteuer bezahlt. Dies kann vermieden werden, indem Freibeträge vom 1. auf das 2. Arbeitsverhältnis übertragen werden. Der Arbeitnehmer muss dies beim Finanzamt beantragen. Beim 1. Arbeitsverhältnis wird ein Hinzurechnungsbetrag eingetragen, beim 2. Arbeitsverhältnis ein Freibetrag.

Beispiel: **1. Arbeitsverhältnis**

Steuerklasse I		LSt	Soli	KiSt
Monatslohn	530,00 Euro	0	0	0

2. Arbeitsverhältnis

Steuerklasse VI		LSt	Soli	KiSt
Monatslohn	525,00 Euro	57,83 Euro	0	4,62 Euro

Auf Antrag des Arbeitnehmers trägt das Finanzamt einen **Freibetrag von 525,00 Euro** bei den individuellen Lohnsteuerabzugsmerkmalen der **Steuerklasse VI** ein und einen **Hinzurechnungsbetrag von 525,00 Euro** bei den individuellen Lohnsteuerabzugsmerkmalen der **Steuerklasse I.**

1. Arbeitsverhältnis

Steuerklasse I		LSt	Soli	KiSt
Monatslohn	530,00 Euro	0	0	0
Hinzurechnungs-betrag	525,00 Euro	0	0	0
Zu versteuern	1.055,00 Euro	0	0	0

2. Arbeitsverhältnis

Steuerklasse VI		LSt	Soli	KiSt
Monatslohn	525,00 Euro	0	0	0
Freibetrag	525,00 Euro	0	0	0
Zu versteuern	0 Euro	0	0	0

Der Arbeitnehmer hat monatlich 62,45 Euro mehr zur Verfügung.

4 Kirchensteuer

4.1 Höhe der Kirchensteuer

Bemessungsgrundlage für die Kirchensteuer ist die anfallende Lohnsteuer. Die Kirchensteuersätze sind je nach Bundesland unterschiedlich hoch. Die derzeit geltenden Sätze sind in den DATEV-Programmen automatisch hinterlegt und können über das Elektronische Wissen – Lohn und Personal eingesehen und aufgerufen werden.

Der Ort der Betriebsstätte des Arbeitgebers ist maßgebend für den Kirchensteuersatz.

Beispiel: Ein Arbeitnehmer wohnt in Fulda in Hessen (9 % Kirchensteuer), arbeitet aber bei einem Arbeitgeber in Bad Kissingen in Bayern (8 % Kirchensteuer). Dann ist der Kirchensteuersatz des Bundeslandes Bayern (8 %) maßgeblich.

4.2 Kinderfreibeträge und Kirchensteuer

Bei der Berechnung der Lohnsteuer werden keine Kinderfreibeträge berücksichtigt. Bei der Kirchensteuer werden jedoch die Kinderfreibeträge festgestellt und zur Berechnung herangezogen. Wer Kinderfreibeträge hat, bezahlt weniger Kirchensteuer bzw. eventuell sogar keine Kirchensteuer.

In den DATEV-Lohnabrechnungsprogrammen sind diese Funktionen zur Berechnung automatisch hinterlegt. Hier ist bei der Stammdateneingabe wichtig, dass das Religionsmerkmal und die Kinderfreibeträge eingegeben werden.

4.3 Sonderfälle

Gehören Ehegatten unterschiedlichen Religionsgemeinschaften an (z. B. Ehemann ist katholisch, Ehefrau ist evangelisch), so ist die Kirchensteuer nach den meisten Landesregelungen auf jede Religionsgemeinschaft zur Hälfte aufzuteilen. Man nennt dies den sog. „Halbteilungsgrundsatz". Dieser Halbteilungsgrundsatz gilt **nicht** in den Ländern Bayern, Bremen und Niedersachsen. Hier wird die volle Kirchensteuer für die Religionsgemeinschaft des Arbeitnehmers erhoben und das Kirchensteuermerkmal des Ehepartners spielt keine Rolle.

Gehört ein Arbeitnehmer keiner Religionsgemeinschaft an, ist keine Kirchensteuer zu erheben.

5 Solidaritätszuschlag

Zum 01.01.2023 ist die sog. Nullzone zur Freistellung von der Zahlung des Solidaritätszuschlages bis zu einer Einkommensteuer von 35.086 Euro (bisher 33.912 Euro) bei einer Zusammenveranlagung und 17.543 Euro (bisher 16.956 Euro) bei einer Einzelveranlagung angehoben worden. Bei monatlicher Lohnzahlung beträgt die Freigrenze (= Nullzone) zur Zahlung des Solidaritätszuschlages in der Steuerklasse III 2.923,83 Euro (bisher 2.826 Euro) und in den übrigen Steuerklassen1.461,92 Euro (bisher 1.413 Euro).

Bei darüber hinausgehenden Steuerbeträgen wird der Solidaritätszuschlag nach wie vor ggf. auf 11,9 % des Unterschiedsbetrages zwischen der sich ergebenden Steuer und der vorstehenden Nullzone begrenzt (sog. Milderungsregelung).

Bei der Berechnung des Solidaritätszuschlages für sonstige Bezüge wird die Nullzone – unter Berücksichtigung der Freibeträge für Kinder – nicht aber die Milderungsregelung berücksichtigt.

In den Fällen der Pauschalierung beträgt der Solidaritätszuschlag weiterhin 5,5 % der pauschalen Lohnsteuer. Dies gilt nicht für die 2 %ige Pauschalsteuer bei geringfügiger Beschäftigung, die den Solidaritätszuschlag mit abdeckt. Nullzone und Milderungsregelung sind bei einer Pauschalierung der Lohnsteuer nicht anzuwenden.

5.1 Bemessungsgrundlage

Bemessungsgrundlage ist die einzubehaltende Lohnsteuer.

5.2 Höhe des Solidaritätszuschlags

Der Solidaritätszuschlag beträgt 5,5 % der Lohnsteuer. Es gibt jedoch eine Nullzone (bei geringen Arbeitslöhnen) und einen Übergangsbereich. Dies bezeichnet man als die Milderungsregelung. Ein Solidaritätszuschlag wird erst erhoben, wenn die Lohnsteuer einen bestimmten Betrag übersteigt.

Lohnzahlungs-zeitraum	**Nullzone** In der Steuerklasse III bis zu einer Lohnsteuer von	**Nullzone** In den Steuerklassen I, II, IV, V, VI bis zu einer Lohnsteuer von
Monat	2.923,83 Euro	1.461,92 Euro
Woche	682,23 Euro	341,11 Euro
Tag	97,46 Euro	48,73 Euro

6 Sozialversicherungsbeiträge

Zu den Sozialversicherungsbeiträgen gehören zunächst die Kranken-, Renten-, Pflege- und Arbeitslosenversicherung. Auf die Insolvenzgeldumlage und die Unfallversicherung wird gesondert eingegangen.

Die Beitragssätze werden gesetzlich festgelegt.

6.1 Beitragssätze für 2023

	AN-Anteil	AG-Anteil	Gesamt
Rentenversicherung	9,30 %	9,30 %	18,60 %
Arbeitslosenversicherung	1,30 %	1,30 %	2,60 %
Krankenversicherung			
Allgemeiner Beitragssatz	7,30 %	7,30 %	14,60 %
Ermäßigter Beitragssatz	7,00 %	7,00 %	14,00 %
Kassenindividueller Zusatzbeitragssatz im Durchschnitt für 2023 1,6 %			
Pflegeversicherung	1,525 %	1,525 %	3,05 %
Beitragszuschlag für Kinderlose	0,350 %	0,000 %	bzw. 3,40 %
Sachsen	2,025 %	1,525 %	3,55 %
Beitragszuschlag für Kinderlose	0,350 %	0,000 %	bzw. 3,90 %

Änderung ab 01.07.2023

Der Gesetzgeber hat Modifizierungen beim Kinderlosenzuschlag ab dem 01.07.2023 umgesetzt. Damit ging eine Anpassung des allgemeinen Beitragssatzes von 3,05% auf 3,4% einher.

Der Kinderlosenzuschlag wurde auf 0,6 % angehoben.

Die Modifizierung des Kinderlosenzuschlags wird unter Berücksichtigung der Anzahl der Kinder umgesetzt, indem Versicherte mit einem Kind keinen Kinderlosenzuschlag zahlen. Für Versicherte mit zwei und mehr Kindern wird der allgemeine Beitragssatz ab dem zweiten Kind bis zum fünften Kind um 0,25 Prozent je Kind bis zum 25. Lebensjahr reduziert. Damit ergeben sich folgende Beitragssätze:

- Versicherter ohne Kinder: 3,40 %, zzgl. Kinderlosenzuschlag von 0,6 %
- Versicherter mit einem Kind: 3,40 %
- Versicherter mit zwei Kindern: 3,15 %
- Versicherter mit drei Kindern: 2,90 %
- Versicherter mit vier Kindern: 2,65 %
- Versicherter mit fünf und mehr Kindern: 2,40 %

Da für Versicherte der allgemeine Beitragssatz, den Arbeitgeber und Arbeitnehmer solidarisch – also jeweils zur Hälfte – tragen, je Kind (vom 2. bis zum 5. Kind) um 0,25 % reduziert wird, entsteht je Kind für beide „Parteien" eine Entlastung von 0,125 %.

Vor diesem Hintergrund ist es unabdingbar, dass die Daten aller Kinder von Arbeitnehmern korrekt erfasst sind.

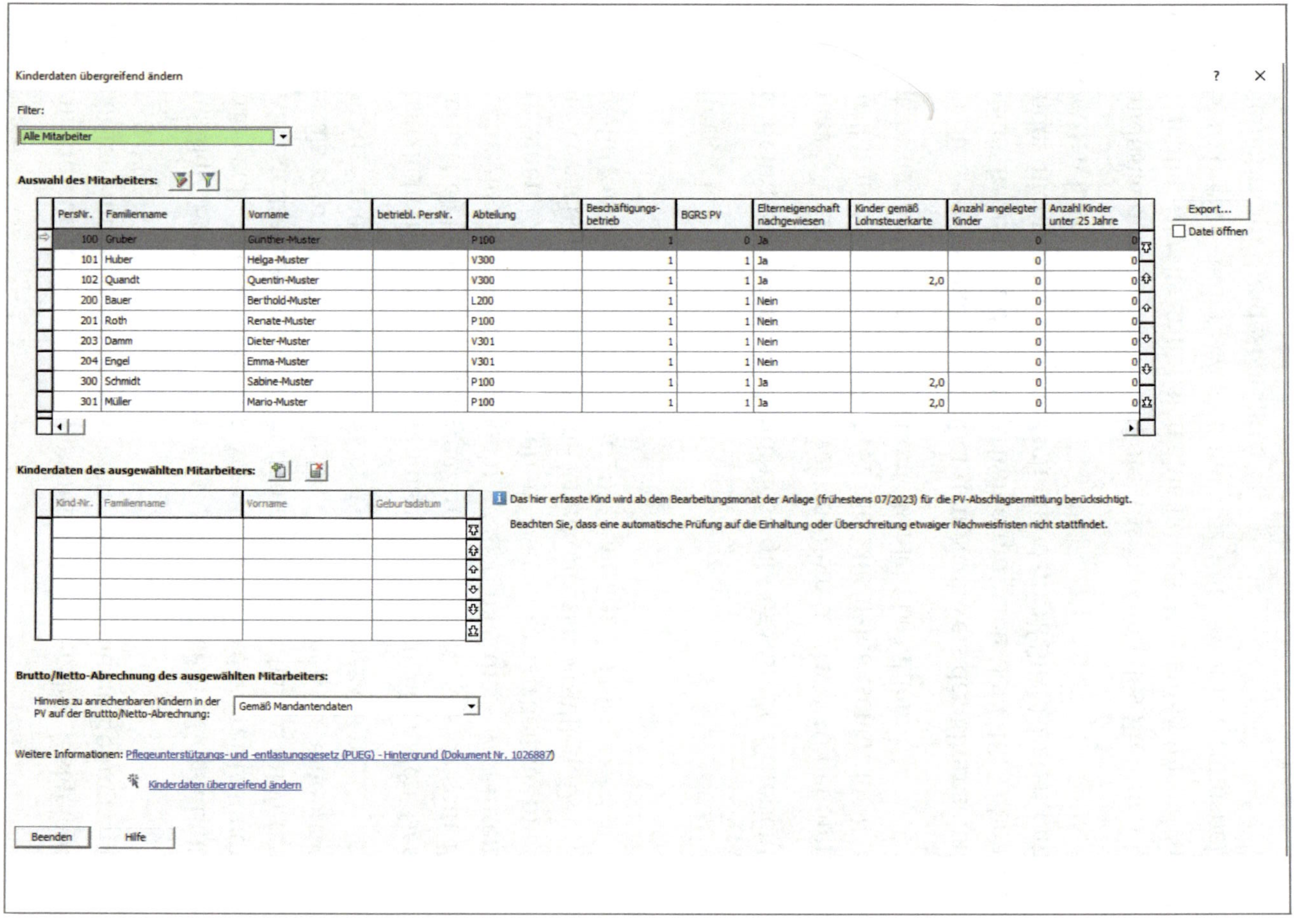
Kinderdaten übergreifend ändern
Filter:
Alle Mitarbeiter
Auswahl des Mitarbeiters:
PersNr. | Familienname | Vorname | betriebl. PersNr. | Abteilung | Beschäftigungs-betrieb | BGRS PV | Elterneigenschaft nachgewiesen | Kinder gemäß Lohnsteuerkarte | Anzahl angelegter Kinder | Anzahl Kinder unter 25 Jahre
100 | Gruber | Gunther-Muster | | P100 | 1 | 0 | Ja | | 0 | 0
101 | Huber | Helga-Muster | | V300 | 1 | 1 | Ja | | 0 | 0
102 | Quandt | Quentin-Muster | | V300 | 1 | 1 | Ja | 2,0 | 0 | 0
200 | Bauer | Berthold-Muster | | L200 | 1 | 1 | Nein | | 0 | 0
201 | Roth | Renate-Muster | | P100 | 1 | 1 | Nein | | 0 | 0
203 | Damm | Dieter-Muster | | V301 | 1 | 1 | Nein | | 0 | 0
204 | Engel | Emma-Muster | | V301 | 1 | 1 | Nein | | 0 | 0
300 | Schmidt | Sabine-Muster | | P100 | 1 | 1 | Ja | 2,0 | 0 | 0
301 | Müller | Mario-Muster | | P100 | 1 | 1 | Ja | 2,0 | 0 | 0
Export...
Datei öffnen
Kinderdaten des ausgewählten Mitarbeiters:
Kind-Nr. | Familienname | Vorname | Geburtsdatum
Das hier erfasste Kind wird ab dem Bearbeitungsmonat der Anlage (frühestens 07/2023) für die PV-Abschlagsermittlung berücksichtigt.
Beachten Sie, dass eine automatische Prüfung auf die Einhaltung oder Überschreitung etwaiger Nachweisfristen nicht stattfindet.
Brutto/Netto-Abrechnung des ausgewählten Mitarbeiters:
Hinweis zu anrechenbaren Kindern in der PV auf der Bruttto/Netto-Abrechnung:
Gemäß Mandantendaten
Weitere Informationen: Pflegeunterstützungs- und -entlastungsgesetz (PUEG) - Hintergrund (Dokument Nr. 1026887)
Kinderdaten übergreifend ändern
Beenden
Hilfe

6.2 Krankenversicherung (KV)

Die Beiträge zur Krankenversicherung sind gesetzlich festgelegt und im gesamten Bundesgebiet einheitlich. Der allgemeine Beitragssatz beträgt 14,6 %.

Der ermäßigte Beitragssatz beträgt 14,0 %. Einen ermäßigten Beitragssatz dürfen z. B. Vorruheständler, Arbeitnehmer in der Freistellungsphase der Altersteilzeit, Arbeitnehmer, deren Arbeitsverhältnis im Voraus auf weniger als zehn Wochen befristet ist, Arbeitnehmer, die eine Erwerbsminderungsrente beziehen, und Altersvollrentner bezahlen.

Die gesetzlichen Krankenkassen finanzieren sich über den Gesundheitsfonds. Reichen die Zahlungen an die Kassen aus diesem Fonds für die einzelne Krankenkasse nicht aus, so darf diese von ihren Mitgliedern einen Zusatzbeitrag erheben. Diesen Zusatzbeitrag muss der einzelne Versicherte dann an seine Krankenkasse bezahlen. Der durchschnittliche Zusatzbeitragssatz für 2023 beträgt 1,6 %.

6.3 Pflegeversicherung (PV)

Für den Beitragszuschlag für Kinderlose gibt es weitere Kriterien:

Wer unter 23 Jahre alt ist (oder wer vor dem 01.01.1940 geboren ist), braucht ihn nicht zu bezahlen. Wer die Elterneigenschaft nachgewiesen hat, braucht den Zuschlag ebenfalls nicht bezahlen.

Im Lohnbüro sollte eine Kopie über den Nachweis der Elternschaft der Mitarbeiter liegen, da der Kinderfreibetrag nach dem 18. Lebensjahr des Kindes nicht mehr automatisch aus dem ELStAM-Daten entnommen werden kann.

Das Bundesland Sachsen hat auf die Abschaffung des Buß- und Bettages verzichtet. Daraus ergibt sich eine höhere Belastung für die Arbeitnehmer und eine andere Verteilung der Pflegeversicherungsbeiträge als in den übrigen Bundesländern.

6.4 Beitragsbemessungsgrenzen 2023

Die Beitragsbemessungsgrenze wird jährlich neu festgelegt. Das Arbeitsentgelt wird nur bis zur Beitragsbemessungsgrenze zur Verbeitragung herangezogen.

	Kranken- und Pflegeversicherung	Renten- und Arbeitslosenversicherung	
	West und Ost	West	Ost
Jahr	59.850,00 Euro	87.600,00 Euro	85.200,00 Euro
Monat	4.987,50 Euro	7.300,00 Euro	7.100,00 Euro
Tag	166,25 Euro	243,33 Euro	236,67 Euro

6.5 Beitragsbemessungsgrenzen bei Entsendungsfällen zwischen West und Ost

Gemäß § 4 und § 5 SGB IV finden die Bestimmungen über die sog. Ein- und Ausstrahlung im Verhältnis West/Ost ihre Anwendung. Entscheidend ist demnach, ob das Arbeitsverhältnis mit dem im jeweiligen Gebiet ansässigen Arbeitnehmer fortbesteht.

Beispiel 1: Ein Arbeitnehmer, der bisher in einem Unternehmen in Magdeburg beschäftigt war, wird ab dem 01.07.2023 in eine Betriebsstätte des gleichen Unternehmens nach München entsandt und arbeitet dort für die nächsten drei Monate. Dies gilt als Entsendung. Es gelten nach wie vor die Beitragsbemessungsgrenzen Ost.

Beispiel 2: Ein Arbeitnehmer ist in einem Unternehmen in München beschäftigt. Er wird in eine Betriebsstätte des Unternehmens nach Weimar entsandt. Eine Eingliederung in die Betriebsstätte in Weimar erfolgt nicht. Die Bezahlung und Abrechnung erfolgt weiterhin in München.

Es liegt ein Entsendungsfall vor und es gelten die Beitragsbemessungsgrenzen West.

Wenn ein Arbeitnehmer während des Jahres auf Dauer von einer östlichen in eine westliche Betriebsstätte wechselt – oder umgekehrt – liegt kein Entsendungsfall vor. Dann wird bis zum Wechseldatum die Beitragsbemessungsgrenze Ost und danach die Beitragsbemessungsgrenze West – oder umgekehrt – angewandt.

6.6 Auslandsbeschäftigung

Sozialversicherungspflicht gilt grds. nur für Arbeitnehmer, die im Inland beschäftigt sind, es sei denn, es handelt sich nur um eine vorübergehende Beschäftigung im Ausland nach dem Prinzip der Ausstrahlung (§ 5 SGB IV). Der maximale Entsendezeitraum beträgt 24 Monate. Für Personen, die in mehreren EU-Staaten beschäftigt sind (sog. Mehrfachbeschäftigte), gilt folgendes:

Sind Mehrfachbeschäftigte in mehr als einem EU-Staat beschäftigt, und zwar nicht nur unbedeutend (unbedeutend = weniger als 2 Stunden pro Woche), unterliegen Sie dem Sozialversicherungsrecht des Staates, in dem sie mit ihrem Lebensmittelpunkt wohnen, wenn sie einen wesentlichen Teil (quantitativ erheblich = mehr als 25 %) auch im Wohnstaat ausüben. Wenn der Mehrfachbeschäftigte für ein ausländisches Unternehmen in mehreren EU-Staaten tätig ist und keinen wesentlichen Teil seiner Tätigkeit im Wohnsitzstaat ausübt, unterliegt er den Rechtsvorschriften des Staates, in dem sein Arbeitgeber ansässig ist. Es gibt hier eine Auskunftstelle zur Beurteilung der Rechtszuordnung für Mehrfachbeschäftigte: Deutsche Verbindungsstelle Krankenversicherung (DVKA).

7 Befreiung von der Krankenversicherungspflicht

Gibt es Möglichkeiten in der privaten Krankenversicherung zu bleiben, auch wenn man die Jahresarbeitsentgeltgrenze (JAEG) nicht mehr erreicht?

7.1 Befreiung wegen Erhöhung der JAEG

Wenn das Gehalt eines Arbeitnehmers aufgrund der jährlichen Erhöhung nicht mehr über die Jahresarbeitsentgeltgrenze (in 2023 66.600 Euro) kommt und er deshalb wieder versicherungspflichtig werden würde, hat er die Möglichkeit, einen Antrag auf Befreiung von der Krankenversicherungspflicht zu stellen. Der Antrag muss binnen drei Monaten nach Beginn der Versicherungspflicht gestellt werden.

Beispiel: Ein Arbeitnehmer mit einem Jahresgehalt von 48.000,00 Euro war bereits im Jahr 2002 privat krankenversichert, weil er damals die für ihn maßgebende JAEG von 40.500,00 Euro überschritten hatte. Nach der JAEG von 2023 müsste er nun mehr als 66.600,00 Euro verdienen, um weiterhin privat krankenversichert sein zu können. Dies erreicht er jedoch mit seinem Jahresgehalt von 48.000,00 Euro nicht. Auf Antrag kann er sich jedoch befreien lassen und in der privaten Krankenkasse bleiben. Ein Zurück von dieser Befreiung der Krankenversicherungspflicht gibt es jedoch in der Regel nicht, es sei denn, der Arbeitnehmer würde beispielsweise arbeitslos. Deshalb muss dieser Schritt wohl überlegt werden.

7.2 Befreiung wegen Herabsetzung der Arbeitszeit

Wer mehr als 5 Jahre in einer privaten Krankenversicherung versichert war und nun seine Wochenarbeitszeit um mindestens die Hälfte der durchschnittlichen Wochenarbeitszeit im Betrieb herabsetzt und damit unter die JAEG kommt, kann einen Antrag auf Befreiung von der Versicherungspflicht stellen und damit privat versichert bleiben. Dies ist häufig der Fall bei Altersteilzeit.

Das gleiche gilt für Arbeitnehmer, die im Anschluss an ihr bisheriges Arbeitsverhältnis bei einem anderen Arbeitgeber eine Teilzeitbeschäftigung aufnehmen.

7.3 Vollendung des 55. Lebensjahres

Wer bis zu seinem 55. Lebensjahr in der privaten Krankenversicherung versichert war, kann nach Vollendung des 55. Lebensjahres nicht mehr in eine gesetzliche Krankenkasse wechseln. Er bleibt damit für immer in der privaten Krankenversicherung und erhält von seinem Arbeitgeber und auch von der Rentenversicherung zum Zeitpunkt des Eintritts der Rente einen Zuschuss zur privaten Krankenversicherung.

Dies trifft vor allem ältere Arbeitnehmer, die in Altersteilzeit gehen und aufgrund ihres geminderten Arbeitsentgelts die JAEG nicht mehr überschreiten.

8 Arbeitgeberzuschuss zur Kranken- und Pflegeversicherung

Wer privat oder freiwillig in einer gesetzlichen Krankenkasse versichert ist, hat Anspruch auf einen Zuschuss zum Kranken- und Pflegeversicherungsbeitrag.

Der Arbeitgeberhöchstzuschuss beträgt in 2023 403,99 Euro in der Krankenversicherung bei einem angenommenen Zusatzbeitrag von 1,6 % zum KV-Beitrag und 76,06 Euro in der Pflegeversicherung.

In Sachsen beträgt der Zuschuss in der Pflegeversicherung höchstens 51,12 Euro monatl.

9 Insolvenzgeldumlage

Der Umlagesatz für die Insolvenzgeldumlage beträgt für das Jahr 2023 0,06 %. Dieser Umlagesatz wird gesetzlich festgelegt. Die Insolvenzgeldumlage wird seit dem 01.01.2009 von den Einzugsstellen zusammen mit dem Gesamtsozialversicherungsbeitrag eingezogen und an die Bundesagentur für Arbeit weitergeleitet. Fälligkeit und eventuelle Säumniszuschläge richten sich nach den Vorschriften des Gesamtsozialversicherungsbeitrags. Im Beitragsnachweisdatensatz ist die Insolvenzgeldumlage mit der Beitragsgruppe 0050 zu berücksichtigen.

10 Übergangsbereich nach § 20 Abs. 2 SGB IV

Bei einer Beschäftigung mit einem monatlichen Arbeitsentgelt von 520,01 Euro bis 1.600 Euro spricht man von der sog. Übergangszone. Der Arbeitnehmer ist voll versicherungspflichtig, allerdings hat er nur einen reduzierten Beitragsanteil an Gesamtsozialversicherungsanteil zu tragen. Den Rest übernimmt der Arbeitgeber. Diese Regelung zur Übergangs zone gilt nicht für Auszubildende.

Ab dem 01.01.2023 wird die Obergrenze für diese sog. Übergangszone von 1.600,00 Euro auf 2.000,00 Euro angehoben. Dadurch kommen mehr Arbeitnehmer in den Genuss von günstigeren Sozialabgaben. Es wird gesetzlich auch sichergestellt, dass die Arbeitnehmer durch die reduzierten Rentenversicherungsbeiträge keine Nachteile bei den Rentenversicherungsleistungen haben.

11 Lohn- und Gehaltsansprüche aus dem Arbeitsvertrag

11.1 Überblick

Wenn sich der Unternehmer entscheidet, Arbeitnehmer einzustellen, um seine Geschäfte auf breitere Basis zu stellen, sollte er einige Grundlagen des Arbeitsrechts kennen.

Nachfolgende Erläuterungen geben Ihnen einen ersten Überblick über die wichtigsten Ansprüche im laufenden Arbeitsverhältnis.

Der Arbeitsvertrag kommt durch die Einigung zwischen Arbeitgeber und Arbeitnehmer über die entgeltliche Leistung von Diensten zustande.

Einer bestimmten **Formvorschrift** unterliegt der Arbeitsvertrag nicht (Ausnahme bei Befristungen). Er kann schriftlich, genauso aber auch mündlich oder durch schlüssiges Verhalten abgeschlossen werden.

Das **Nachweisgesetz** verpflichtet den Arbeitgeber lediglich, die vereinbarten Vertragsbedingungen spätestens einen Monat nach Arbeitsbeginn schriftlich zu dokumentieren.

Hinweis

Gemäß § 611 Abs. 1 BGB ist der Arbeitgeber zur Zahlung der vereinbarten Vergütung an den Arbeitnehmer verpflichtet.

Die Zahlung der (vereinbarten) Vergütung stellt die Hauptleistungspflicht des Arbeitgebers als Gegenleistung für die vom Arbeitnehmer erbrachte Arbeitsleistung dar. Seit 01.01.2015 besteht in Deutschland ein gesetzlicher Mindestlohn[87], der grds. von allen Arbeitgebern für nahezu alle Arbeitnehmer eingehalten werden muss. Daneben existieren seit einigen Jahren branchenspezifische Mindestlöhne, die betroffene Arbeitgeber ebenfalls zwingend einhalten müssen.

---

87 Siehe näher ▸*Kapitel D 13.3 Gesetzlicher Mindestlohn*

Ungeachtet des gesetzlichen oder der branchenüblichen Mindestlöhne, kann der Arbeitgeber nicht völlig frei über die Vergütung des Arbeitnehmers disponieren. Bei ansonsten zwingend anwendbaren Tarifverträgen muss der Arbeitgeber deren Löhne und Gehälter als Mindestentgelt beachten. Selbst ohne Tarifbindung kann sich ein deutlich zu geringes Entgelt (oberhalb des gesetzlichen Mindestlohns) wegen eines wucherähnlichen Rechtsgeschäfts als sittenwidrig und damit unwirksam herausstellen.

Treffen die Arbeitsvertragsparteien ausnahmsweise keine Vereinbarung über die Höhe der Vergütung, so gilt nach § 612 BGB die **übliche Vergütung** als vereinbart. Diese kann sich z. B. aus einem für die Branche und Region des Arbeitgebers abgeschlossenen Tarifvertrag ergeben.

Beispiel: Zwischen dem Arbeitgeber und seinem Auszubildenden A war lange vor Abschluss der Ausbildung klar, dass A übernommen wird. Nach Bestehen seiner mündlichen Prüfung kommt A am darauffolgenden Tag an seinen Arbeitsplatz und erledigt die gleichen Aufgaben wie vor seiner Prüfung.

Hierdurch ist (konkludent, also durch schlüssiges Verhalten, sowie nach § 24 BBiG) ein Arbeitsvertrag abgeschlossen worden. Die Höhe der Vergütung wurde zwischen den Parteien nicht vereinbart. A hat daher nach § 612 BGB Anspruch auf die übliche Vergütung, die sich z. B. nach vergleichbaren Berufsanfängern im Unternehmen des Arbeitgebers richtet.

11.1.1 Vergütungsbestandteile

Die Vergütung des Arbeitnehmers kann sich in der Praxis aus diversen Bestandteilen zusammensetzen. In der Regel erhalten Arbeitnehmer eine **Grundvergütung** als Stundenlohn oder Monatsgehalt.[88]

Neben der Fixvergütung können **variable Vergütungsbestandteile**, wie etwa Prämien und Provisionen, Boni oder Tantiemen einen Teil des Gehalts darstellen.

---

[88] In der Regel erhalten kaufmännische Mitarbeiter (Angestellte) ein Gehalt als monatliche Vergütung, gewerbliche Arbeitnehmer dagegen einen Stundenlohn. Diese Unterscheidung hat nur noch traditionelle Gründe, ist aber nicht zwingend. Ebenso gut kann mit einem Angestellten ein Stundenlohn und mit einem gewerblichen Mitarbeiter eine Monatsvergütung vereinbart werden.

Gerade im Anwendungsbereich von Tarifverträgen spielen diverse **Zuschläge und Zulagen** eine erhebliche Rolle. Zuschläge werden oftmals für Überstunden, die Arbeit an Sonn- und Feiertagen oder die Nachtarbeit gewährt. Manche Tarifverträge sehen zudem Zuschläge für die ungünstige Verteilung der Arbeitszeit innerhalb der Arbeitswoche vor (Schicht-, Wechselschicht- oder Spätschichtzuschlag). Wird die Arbeit unter besonders schwierigen Bedingungen erbracht, leisten Arbeitgeber oftmals einen Erschwerniszuschlag, Gefahrenzulagen oder auch eine Schmutzzulage.

Überstundenzuschläge

Das Arbeitszeitgesetz (ArbZG) regelt die Zulässigkeit von Überstunden. Das Betriebsverfassungsgesetz gibt dem Betriebsrat[89] ein Mitbestimmungsrecht bei einer vorübergehenden Verlängerung der betriebsüblichen Arbeitszeit.

Hinweis

Einen Anspruch auf Zuschläge für Überstunden hat der Gesetzgeber dagegen nicht geregelt. Die Arbeit im Rahmen der vereinbarten Arbeitszeit ist grds. ebenso viel wert, wie die Arbeit darüber hinaus.

Tarifverträge sehen dagegen in der Regel Zuschläge für Überstunden vor (ca. 25 bis 35 % des vereinbarten Entgelts).

[89] Bei mindestens fünf wahlberechtigten Beschäftigten ist es möglich, einen Betriebsrat zu gründen. Wahlberechtigt sind alle Arbeitnehmer des Betriebes, die am letzten Tag der Wahl das 18. Lebensjahr vollendet haben.

Zuschläge für ungünstige Arbeitszeit

Die gleichen Grundsätze gelten auch, wenn der Arbeitnehmer ungünstige Arbeitszeiten, wie etwa an Sonn- und Feiertagen, am Wochenende oder im Schichtdienst leisten muss.

Aus § 11 ArbZG ergibt sich kein gesetzlicher Anspruch auf Sonn- und Feiertagszuschläge. Gleiches gilt für Mitarbeiter, die in Schicht oder Wechselschicht arbeiten.

Pauschale Vergütung für Bereitschaftsdienste

Werden Bereitschaftsdienste pauschal zusätzlich zum Grundlohn ohne Rücksicht darauf vergütet, ob die Tätigkeit an einem Samstag oder Sonntag erbracht wird, handelt es sich dabei nicht um steuer- freie Zuschläge für Sonn-, Feiertags- und Nachtarbeit[90].

Wechselschichtzuschläge im öffentlichen Dienst

Die im öffentlichen Dienst gezahlte Zulage für Dienst zu wechselnden Zeiten ist nicht als Zuschlag für Sonn-, Feiertags- und Nachtarbeit zuschlagsfrei[91].

Steuerfreiheit der Zuschläge im Veranlagungsverfahren

Werden nachweislich Zuschläge für tatsächlich geleistete Sonn-, Feiertags- und Nachtarbeit neben dem Grundlohn gezahlt, kann der Arbeitnehmer die Steuerfreiheit im Rahmen der Einkommensteuerveranlagung auch dann geltend machen, wenn der Arbeitgeber die Zuschläge im Lohnsteuerabzugsverfahren nicht als steuerfrei behandelt hat[92].

Nachtarbeit

Soweit nicht ohnehin tarifvertragliche Ausgleichsregelungen anzuwenden sind, hat der Arbeitgeber dem Nachtarbeitnehmer für die während

---

[90] (BFH-Urteil vom 29.11.2016, BStBl.2017 II S.718)

[91] (BFH-Urteil vom 12.02.2017, BStBl. II S.644)

[92] (BFH Beschluss vom 29.11.2017,VI B 45/17, BFH/NV 2018 S. 333)

der Nachtarbeit geleisteten Arbeitsstunden eine **angemessene Zahl (bezahlter) freier Tage oder einen angemessenen Zuschlag** auf das ihm hierfür zustehende Bruttoarbeitsentgelt zu gewähren.

Es handelt sich um eine Wahlschuld des Arbeitgebers. Der Arbeitgeber kann nach billigem Ermessen bestimmen, wie er den Ausgleich vornimmt.

Nach Ansicht des BAG ist regelmäßig ein **Zuschlag in Höhe von 25 %** auf den Bruttoarbeitslohn (bzw. die entsprechende Anzahl freier Tage) für die zwischen 23.00 Uhr und 06.00 Uhr geleisteten Nachtarbeitsstunden angemessen.[93] Eine Reduzierung der Höhe des Nachtzuschlags kommt in Betracht, wenn während der Nachtzeit **eine spürbar geringere Arbeitsbelastung** besteht (z. B. durch Arbeitsbereitschaft oder Bereitschaftsdienst). Liegt dagegen **eine erhöhte Belastung** vor, wie z. B. bei Dauernachtarbeit, erhöht sich der Anspruch regelmäßig auf einen Nachtarbeitszuschlag in Höhe von 30 % (bzw. die entsprechende Anzahl freier Tage).

Achtung!

Denken Sie bitte daran, dass das Einkommensteuergesetz (§ 3b EStG) steuerfreie Zuschläge für die Arbeit an Sonn- und Feiertagen erlaubt. Ebenso wie für Nachtarbeit. Die prozentualen Steuerfreigrenzen sind je nach Art des Zuschlages unterschiedlich hoch. Außerdem gelten für die Nachtarbeit im steuerlichen Sinne und der Nachtarbeit nach dem Arbeitszeitgesetz unterschiedliche zeitliche Vorgaben. Besprechen Sie dieses Thema bitte mit Ihrem Steuerberater und ggf. Anwalt. Nach Ansicht des BAG ist z. B. ein „Nachtzuschlag", der für einen Zeitraum vor 23.00 Uhr (nach § 3b EStG besteht Steuerfreiheit ab 20.00 Uhr!) gezahlt wird, nicht auf den (ggf. verpflichtenden) Nachtzuschlag zwischen 23.00 Uhr und 06.00 Uhr („Nachtarbeit" nach dem Arbeitszeitgesetz) anrechenbar. Es handelt sich also um ein schwieriges Thema mit vielen Detailfragen.

93 BAG vom 09.12.2015 (10 AZR 423/14)

Sachbezüge

Neben den genannten Vergütungsbestandteilen, die in Geld geleistet werden, spielen in der Praxis Sachbezüge ebenfalls eine wichtige Rolle. Der Klassiker dabei ist der Dienstwagen, der dem Arbeitnehmer auch zur privaten Nutzung überlassen wird. Die Privatnutzung des Dienstwagens stellt einen Entgeltvorteil dar, der lohnsteuer- und sozialversicherungspflichtig ist. Weitere typische Sachbezüge sind die Überlassung einer Dienstwohnung, Personalrabatte, vom Arbeitgeber gestellte Mahlzeiten oder Tankgutscheine.

11.1.2 Sonderzuwendungen

Auf die Zahlung einer Sonderzuwendung hat der Arbeitnehmer weder kraft Gesetzes, Gewohnheitsrechts noch der Fürsorgepflicht des Arbeitgebers einen Rechtsanspruch.

Sonderzuwendungen werden überwiegend in Tarifverträgen geregelt.

Ist kein Tarifvertrag anwendbar, steht es dem Arbeitgeber frei, ob und in welcher Höhe er Sonderzahlungen leisten möchte.

Der Arbeitgeber hat daher auch die Wahl, die Voraussetzungen einer Sonderzahlung festzulegen.

Eine Sonderleistung kann vergangenheits- oder zukunftsbezogene Leistungszwecke haben und jeweils oder in Kombination die Belohnung bisheriger Dienste und erwiesener Betriebstreue bezwecken als auch zum Anreiz für künftige Betriebstreue dienen.

Möchte der Arbeitgeber die zukünftige Betriebstreue des Arbeitnehmers belohnen, sind Stichtagsregelungen und Rückzahlungsklauseln grds. zulässig.

Wird mit der Gratifikation dagegen eine **Leistung** des Arbeitnehmers aus der Vergangenheit bezahlt (letztes Jahr, letztes Halbjahr, etc.) scheiden Stichtagsregelungen und Rückzahlungsklauseln aus, da der Arbeitnehmer sich in diesen Fällen die Sonderzuwendung bereits „erarbeitet“ hat.

Sie können als Unternehmer **Stichtagsregelungen und Rückzahlungsvorbehalte** vereinbaren. Worauf Sie hier achten müssen, möchten wir Ihnen nachstehend erläutern.

Wir empfehlen Ihnen, sich bei der Gestaltung Ihrer Verträge arbeitsrechtlich beraten zu lassen. Im Arbeitsrecht fachkundige Rechtsanwälte sind hier der richtige Ansprechpartner.

Stichtagsregelung

Wird eine Sonderzahlung des Arbeitgebers unter den Vorbehalt gestellt, dass diese nur dann gewährt wird, wenn sich das **Arbeitsverhältnis zu einem bestimmten Zeitpunkt nicht im gekündigten Zustand befindet**, liegt in der Regel eine Prämie für zukünftige Betriebstreue vor.

Stichtagsregelungen sind zulässig, wenn die Betriebstreue des Arbeitnehmers belohnt werden soll, wenn sie den Arbeitnehmer nicht in unzulässiger Weise in seiner Berufsfreiheit behindern und keine unangemessene Benachteiligung darstellen.

Stichtagsregelungen sind **nicht** möglich, wenn es sich bei Sonderzuwendung um eine **Leistung mit Vergütungscharakter** handelt. Solche dürfen nicht vom Fortbestehen des Arbeitsverhältnisses zu einem bestimmten Zeitpunkt abhängig gemacht werden, da der Arbeitnehmer die versprochene Prämie durch seine Arbeitsleistung bereits verdient hat. Auch die **Bezeichnung der Gratifikation** kann ein Indiz bilden: z. B. spricht ein „13. Monatsgehalt" für eine vergangenheitsbezogene Vergütung, da der Arbeitgeber einen Teil der monatlichen Vergütung in einer Summe zusammenfasst.

Dagegen sprechen „Weihnachtsgeld" oder „Urlaubsgeld" für eine leistungsunabhängige Vergütung. Der Arbeitgeber zahlt diese für die mit Weihnachten oder einer Urlaubsreise verbundenen erhöhten Aufwendungen.

Das BAG geht davon aus, dass eine Prämie, die sich in **Abhängigkeit von der Erreichung persönlicher oder unternehmerischer Ziele berechnet**, keine Treueprämie, sondern die Vergütung für bereits erbrachte Leistungen des Arbeitnehmers darstellt.

Rückzahlungsvorbehalt

Sondervergütungen können unter bestimmten Voraussetzungen mit einem Rückzahlungsvorbehalt versehen werden.

Zulässig sind Rückzahlungsvorbehalte nur dann, wenn sie den Arbeitnehmer nicht in unzulässiger Weise in seiner garantierten Berufsausübungsfreiheit behindern.

Aus diesem Gesichtspunkt heraus hat das BAG Grenzwerte für maximale Bindungsfristen entwickelt:

Für geringfügige Gratifikationen bis **100,00 Euro** (1982: 200,00 DM) sind Rückzahlungsvorbehalte **unzulässig**.

Für Sondervergütungen **bis zu einem Monatsgehalt** sind Bindungsfristen bis einschließlich **zum 31.03.** des Folgejahres zulässig. Bei höheren Sonderzuwendungen auch länger, in der Regel aber nicht über den 30.06. hinaus.

Hinweis

Beendigung im Verantwortungsbereich des Arbeitgebers

Eine **Stichtagsregelung ist nicht allein deshalb unwirksam**, weil sie nicht danach differenziert, ob der **Grund für die Kündigung** des Arbeitsverhältnisses im Verantwortungsbereich des Arbeitnehmers oder des Arbeitgebers liegt. Eine Klausel ohne Differenzierung benachteiligt den Arbeitnehmer nicht entgegen den Geboten von Treu und Glauben unangemessen.[94]

Ob eine Differenzierung nach der Verantwortlichkeit für die Kündigung **bei Vereinbarung einer Rückzahlungsklausel** vorgenommen werden muss, hat das BAG bisher ausdrücklich offengelassen.

---

[94] BAG vom 18.01.2012 – 10 AZR 667/10

11.1.3 Fälligkeit des Arbeitsentgelts

Die Vergütung ist **nach Leistung der Arbeit** zu entrichten. Der Arbeitnehmer ist also grds. vorleistungspflichtig.

Ist die Vergütung nach Zeitabschnitten bemessen, so ist sie nach Ablauf der einzelnen Zeitabschnitte fällig. Für kaufmännische Angestellte kann der **Zeitabschnitt nicht über einen Monat hinaus** erstreckt werden. Die Vergütung ist demzufolge jeweils zum Monatsletzten für den Kalendermonat zu bezahlen.

Eine von § 614 BGB abweichende Fälligkeitsvereinbarung für die laufende Vergütung ist zulässig, auch in Formulararbeitsverträgen.

Gerade im Hinblick auf das Mindestlohngesetz (MiLoG) sollten auch in Formulararbeitsverträgen eindeutige Regelungen zur Fälligkeit des Arbeitsentgelts enthalten sein. Der gesetzliche Mindestlohn ist im Anwendungsbereich des Mindestlohngesetzes zwingend spätestens zum letzten Bankarbeitstag (bezogen auf Frankfurt a.M.) des Folgemonats zu bezahlen (also Mindestlohn für die im Januar geleisteten Stunden spätestens am letzten Bankarbeitstag im Februar).

Für bestimmte Berufsgruppen oder Personen bestehen zwingende Sonderregelungen:

- § 18 Abs. 2 BBiG: Für Auszubildende ist die Vergütung für den laufenden Kalendermonat spätestens am letzten Arbeitstag des Monats zu zahlen.
- § 64 HGB: Für Handlungsgehilfen (Angestellte bei einem Kaufmann = gewerblicher Betrieb, nicht Angestellte bei z. B. Steuerberater, Anwalt, etc.) ist das Gehalt zwingend am Schluss jedes Monats zu bezahlen.

Gerade zu Beginn einer Unternehmertätigkeit wird häufig mit sogenannten „geringfügig Beschäftigten“ gearbeitet. Für diese Arbeitnehmer gibt es zwar Sonderregelungen im Steuer- und Sozialversicherungsrecht, aber im Arbeitsrecht gibt es keine Besonderheiten.

11.1.4 Vergütung von Überstunden

Eine ausdrückliche gesetzliche Regelung über die Höhe der Überstundenvergütung existiert nicht. Maßgeblich sind daher die vertraglichen oder tarifvertraglichen Regelungen. Fehlt eine vertragliche Vereinbarung, gilt eine Vergütung als stillschweigend vereinbart. Der Arbeitnehmer erhält dann für geleistete Überstunden den üblichen Stundenverdienst, denn der Arbeitgeber muss davon ausgehen, dass der Arbeitnehmer angeordnete Überstunden nur gegen eine Vergütung leistet.

Zuschläge fallen nur an, wenn sie gesondert vereinbart wurden oder eine tarifvertragliche Grundlage dies zwingend vorsieht. Überstundenzuschläge sind üblicherweise nur für gewerbliche Mitarbeiter vorgesehen.

Überstunden sind grds. zu vergüten. Die Arbeitsvertragsparteien können aber auch einen bezahlten Freizeitausgleich vereinbaren. Ist der Arbeitgeber berechtigt, den Arbeitnehmer zum Ausgleich geleisteter Überstunden von der Arbeit frei zu stellen, hat die Freistellungsanordnung billigem Ermessen zu entsprechen.[95]

Zur Umrechnung einer Bruttomonatsvergütung in eine Stundenvergütung kann die „3/13-Methode" angewendet werden:

Bruttomonatsentgelt × 3 Monate : 13 Wochen : vereinbarte Arbeitszeit pro Woche.

(52 Wochen im Kalenderjahr ergeben 12 Monaten oder gekürzt 13 Wochen ergeben 3 Monate!)

Beispiel: Nach dieser Berechnungsmethode würde sich bei einem Bruttomonatsgehalt von 4.500,00 Euro und einer regelmäßigen Arbeitszeit von 40 Stunden pro Woche eine durchschnittliche Stundenvergütung in Höhe von 25,96 Euro ergeben.

Berechnung: 4.500,00 Euro × 3 Monate : 13 Wochen = 1.038,46 Euro pro Woche
1.038,46 Euro pro Woche : 40 Stunden/Woche = 25,96 Euro

[95] Schaub, Arbeitsrecht-Handbuch, § 69, Rn. 12

Vereinbarte Pauschalabgeltung von Überstunden

Eine arbeitsvertragliche Vereinbarung,[96] nach der **sämtliche Überstunden pauschal mit der Grundvergütung abgegolten** sind, der Arbeitgeber sich gleichzeitig aber das Recht einräumt, einseitig Überstunden anzuordnen, stellt eine krasse Beeinträchtigung des Äquivalenzverhältnisses und damit eine unangemessene Benachteiligung des Arbeitnehmers dar.[97]

Nach Ansicht des BAG ist die pauschale Vergütung von Mehrarbeit regelnde Klausel nur dann klar und verständlich,[98] wenn sich aus dem Arbeitsvertrag selbst ergibt, welche Arbeitsleistungen von ihr erfasst werden sollen. Dazu muss die **konkrete Begrenzung hinsichtlich des Umfangs** der zu leistenden Überstunden so bestimmbar sein, dass der Arbeitnehmer bereits bei Vertragsschluss erkennen kann, was ggf. auf ihn zukommt und welche Leistung er für die vereinbarte Vergütung maximal erbringen muss.

Eine Begrenzung auf die „gesetzlich zulässige Arbeitszeit", also die maximale Arbeitszeit im Sinne von § 3 ArbZG, genügt nicht. Die Begrenzung muss sich aus der Vertragsgestaltung selbst ergeben.

Das BAG ist der Ansicht, eine mündlich vereinbarte Abgeltung der ersten 20 Überstunden im Monat sei nicht überraschend nach § 305c Abs. 1 BGB. Abgeltungsklauseln für Überstunden wären in der Praxis nicht ungewöhnlich und daher für den Arbeitnehmer auch **nicht überraschend**.

Zudem sei die Klausel auch **nicht intransparent** im Sinne von § 307 BGB. Eine Vereinbarung zur Abgeltung von Überstunden sei klar und verständlich, wenn sich aus dem Arbeitsvertrag selbst ergebe, welche Arbeitsleistung in welchem zeitlichen Umfang von ihr erfasst werden soll. Der Arbeitnehmer müsse wissen, welche Leistung er für die vereinbarte Vergütung maximal erbringen muss.

---

[96] Die Einschränkungen gelten jedenfalls, wenn die Pauschalabgeltung im Rahmen eines Formulararbeitsvertrages vereinbart wurde, da ein solcher Allgemeine Geschäftsbedingungen darstellt und damit die strengen Regelungen der §§ 305 ff. BGB gelten.

[97] Erfurter Kommentar zum Arbeitsrecht, §§ 305-310 BGB, Rn. 92; Ausnahmen können sich bei einer Vergütung oberhalb der jeweiligen Beitragsbemessungsgrenze in der Rentenversicherung ergeben;

[98] und damit nach AGB-Recht zulässig.

Hinweis

Das BAG nimmt in seinen bisherigen Entscheidungen eine **reine formelle Überprüfung** vor. Ob die Anzahl der monatlich in der Grundvergütung enthaltenen Überstunden der Höhe nach in Ordnung war, hat das BAG noch nicht anhand der Vorgaben des Rechts der Allgemeinen Geschäftsbedingungen geprüft.

Daher bleibt die Frage offen, ob die Abgeltung von 20 Überstunden im Monat bei einer 40-Stunden-Woche den Arbeitnehmer unangemessen benachteiligen kann. Hier muss die weitere Rechtsprechung abgewartet werden.

Sind nach dem Arbeitsvertrag exakt bezifferte oder bezifferbare, geringfügige Überschreitungen (bis circa 10 %) %; teilweise wird eine Überschreitung bis zu 20 % für zulässig erachtet) der regelmäßigen Arbeitszeit mit dem vereinbarten Gehalt pauschal abgegolten, sind solche Vereinbarungen auch unter Geltung der §§ 305 ff. BGB wirksam.[99]

Die Vereinbarung einer **Pauschale zuzüglich zur Grundvergütung zur Abgeltung** einer definierten Zahl von Überstunden pro Woche/Monat, ist nach diesen Gesichtspunkten ebenfalls zulässig (soweit keine Sittenwidrigkeit oder unangemessene Benachteiligung in der Höhe der Pauschale vorliegt).

Es muss jeweils aber gewährleitet sein, dass der Arbeitnehmer unter Berücksichtigung seiner etwaigen Mehrarbeit zumindest den gesetzlichen Mindestlohn erhält. Ist ein Tarifvertrag zwingend auf das Arbeitsfeld des anzuwenden, muss sich eine Pauschalierungsabrede auch an den Regelungen des Tarifvertrages messen lassen.

---

99 Erfurter Kommentar zum Arbeitsrecht, §§ 305-310 BGB, Rn. 92

Zwingende Anwendung eines Tarifvertrages

11.1.5 Tarifbindung

Der Arbeitgeber ist grds. frei, mit seinen Arbeitnehmern individuelle Arbeitsbedingungen festzulegen, sofern sich diese in den Grenzen der bestehenden Gesetze[100] und der AGB-Regelungen halten. Dabei kann der Arbeitgeber auch mit **verschiedenen Mitarbeitern unterschiedliche Arbeitsbedingungen** trotz der gleichen Tätigkeit im Einzelfall verhandeln (bis zur Grenze der Diskriminierungsvorschriften des AGG).

Der Arbeitgeber kann mit dem Lagerarbeiter A ein Bruttomonatsgehalt von 1.600,00 Euro, mit B 1.750,00 Euro und mit C eine Stundenvergütung von 12,40 Euro vereinbaren.

Unzulässig wegen Verstoßes gegen das AGG wäre ein Bruttomonatsentgelt für alle weiblichen Lagerarbeiter i. H. v. 1.600,00 Euro und für alle männlichen Lagerarbeiter i. H. v. 1.800,00 Euro.

Die beschriebene Freiheit kann jedoch eingeschränkt sein, wenn ein Tarifvertrag auf das Arbeitsverhältnis zwingend Anwendung findet.

Die Normen eines Tarifvertrages gelten unmittelbar und zwingend zwischen den **beiderseits Tarifgebundenen**. Tarifgebunden sind der Arbeitgeber, der selbst Partei des Tarifvertrags ist,[101] und die Mitglieder der Tarifvertragsparteien. Die zwingende und unmittelbare Geltung der Normen eines Tarifvertrages setzt also – sofern nicht ausnahmsweise ein Haustarifvertrag abgeschlossen wurde – voraus, dass der Arbeitgeber Mitglied im Arbeitgeberverband und der Arbeitnehmer Mitglied in der tarifschließenden Gewerkschaft ist.

Auch ohne beiderseitige, kongruente Tarifbindung ist ein Tarifvertrag auf das Arbeitsverhältnis zwingend anzuwenden, wenn er durch das Bundesministerium für Arbeit und Soziales für **allgemeinverbindlich** erklärt worden ist. Dann sind alle Arbeitsverhältnisse im räumlichen, zeitlichen, betrieblichen, fachlichen und örtlichen Geltungsbereich des Tarifvertrages dem normativen Teil eines Tarifvertrages unterworfen,

---

[100] Dies gilt seit 01.01.2015 insbesondere für den gesetzlich zwingenden Mindestlohn.

[101] Relevant bei Abschluss eines Haus- oder Firmentarifvertrages.

auch wenn die Parteien des betroffenen Arbeitsverhältnisses ansonsten nicht tarifgebunden sind. Dies gilt unabhängig von der Kenntnis des Tarifvertrages.[102]

Hinweis

Ist ein Tarifvertrag wegen beidseitiger, kongruenter Tarifbindung oder wegen Allgemeinverbindlichkeit zwingend auf das Arbeitsverhältnis anzuwenden, gilt dieser unabhängig von der Betriebsgröße des Arbeitgebers. Auch der Unternehmer, der seinen ersten Angestellten beschäftigt, muss in diesem Fall den Tarifvertrag zwingend anwenden.[103]

Letztlich kann ein Tarifvertrag durch **individualrechtliche Bezugnahme** zum Gegenstand des Arbeitsvertrages werden. Dies ermöglicht es, einheitliche Arbeitsbedingungen für alle Arbeitnehmer eines Betriebes herbeizuführen. Zu unterscheiden ist zunächst zwischen einer deklaratorischen (bei Tarifgebundenheit der Parteien) und einer konstitutiven Bezugnahme (ohne Bezugnahme findet kein Tarifvertrag auf das Arbeitsverhältnis Anwendung).

Des Weiteren kann eine Bezugnahmeklausel statisch, halbdynamisch oder volldynamisch ausgestaltet sein. Wenn ein genau definierter Tarifvertrag in Bezug genommen wird, liegt eine statische Bezugnahme vor. Eine solche ist halbdynamisch, wenn auf den jeweils im fachlichen Geltungsbereich zeitlich geltenden Tarifvertrag verwiesen wird. Schließlich ist die Bezugnahme volldynamisch, wenn eine Verweisung auf den Tarifvertrag vorgenommen wird, in dessen Geltungsbereich der Betrieb jeweils fällt.

---

[102] Eine jeweils aktuelle Übersicht über die allgemeinverbindlichen Tarifverträge findet sich auf den Internetseiten des Bundesministeriums für Arbeit und Soziales (*www.bmas.de*) unter dem Stichwort „Arbeitsrecht".

[103] Ausnahmen bestehen im Einzelfall für Leistungen, die den Arbeitgeber besonders belasten (z. B. ein durchsetzbarer Anspruch auf Altersteilzeit, der oftmals erst ab einer bestimmten Betriebsgröße wirkt).

Bezugnahme Klauseln – Beispiele

Statische Bezugnahme auf bestimmten Tarifvertrag

> *„Im Übrigen sind die Bestimmungen des Tarifvertrages für die gewerblichen Arbeitnehmer des bayerischen Groß- und Außenhandels in der Fassung vom 14.04.2006 anzuwenden."*

Kleine dynamische Bezugnahmeklausel

> *„Im Übrigen sind die Bestimmungen des Manteltarifvertrages für die gewerblichen Arbeitnehmer des Bayerischen Groß- und Außenhandels in ihrer jeweils gültigen Fassung anzuwenden."*

Große dynamische Verweisklausel

> *„Im Übrigen gelten die Bestimmungen der für den Betrieb des Arbeitgebers jeweils einschlägigen Tarifverträge in ihrer jeweils gültigen Fassung".*

11.1.6 Aufgabe der Grundsätze zur Tarifeinheit

Durch die Aufgabe der Rechtsprechung zur sogenannten „Tarifeinheit" durch das BAG in 2010 ist eine völlig neue tarifliche Ausgangssituation in den Unternehmen gegeben.

Tarifpluralität, Tarifkonkurrenz und Tarifeinheit

Eine Tarifpluralität liegt vor, wenn innerhalb eines Betriebs der Arbeitgeber an mehrere Tarifverträge gebunden ist, deren Geltungsbereiche sich – zumindest teilweise – überschneiden und je nach Gewerkschaftsmitgliedschaft des einzelnen Arbeitnehmers der eine oder der andere Tarifvertrag unmittelbar und zwingend für das Arbeitsverhältnis gilt. Dies konnte nach bisherigem Recht z. B. dann der Fall sein, wenn ein Arbeitgeber – etwa nach einer Fusion – Mitglied in zwei verschiedenen Arbeitgeberverbänden war.

Tarifkonkurrenz wurde angenommen, wenn mehrere Tarifverträge mit sich überschneidenden Regelungsbereichen auf dasselbe Arbeitsverhältnis nach ihrem zeitlichen, räumlichen, betrieblichen und persönlichen Geltungsbereich Anwendung fanden. Nachdem sich der Marburger Bund von der Tarifgemeinschaft mit ver.di löste, war dies etwa für Krankenhausärzte der Fall, die sowohl dem Geltungsbereich des mit ver.di abgeschlossenen TVöD/VKA oder TV-L als auch dem TV-Ärzte, der mit dem Marburger Bund verhandelt wurde, angehören konnten.

Die meisten Fälle einer Tarifpluralität oder Konkurrenz konnten durch den Spezialitätsgrundsatz (der speziellere Haustarifvertrag verdrängt z. B. den Flächentarifvertrag in den geregelten Bereichen) oder durch den Grundsatz des Vorrangs des engeren räumlichen Geltungsbereichs (der Tarifvertrag für ein Bundesland verdrängt den Tarifvertrag für das gesamte Bundesgebiet) gelöst werden.

Die übrigen Fälle einer Tarifpluralität hatte das BAG bis zu Beginn des Jahres 2010 nach dem **Grundsatz der Tarifeinheit** dahingehend aufgelöst, dass unabhängig von der Tarifgebundenheit in einem Betrieb nur ein Tarifvertrag angewendet werden sollte. Waren für den Betrieb mehrere Tarifverträge einschlägig, sollte der dem Betrieb räumlich, betrieblich und persönlich am nächsten stehende und deshalb den Eigenarten und Erfordernissen des Betriebs und der darin tätigen Arbeitnehmer am besten Rechnung tragende Tarifvertrag gelten. Im Ergebnis war dies der Tarifvertrag, den die im Betrieb mitgliedsstärkste Gewerkschaft abgeschlossen hatte.

Dies konnte z. B. zur Folge haben, dass das Küchenpersonal in einem großen Metallbetrieb nicht nach dem Hotel- und Gaststättentarifvertrag, sondern nach dem Metalltarif mit der IG-Metall (wie auch die übrigen Mitarbeiter, z. B. in der Produktion) behandelt wurden.

Aufgabe der Tarifeinheit

Im Zusammenhang mit den Tarifbemühungen des Marburger Bundes hat das BAG 2010 seine frühere Rechtsprechung zum Grundsatz der Tarifeinheit aufgegeben und lässt das parallele Bestehen mehrerer Tarifverträge nebeneinander im gleichen Betrieb zu („Gewillkürte Tarifpluralität"). Auf das einzelne Arbeitsverhältnis anzuwenden ist der jeweilige Tarifvertrag, an den die Tarifvertragsparteien (Arbeitgeber und der einzelne Arbeitnehmer) gebunden sind.

Im Bereich der Flächentarifverträge hat es der Arbeitgeber in der Hand, die Tarifpluralität für seinen Betrieb dadurch zu verhindern, dass er nur einem Arbeitgeberverband beitritt. Problematisch ist die Situation lediglich dann, wenn der Arbeitgeberverband ausnahmsweise mit mehreren Gewerkschaften Tarifverträge abschließt.

Der Gesetzgeber hat auf die Rechtsprechungsänderung mit dem Gesetz zur Tarifeinheit (Tarifeinheitsgesetz) reagiert, durch das insbesondere § 4a Tarifvertragsgesetz (TVG) angepasst wurde. Danach sind bei kollidierenden Tarifverträgen in einem Betrieb nur die Rechtsnormen des Tarifvertrags derjenigen Gewerkschaft anwendbar, die zum Zeitpunkt des Abschlusses des zuletzt abgeschlossenen Tarifvertrags im Betrieb die meisten Mitglieder hat (§ 4a TVG).

Das Tarifeinheitsgesetz soll gewährleisten, dass wieder primär ein einheitlicher Tarifvertrag in einem Unternehmen gilt und unverhältnismäßige Streiks von kleineren Gewerkschaften verhindert werden.

Günstigkeitsprinzip

Zwingende tarifvertragliche Regelungen geben die Arbeitsbedingungen vor, von denen die Arbeitsvertragsparteien grds. nicht abweichen können. Als Ausdruck der Privatautonomie sind abweichende Vertragsabreden zu Gunsten des Arbeitnehmers aber rechtlich zulässig.[104]

Kollidieren tarifvertragliche Regelungen mit Absprachen im Arbeitsvertrag, ist das Günstigkeitsprinzip anzuwenden. Danach sind abweichende Abmachungen nur zulässig, wenn sie (durch den Tarifvertrag gestattet sind oder) eine Änderung der Regelungen zu Gunsten des Arbeitnehmers enthalten. Abweichende Abmachungen in diesem Sinne können individualvertragliche Abreden, Allgemeine Arbeitsbedingungen oder betriebliche Übungen sein.

Von zwingenden und unmittelbar geltenden Tarifnormen kann demzufolge nur abgewichen werden, wenn die Vereinbarung für den Ar-

---

[104] in manchen Satzungen der Arbeitgeberverbände (z. B. beim kommunalen Arbeitgeberverband Bayern) verpflichten sich die Mitglieder, also die Arbeitgeber, von den tariflichen Ansprüchen auch nicht zugunsten der Arbeitnehmer abzuweichen. Diese Verpflichtung hat aber im Verhältnis zwischen Arbeitgeber und Arbeitnehmer keine Auswirkung.

beitnehmer günstiger ist. Das Gesetz enthält keine Vorgabe, wie der Günstigkeitsvergleich vorzunehmen ist. Sofern nur quantitative Fragen betroffen sind (z. B. höherer oder niedrigerer Stundenlohn), lässt sich die Günstigkeit relativ einfach bestimmen. Sobald aber Rechte und Pflichten des Arbeitnehmers in einem unlösbaren Zusammenhang stehen, ist die Bestimmung der günstigeren Regelung oftmals schwierig.

Nach Ansicht des BAG ist ein individueller Günstigkeitsvergleich anhand objektiver Beurteilungskriterien vorzunehmen. Dabei darf aber nicht im Sinne einer „Rosinentheorie“ jeder Regelungsgegenstand einzeln bewertet werden. Vielmehr ist ein Sachgruppenvergleich derjenigen Regelungen vorzunehmen, die miteinander in einem sachlichen Zusammenhang stehen.

Beispiel: Nach dem (zwingend anwendbaren) Tarifvertrag hat der Arbeitnehmer einen tariflichen Urlaubsanspruch von 30 Arbeitstagen (auf Basis einer Fünf-Tage-Woche). Nach dem Arbeitsvertrag stehen dem Arbeitnehmer nur 28 Arbeitstage Urlaub zu. Dafür erhält er ein zusätzliches Urlaubsgeld in Höhe eines halben Bruttomonatsgehalts, das der Tarifvertrag nicht vorsieht.

Für die Frage, ob die tarifliche Regelung oder die im Arbeitsvertrag vorgenommene Vereinbarung nach dem Günstigkeitsprinzip anzuwenden ist, muss im Rahmen eines Sachgruppenvergleichs die gesamte Urlaubsregelung herangezogen werden. Zwar hatte der Arbeitnehmer nach dem Arbeitsvertrag zwei Arbeitstage weniger Urlaub, erhält aber im Gegenzug ein halbes Bruttogehalt als zusätzliches Urlaubsgeld. Bei einer individuellen objektiven Betrachtung fällt daher die Regelung im Arbeitsvertrag günstiger aus als im Tarifvertrag. Im Ergebnis stehen dem Arbeitnehmer daher (nur) 28 Arbeitstage Urlaub, dafür aber ein zusätzliches Urlaubsgeld in Höhe eines halben Bruttomonatsgehalts zu.[105]

---

[105] Der Arbeitnehmer kann dagegen nicht verlangen, dass ihm vom Arbeitgeber die 30 Arbeitstage Urlaub aus den Tarifvertrag sowie das zusätzliche Urlaubsgeld aus der arbeitsvertraglichen Vereinbarung gewährt werden.

11.2 Gesetzlicher Mindestlohn

11.2.1 Überblick

Das „Gesetz zur Regelung eines allgemeinen Mindestlohns (Mindestlohngesetz – MiLoG)“ als Teil des „Gesetzes zur Stärkung der Tarifautonomie (Tarifautonomiestärkungsgesetz)“ ist in Kraft getreten.

Danach hat grds. jeder Arbeitnehmer – unabhängig von der Staatsangehörigkeit und dem Wohnsitz sowie unabhängig davon, ob der Arbeitgeber seinen Sitz im In- oder Ausland hat – Anspruch auf einen gesetzlichen Mindestlohn, der ab 01.01.2015 ursprünglich 8,50 Euro brutto je Zeitstunde betrug, wenn die Beschäftigung regelmäßig in Deutschland erfolgt. Der gesetzliche Mindestlohn wurde mehrfach erhöht, zuletzt ab dem 01.10.2022 auf 12,00 Euro Ab dem 01.01.2024 steigt der Mindestlohn auf 12,41 Euro, ab 01.01.2025 auf 12,82 Euro. Die jeweilige Anpassung des Mindestlohns wird üblicherweise durch die Mindestlohnkommission vorgeschlagen und durch Beschluss der Bundesregierung per Vorordnung umgesetzt.

Der Gesetzgeber hatte eine Vielzahl von **praktischen Anwendungsfragen** offengelassen, wie etwa, welche vereinbarten Vergütungsbestandteile auf den Mindestlohn angerechnet werden dürfen oder wie besondere Arbeitszeiten zu vergüten sind. Zu den meisten offenen Fragen liegt zwischenzeitlich Rechtsprechung vor.

11.2.2 Branchenmindestlöhne und zwingende Tarifbindung

Unabhängig vom gesetzlichen Mindestlohn seit 01.01.2015 galt für bestimmte Branchen bereits einige Jahre zuvor ein zwingender Mindestlohn, z. B. für die Pflegebranche und das Baugewerbe. Rechtsgrundlage für diese Mindestlöhne sind §§ 4, 7 und § 11 AEntG und § 3a AÜG.

Die **Branchenmindestlöhne** werden nicht vom Gesetzgeber vorgegeben, sondern von den Tarifpartnern (Arbeitgeberverbände und Gewerkschaften) im Einzelnen ausgehandelt und durch die Bundesregierung gemäß dem Arbeitnehmerentsendegesetz (AEntG) oder Arbeitnehmerüberlassungsgesetz (AÜG) für allgemeinverbindlich erklärt bzw. zum Gegenstand einer Rechtsverordnung gemacht. Die Branchenmindestlöhne gelten in der Regel bundesweit und unterscheiden die Mindestlöhne nach den Tarifgebieten „West“, „Ost“ und „Berlin“, wobei nicht in allen Branchen regionale Unterschiede gemacht werden.

Eine **Übersicht zu den Branchenmindestlöhnen** findet sich stets aktuell unter *www.bundesregierung.de* oder *www.zoll.de*.

Die Regelungen des AEntG, des AÜG und der darauf erlassenen Rechtsverordnungen gehen dem Mindestlohngesetz vor. Dies gilt allerdings nur, soweit die dort festgelegten Branchenmindestlöhne den gesetzlichen Mindestlohn nicht unterschreiten.

Die ursprünglich in § 24 MiLoG vorgesehene Übergangsregelung, wonach die Branchenmindestlöhne nach AEntG bzw. AÜG den gesetzlichen Mindestlohn unterschreiten durften, ist zum 31.12.2017 ausgelaufen.

Ein Tarifvertrag, der auf das **Arbeitsverhältnis (zwingend) anzuwenden** ist, geht dem Mindestlohngesetz ebenfalls vor, sofern der im Tarifvertrag vorgesehene Lohnanspruch, bezogen auf eine Zeitstunde, höher ist als der jeweils gültige gesetzliche Mindestlohn.

11.2.3 Lohnwucher

Auch wenn kein Tarifvertrag zwingend oder durch Vereinbarung auf das Arbeitsverhältnis anwendbar ist, kann sich eine **Vergütungspflicht je Zeitstunde oberhalb des gesetzlichen Mindestlohns** ergeben.

Dies gilt dann, wenn die Bezahlung mit dem gesetzlichen Mindestlohn ein auffälliges Missverhältnis zwischen Leistung und Gegenleistung bewirken würde und damit der Tatbestand des **Lohnwuchers** bzw. des **wucherähnlichen Geschäfts** erfüllt wäre.

Zur Bestimmung eines **auffälligen Missverhältnisses zwischen Leistung und Gegenleistung**, ist nach der Rechtsprechung von der verkehrsüblichen Vergütung, also dem allgemeinen Lohnniveau im Wirtschaftsgebiet auszugehen. Das allgemeine Lohnniveau wird regelmäßig durch die Tarifvergütung (soweit vorhanden) bestimmt, wenn mehr als 50 % der Arbeitgeber eines Wirtschaftsgebietes tarifgebunden sind bzw. die organisierten Arbeitgeber mehr als 50 % der Arbeitnehmer im Wirtschaftsgebiet beschäftigen.

Die Rechtsprechung hat für ein grobes Missverhältnis zwischen Leistung und Gegenleistung zwar keine starren Grenzen vorgegeben, geht aber in der Regel davon aus, dass eine Vergütungsvereinbarung unwirksam ist, **wenn die vereinbarte Vergütung** weniger als 75 % der üblichen Vergütung beträgt und der Arbeitgeber mit verwerflicher Gesinnung gehandelt, d. h. die Not oder einen anderen den Arbeitnehmer hemmenden Umstand in verwerflicher Weise zu seinem Vorteil ausgenutzt hat.

Liegt die **Vergütung des Arbeitnehmers bei weniger als 50 % der üblichen Vergütung**, gestattet dieses besonders grobe Missverhältnis zwischen Leistung und Gegenleistung den tatsächlichen Schluss auf eine verwerfliche Gesinnung des Arbeitgebers.

11.2.4 Anwendungsbereich des Mindestlohngesetzes

Örtlicher Anwendungsbereich

Das Mindestlohngesetz gilt stets für eine **Beschäftigung in Deutschland**, unabhängig von der Staatsangehörigkeit oder dem Wohnsitz des Arbeitnehmers. Auch grenzüberschreitende Arbeitsverhältnisse werden erfasst, wenn der Einsatz regelmäßig im Bundesgebiet erfolgt. Auf den Unternehmenssitz des Arbeitgebers kommt es daher nicht an. § 20 MiLoG verpflichtet Arbeitgeber mit Sitz im In- oder Ausland zur Zahlung des Mindestlohns.

Persönlicher Anwendungsbereich

Nach § 22 MiLoG gilt das Gesetz zunächst für **Arbeitnehmerinnen und Arbeitnehmer**. Das Mindestlohngesetz definiert den Begriff des Arbeitnehmers nicht.

Der Bestimmung liegt der nationale allgemeine Arbeitnehmerbegriff zugrunde. Arbeitnehmer ist danach, wer durch den Arbeitsvertrag im Dienste eines anderen zur Leistung weisungsgebundener, fremdbestimmter Arbeit in persönlicher Abhängigkeit (FN90) verpflichtet ist, § 611 a Abs. 1 BGB.

Zu „Arbeitnehmern" gehören demnach:

- Teilzeitbeschäftigte,
- Aushilfsarbeitskräfte und Saisonarbeiter,
- Geringfügige Beschäftigungsverhältnisse (§ 2 Abs. 2 TzBfG) und kurzfristig Beschäftigte,
- Nebenbeschäftigungen,
- Werkstudenten,
- Beschäftigte Rentner sowie
- Praktikanten.[106]

Nicht unter den Begriff der Arbeitnehmer fallen:

- **Auszubildende nach dem BBiG**

  Auszubildende stehen in keinem Arbeitsverhältnis mit dem Ausbildungsunternehmen; § 22 Abs. 3 MiLoG regelt für Auszubildende zudem eine „Ausnahme".

- **Heimarbeiter, § 2 Abs. 1 HAG**

  Heimarbeiter (sowie Hausgewerbetreibende und Zwischenmeister) sind trotz ihrer oft erheblichen wirtschaftlichen Abhängigkeit keine Arbeitnehmer, da sie nicht persönlich abhängig sind.

---

106 Obwohl Praktikanten i. d. R. keine Arbeitnehmer sind, bezieht sie § 22 Abs. 1 Satz 1 MiLoG in den Anwendungsbereich des Gesetzes ein und stellt diese zum Schutz der „Generation Praktikum" Arbeitnehmern gleich. In § 22 MiLoG werden dann Ausnahmen definiert.

- **Ehrenamtlich Tätige**

  Beim Ehrenamt fehlt in der Regel die persönliche Abhängigkeit eines Arbeitnehmers. Ehrenamtliche sind regelmäßig einem Selbstständigen vergleichbar unentgeltlich oder nur gegen eine Aufwandsentschädigung tätig. Das Mindestlohngesetz regelt auch für Ehrenamtliche eine „Ausnahme".

- **ggf. mitarbeitende Familienangehörige**

  Erfolgt die Mitarbeit im Rahmen eines Arbeitsvertrages, gilt auch hier der gesetzliche Mindestlohn. Wird der Familienangehörige dagegen zur Erfüllung seiner Unterhaltspflichten oder aufgrund der familiären Fürsorge tätig, ist er kein Arbeitnehmer und damit besteht keine Mindestlohnverpflichtung.

Gesetzliche Ausnahmen vom Mindestlohn

Der Gesetzgeber hat in § 22 MiLoG einige Ausnahmen zum persönlichen Anwendungsbereich des Mindestlohngesetzes definiert.

- **Auszubildende und ehrenamtlich Tätige**

  Auszubildende und ehrenamtlich Tätige sind nach dem allgemeinen Begriff schon keine Arbeitnehmer. § 22 Abs. 3 MiLoG nimmt diese zudem aus dem persönlichen Anwendungsbereich aus.

- **Kinder und Jugendliche**

  Nach § 22 Abs. 2 MiLoG gelten Kinder sowie Jugendliche ohne abgeschlossene Berufsausbildung nicht als Arbeitnehmer im Sinne des Mindestlohngesetzes. Der Gesetzgeber wollte hier keinen Anreiz setzen, zu Gunsten einer mit dem Mindestlohn vergüteten Beschäftigung auf eine Berufsausbildung zu verzichten.

- **Bestimmte Arten von Praktika**

  Obwohl Praktikanten in der Regel keine Arbeitnehmer sind, bezieht sie § 22 Abs. 1 Satz 1 MiLoG in den Anwendungsbereich des Gesetzes ein und stellt diese Arbeitnehmern gleich.

Hinweis

Nach der gesetzlichen Definition in § 22 Abs. 1 Satz 2 MiLoG ist **Praktikant**, wer sich unabhängig von der Bezeichnung des Rechtsverhältnisses, nach der tatsächlichen Ausgestaltung und Durchführung des Vertragsverhältnisses für eine begrenzte Dauer zum Erwerb praktischer Kenntnisse und Erfahrungen einer bestimmten betrieblichen Tätigkeit zur Vorbereitung auf eine berufliche Tätigkeit unterzieht, ohne dass es sich dabei um eine Berufsausbildung im Sinne des BBiG oder um eine damit vergleichbare praktische Ausbildung handelt.

Von der Mindestlohnpflicht sind aber bestimmte Praktika freigestellt und zwar

- verpflichtende Praktika im Rahmen einer schulrechtlichen Bestimmung, einer Ausbildungsordnung einer hochschulrechtlichen Bestimmung oder im Rahmen einer Ausbildung an einer gesetzlich geregelten Berufsakademie,
- Praktika von bis zu 3 Monaten zur Orientierung für eine Berufsausbildung oder für die Aufnahme eines Studiums,
- Praktika von bis zu 3 Monaten, die begleitend zu einer Berufs- oder Hochschulausbildung geleistet werden, wenn nicht zuvor ein solches Praktikumsverhältnis mit demselben Ausbildenden bestanden hat, oder
- Praktika von Personen, die an einer Einstiegsqualifizierung nach § 54a SGB III teilnehmen.

Saisonarbeitskräfte

Das Mindestlohngesetz sieht für Saisonarbeiter (insbesondere Landwirtschaft) **keine Ausnahmeregelung** vor.

11.2.5 Unabdingbarkeit des Mindestlohns

Mindestlohnwidrige Vergütung

§ 1 Abs. 1 und Abs. 2 MiLoG geben einen allgemeinen Grundlohn vor, der als solcher die unterste Grenze für die Entlohnung von Arbeitnehmern in Deutschland bildet. Vereinbarungen, die den Anspruch auf Mindestlohn unterschreiten, sind insoweit unwirksam.

Bei einer unwirksamen Lohnvereinbarung bleibt der Arbeitsvertrag im Übrigen wirksam.

Verstößt eine Vergütungsvereinbarung gegen den gesetzlichen Mindestlohn, bleibt sie also hinter diesem zurück, tritt der gesetzliche Mindestlohn an die Stelle der vereinbarten Vergütung. Der Arbeitnehmer kann dann den jeweils gültigen gesetzlichen Mindestlohn beanspruchen.[107]

Verzicht, Verwirkung und Verjährung

Nach § 3 Satz 2 MiLoG kann ein Arbeitnehmer auf den entstandenen Anspruch nach § 1 Abs. 1 MiLoG nur durch gerichtlichen Vergleich verzichten. Der Verzicht auf zukünftige Lohnansprüche in Höhe des Mindestlohns dürfte damit ausgeschlossen sein. Außergerichtliche Verzichtsvereinbarungen (z. B. im Rahmen eines Aufhebungsvertrages oder einer Ausgleichsquittung) sind bezogen auf den Mindestlohn unwirksam.

Die Verwirkung des Anspruchs auf Mindestlohn ist gesetzlich ausgeschlossen.

Der Anspruch auf Mindestlohn verjährt in drei Jahren, wobei die Verjährung mit dem Ende des Jahres beginnt, in dem der Anspruch entstanden ist.

Ausschlussfristen

Viele Arbeitsverträge (und Tarifverträge) enthalten sog. Ausschlussfristen oder Verfallsklauseln, wonach Ansprüche aus dem Arbeitsverhältnis verfallen, wenn sie nicht innerhalb bestimmter Fristen (in der

[107] BAG vom 25.05.2016 – 5 AZR 135/16

Regel drei Monate) gegenüber der anderen Vertragspartei (schriftlich) geltend gemacht werden.[108]

Nach § 3 Satz 1 MiLoG sind nicht nur Vereinbarungen unwirksam, die den Anspruch auf Mindestlohn unterschreiten. Gleiches gilt auch für Regelungen, die die Geltendmachung des Mindestlohns beschränken oder ausschließen.

Damit sind seit dem 01.01.2015 Verfallsklauseln in Bezug auf den gesetzlichen Mindestlohn unwirksam. Nach überzeugender Ansicht steckt der Mindestlohn in jeder Vergütung, sodass Ausschlussfristen (unabhängig von der Höhe der Vergütung) unwirksam sind, soweit der Mindestlohn betroffen ist.

Beispiel: Der Arbeitnehmer wird mit Wirkung ab 01.01.2021 beim Arbeitgeber zu einem Bruttoentgelt pro Stunde von 14,00 Euro eingestellt. Der Arbeitsvertrag sieht den Verfall von Ansprüchen aus dem Arbeitsverhältnis vor, wenn diese nicht innerhalb von 3 Monaten nach Fälligkeit geltend gemacht werden.

Der Arbeitgeber zahlt dem Arbeitnehmer wegen Auftragsmangels von Januar bis März 2023 statt der vereinbarten 176 Stunden pro Monat nur 80 Stunden pro Monat aus.[109]

Nach Beendigung des Arbeitsverhältnisses verlangt der Arbeitnehmer vom Arbeitgeber im Juli 2023 die Bezahlung von jeweils 96 Stunden in Höhe des vereinbarten Entgelts für Januar, Februar und März 2023.

Der Arbeitnehmer kann für Januar, Februar und März 2023 die Bezahlung von jeweils 96 Stunden zu 12,00 Euro verlangen. Soweit der Mindestlohn betroffen ist, wirken die Ausschlussfristen nicht. Die darüber hinausgehende Vergütung (2,00 Euro) ist dagegen verfallen.

---

108 Auch in Formulararbeitsverträgen sind solche Regelungen grds. zulässig, wenn die Ausschlussfrist beidseitig, also zu Lasten des Arbeitgebers und des Arbeitnehmers wirkt, mindestens drei Monate beträgt und mit der Fälligkeit beginnt. Die Ausschlussklausel darf keine überraschende Klausel darstellen.

109 Ein Auftragsmangel fällt in den Risikobereich des Arbeitgebers. Der Arbeitgeber muss die Vergütung für die vereinbarte Arbeitszeit vergüten, auch wenn er den Arbeitnehmer nicht beschäftigen kann und der Arbeitnehmer seine Arbeitsleistung in vollem Umfang anbietet.

11.2.6 Entgeltersatzansprüche

Das Bundesarbeitsgericht hat klargestellt, dass der Anspruch auf den gesetzlichen Mindestlohn mit jeder geleisteten Arbeitsstunde entsteht (§ 1 Abs. 2 i.V.m. § 20, § 1 Abs. 1 MiLoG). Dies erfordere z. B. die schlüssige Darlegung der tatsächlich geleisteten Arbeitsstunden, wenn der Arbeitnehmer Ansprüche auf Mindestlohn geltend machen wolle.[110]

Damit dürfte klargestellt sein, dass sich das Mindestlohngesetz nicht auf Entgeltansprüche, bzw. Entgeltersatzansprüche bezieht, die im Falle der Nichtleistung der Arbeit durch den Arbeitgeber zu bezahlen sind, wie etwa das Urlaubsentgelt während des Erholungsurlaub, Entgeltfortzahlung am Feiertag und bei Arbeitsunfähigkeit, Mutterschutzlohn oder auch Annahmeverzugsansprüche. Diese Entgeltersatzleistungen/Entgeltfortzahlungsansprüche richten sich allein nach den Regelungen in den einzelnen Bestimmungen (BUrlG, EFZG, etc.).

Da Arbeitnehmer in den vorgenannten Situationen der Nichtleistung der Arbeit in der Regel nach einem Durchschnittentgelt oder dem Lohnausfallprinzip bezahlt werden, erhalten sie (selbstverständlich) auch für diese Zeiten wirtschaftlich den gesetzlichen Mindestlohn.

Allerdings scheiden Ordnungswidrigkeiten nach § 21 Abs. 1 Nr. 9 MiLoG oder Ansprüche aus der Unternehmerhaftung nach § 14 MiLoG aus.

11.2.7 Fälligkeit des Mindestlohns

Der Mindestlohn für die **tatsächlich geleisteten** Arbeitsstunden muss

- zum Zeitpunkt der **vereinbarten** Fälligkeit,
- spätestens jedoch am letzten Bankarbeitstag[111] des Monats erbracht werden, der auf den Monat folgt, in dem die Arbeitsleistung erbracht wurde (Folgemonat).

---

[110] BAG vom 25.5.2016 – 5 AZR 135/16

[111] der sich nach den Arbeitstagen in Frankfurt am Main richtet.

Wurde zwischen den Arbeitsvertragsparteien keine Vereinbarung über die Fälligkeit getroffen, bleibt die **Grundregelung zur Fälligkeit** unberührt. Danach ist die Vergütung nach Leistung der Dienste zu entrichten. Ist die Vergütung nach Zeitabschnitten bemessen, so ist sie nach dem Ablauf der einzelnen Zeitabschnitte zu bezahlen. Da die Vergütung längstens in Monatsschritten abzurechnen ist, ergibt sich die Fälligkeit (bei fehlender abweichender Vereinbarung) **spätestens zum Monatsletzten**.

Zwingende gesetzliche Fälligkeitsvorschriften bleiben unberührt, z. B. ist für Handlungsgehilfen[112] die Vergütung am Schluss eines jeden Monats fällig.

Ordungswidrigkeit

Hinweis

Die nicht rechtzeitige Zahlung des Mindestlohns stellt eine **Ordnungswidrigkeit** nach § 21 Abs. 1 Nr. 9 MiLoG dar, wenn die verspätete Zahlung vorsätzlich oder fahrlässig erfolgt. Die Ordnungswidrigkeit kann mit einer Geldbuße von bis zu 500.000,00 Euro geahndet werden (§ 21 Abs. 3 MiLoG).

Zunächst war umstritten, wann eine „nicht rechtzeitige Zahlung" des Mindestlohns im Sinne von § 21 Abs. 1 Nr. 9 MiLoG vorliegen würde. Nachdem Anfang 2015 überwiegend auf die Fälligkeit abgestellt wurde, wird nunmehr – gestützt auf den Gesetzeswortlaut von § 20 MiLoG, der auf die Fälligkeitsregelung in § 2 Abs. 1 Satz 1 Nr. 2 MiLoG verweist („spätestens am letzten Bankarbeitstag des Folgemonats") – überwie-

---

112 Handlungsgehilfe ist, wer in einem Handelsgewerbe zur Leistung kaufmännischer Dienste gegen Entgelt angestellt ist (§ 59 HGB). Kaufmännischer Angestellter und damit Handlungsgehilfe ist demnach, wer überwiegend kaufmännische Dienste leistet, so etwa, wenn mit dieser die Beratung der Kunden verbunden ist (z. B. Verkäufer).

gend vertreten, dass eine **verspätete Zahlung** (und damit eine Ordnungswidrigkeit) **erst dann** vorliegt, wenn der Arbeitgeber, **unabhängig von der vereinbarten Fälligkeit, den Mindestlohn erst nach dem letzten Bankarbeitstag des Folgemonats bezahlt.**

Arbeitszeitkonto

Die über die vertraglich vereinbarte Arbeitszeit hinausgehenden Arbeitsstunden können auf ein **schriftlich vereinbartes** Arbeitszeitkonto[113] eingestellt werden. Allerdings müssen die eingestellten Arbeitsstunden **innerhalb von 12 Kalendermonaten** nach ihrer monatlichen Erfassung durch bezahlte Freizeitgewährung oder Bezahlung des Mindestlohns ausgeglichen werden.

Die auf das Arbeitszeitkonto eingestellten Arbeitsstunden dürfen monatlich **jeweils 50 % der vertraglich vereinbarten Arbeitszeit** nicht übersteigen. Werden darüber hinaus Überstunden geleistet (was in den Grenzen des Arbeitszeitgesetzes natürlich zulässig ist), sind diese im Rahmen der „normalen“ Fälligkeit nach § 2 Abs. 1 MiLoG mit dem Mindestlohn unmittelbar zu vergüten. Spätestens bei Beendigung des Arbeitsverhältnisses hat der Arbeitgeber nicht ausgeglichene Arbeitsstunden mit dem Mindestlohn zu begleichen.

Diese speziellen Vorgaben zur Ausgestaltung des Arbeitszeitkontos gelten nur, soweit der Anspruch auf den Mindestlohn für die geleisteten Arbeitsstunden nicht bereits durch die Bezahlung des verstetigten Arbeitsentgelts erfüllt ist.

Verstetigtes Monatsentgelt bei Mindestlohn

Durch § 1 Abs. 2 MiLoG wird die Vereinbarung eines festen Bruttomonatsgehalts nicht generell ausgeschlossen. Die verstetigte Vergütung muss aber die Vorgaben des Mindestlohngesetzes einhalten.

---

[113] Nach der Gesetzbegründung liegt eine schriftliche Vereinbarung auch vor, wenn das Arbeitszeitkonto in einer Betriebs- oder Dienstvereinbarung oder in einem geltenden Tarifvertrag (normative Wirkung oder infolge schriftlicher Inbezugnahme) geregelt ist.

Umstritten war die Frage, ob das verstetigte Monatsentgelt auf Basis der vereinbarten wöchentlichen Arbeitszeit mit der üblichen Formel für die Durchschnittsberechnung (wöchentliche Arbeitszeit × Stundenentgelt × 13 Wochen : 3 Monate) berechnet werden kann, da in Kalendermonaten mit 22 oder 23 Arbeitstagen (bei 5-Tage-Woche) ein rechnerisches Unterschreiten des Mindestlohns je Zeitstunde die Folge wäre.

Die (für die Prüfung des Mindestlohns zuständige) Zollverwaltung vertritt die Ansicht, es würde genügen, dass die Bezahlung eines durchschnittlichen Entgelts erfolge, das den stündlichen Mindestlohn gewährleistet, unabhängig von der Verteilung der Arbeitstage in den Kalendermonaten.

Auch die Deutsche Rentenversicherung Bund (in einer internen Anweisung für den Betriebsprüfdienst) und das Bundesministerium für Arbeit vertreten diese Meinung.

Leider gibt es bisher keine explizite gerichtliche Entscheidung zum verstetigen Entgelt bei Mindestlohn. Das Bundesarbeitsgericht geht aber in einer Entscheidung vom 21.12.2016 davon aus, dass auch verspätete Zahlungen grundsätzlich den Anspruch auf gesetzlichen Mindestlohn erfüllen können.[114] Damit dürfte auch eine geplante durchschnittliche Erfüllung des Mindestlohns über einen Zwölfmonatszeitraum hinweg zulässig sein.

11.2.8 Anrechenbare Gehaltsbestandteile auf den Mindestlohn

Der gesetzliche Mindestlohn ist **„je Zeitstunde“** zu bezahlen.

Zulässig sind monatliche Pauschalvergütungen, sofern nur für die tatsächlich geleisteten Arbeitsstunden der Mindestlohn (rechnerisch) erreicht wird.

Leistungsbezogene Vergütungssysteme sind nicht generell ausgeschlossen.

---

114 BAG vom 21.12.2016 – 5 AZR 374/16.

Die Gesetzesbegründung zum Mindestlohngesetz stellt klar: Die Vereinbarung von **Stücklöhnen** und **Akkordlöhnen** bleibt auch nach Einführung des Mindestlohns zulässig, wenn gewährleistet ist, dass der Mindestlohn für die geleisteten Arbeitsstunden erreicht wird.

Grundsätze zur Abgrenzung

Arbeitgeber mit Sitz im In- oder Ausland sind verpflichtet, ihren im Inland beschäftigten Arbeitnehmern ein Arbeitsentgelt mindestens in Höhe des Mindestlohns bezogen auf die tatsächlich geleistete Arbeitszeit zu bezahlen.

Leider hat der Gesetzgeber **keinerlei Klarstellung** in das Gesetz aufgenommen, wie sich der zwingende **Mindestlohn zusammensetzen soll** und **welche Gehaltsbestandteile**, wie etwa Zuschläge und Zulagen, Urlaubs- und Weihnachtsgeld, Aufwendungsersatz, vermögenswirksame Leistungen oder auch Sachbezüge auf den Mindestlohn angerechnet werden können.

Zu Beginn, nach Einführung des gesetzlichen Mindestlohns, wurde in der Literatur, entsprechend der Rechtsprechung des Europäischen Gerichtshofs zu den Mindestentgelten nach dem Arbeitnehmer-Entsendegesetz, teilweise unterschieden ob Entgelt für die „Normalleistung" oder für besondere Leistungen des Arbeitnehmers bezahlt wurde. Nur das Entgelt für die Normalleistung sollte auf den Mindestlohn anrechenbar sein.

Dieser Rechtsauffassung hat sich das Bundesarbeitsgericht **nicht** angeschlossen. In seiner Grundsatzentscheidung vom 25.05.2016 hat das BAG klargestellt, dass grds. mindestlohnwirksam alle Leistungen des Arbeitgebers wären, die als Gegenleistung für die erbrachte Arbeitsleistung mit Entgeltcharakter gezahlt würden. Das BAG führt in seiner Entscheidung aus, dass

- alle im Synallagma (= Gegenseitigkeitsverhältnis) stehenden Geldleistungen des Arbeitgebers geeignet sind, den Mindestlohnanspruch zu erfüllen,

- nur solchen Zahlungen die Erfüllungswirkung fehle, die der Arbeitgeber ohne Rücksicht auf tatsächliche Arbeitsleistung erbringt oder die auf einer besonderen gesetzlichen Zweckbestimmung beruhen und
- der Arbeitgeber den Anspruch auf den gesetzlichen Mindestlohn durch die im arbeitsvertraglichen Austauschverhältnis erbrachten Entgeltzahlungen nur erfülle, soweit diese dem Arbeitnehmer endgültig verbleiben.[115]

Vorrangiger Zweck des gesetzlichen Mindestlohns sei nach der Gesetzesbegründung, jedem Arbeitnehmer ein existenzsicherndes Monatseinkommen zu gewährleisten. Diesem Zweck vermag jede dem Arbeitnehmer verbleibende Vergütungszahlung des Arbeitgebers zu dienen, unabhängig davon, zu welcher Tageszeit, unter welchen Umständen oder in welcher Qualität die Arbeit erbracht wurde.

Einzelne Vergütungsbestandteile

Nach den vorstehenden Kriterien sind daher auf den Mindestlohn anzurechnen, d.h. erfüllen den Mindestlohn:

- Überstundenzuschläge
- Zuschläge für Sonn- und Feiertagsarbeit
- Akkordprämien,
- Qualitätsprämien,
- Erlös- und Umsatzprovisionen, Boni, Prämien und andere leistungsbezogene Vergütungsbestandteile,
- Sonderzahlungen, z. B. Weihnachtsgeld, Urlaubsgeld, 13. Gehalt, wenn sie monatlich anteilig bezahlt werden,
- Schicht- und Wechselschichtzulagen, Spätschicht-Zuschlag,
- Treueprämien, die der Arbeitgeber für jede tatsächlich geleistete Arbeitsstunde an den Arbeitnehmer zahlt,
- Besitzstandszulagen;

---

[115] BAG vom 25.05.2016 - 5 AZR 135/16; bestätigt durch BAG vom 21.12.2016 - 5 AZR 374/16

Nicht mindestlohnwirksam, d.h. nicht auf den gesetzlichen Mindestlohn anrechenbar sind dagegen

- Trinkgelder (→Keine Leistung des Arbeitgebers!),
- verpflichtende Nachtzuschläge nach § 6 Abs. 5 ArbZG, da für diese eine besondere gesetzliche Zweckbestimmung besteht (die Nachtzuschläge sollen die gesundheitlich zumindest bedenkliche Nachtarbeit teurer und damit unattraktiver machen),[116]
- Vermögenswirksame Leistungen,
- Betriebliche Altersversorgung (außer Entgeltumwandlung nach § 1a BetrAVG) (→Förderung sozialpolitischer Ziele),
- Reisekosten,
- sonstiger echter Auslagenersatz
- Pauschalierte Steuer und SV-Beiträge bei Minijobs.

Ob Sachbezüge auf den Mindestlohn anrechenbar sind, ist in der arbeitsgerichtlichen Rechtsprechung noch nicht abschließend geklärt. Sachbezüge sind Leistungen des Arbeitgebers an den Arbeitnehmer, die nicht in Geld erbracht werden. Die Bewertung der Sachbezüge erfolgt nach § 8 EStG und nach der SvEV.

Nach Ansicht des Bayerische Oberlandesgerichts kann die, aus §§ 1 und 2 MiLoG ergebende Verpflichtung des Arbeitgebers zur Zahlung eines Arbeitslohns in Höhe des Mindestlohns durch die Gewährung von Sachleistungen, wie z. B. durch die Überlassung eines Kraftfahrzeugs, nicht erfüllt werden. §§ 1 und 2 MiLoG würden eindeutig durch den Begriff „Zahlung" und die Nennung eines Eurobetrages in „brutto" eine Entgeltleistung in Form von Geld verlangen. Zudem ergäbe sich aus der Gesetzesbegründung, dass der Gesetzgeber den Mindestlohn zum Schutz der Arbeitnehmer als erforderlich ansah, um die Zahlung unangemessen niedriger Löhne zu verhindern und einen „Lohnunter-

[116] Freiwillige „Nachtzuschläge", die nicht die zwingenden Voraussetzungen des

bietungswettbewerb" der Arbeitgeber zu Lasten der Sozialsysteme zu vermeiden. Sowohl die Gesetzesbegründung als auch der Gesetzeswortlaut würden erkennen lassen, dass der Gesetzgeber keinerlei Ausnahmen von der Verpflichtung zur Zahlung des Mindestlohns zulassen wollte.[117]

11.2.9 Bereitschaftsdienst

Der gesetzliche Mindestlohn ist für jede geleistete Zeitstunde zu bezahlen. Der Gesetzgeber hat sich nicht festgelegt (und sich auch im Gesetzgebungsverfahren hierzu nicht geäußert), was unter dem Begriff der Zeitstunde zu verstehen ist. Deshalb war zunächst die Vergütungspflicht für Bereitschaftsdienste umstritten:

Bereitschaftsdienst liegt vor, wenn der Arbeitnehmer sich an einer **vom Arbeitgeber bestimmten Stelle** innerhalb oder außerhalb des Betriebes aufzuhalten hat, um seine Arbeit sofort oder zeitnah aufnehmen zu können, sobald es notwendig wird, ohne sich im Zustand wacher Achtsamkeit (Arbeitsbereitschaft) zu befinden.

Nach inzwischen gefestigter Rechtsprechung und einem gesetzlichen Hinweis (§ 7 Abs. 1 Nr. 1a) ArbZG) sind Bereitschaftsdienste Arbeitszeit nach § 2 Abs. 1 ArbZG. Von dieser arbeitsschutzrechtlichen Bewertung zur Arbeitszeit ist die Frage der **Vergütung des Bereitschaftsdienstes** zu trennen. Nach allgemeiner Auffassung **kann** die Vergütung für Bereitschaftsdienste wegen der geringeren Arbeitsbelastung niedriger sein, als für die normale Arbeitszeit.

Nach Ansicht des BAG muss allerdings die zugrundeliegende Mindestlohnregelung selbst die vergütungsrelevante Unterscheidung vorsehen: Ergeben sich Mindestarbeitsbedingungen aus einer Mindestlohnverordnung (z. B. Pflegebranche), muss eine geringere Vergütung für die Zeiten eines Bereitschaftsdienstes unmittelbar oder zumindest im Wege der Auslegung in der Mindestlohnverordnung selbst geregelt sein.

---

[117] BayOLG vom 26.11.2020 – 201 ObOWi 1381/20

Hinweis

Enthalte die Mindestlohnverordnung keine Differenzierung (sondern sieht den Mindestlohn pauschal „je Stunde" vor), sind die Mindestentgeltsätze auch für Zeiten der Bereitschaftsdienste zu bezahlen.

Diese, für das Mindestentgelt in der Pflegebranche ergangene Rechtsprechung, hat das **BAG mit Urteil vom 29.06.2016 (Az. 5 AZR 716/15)** ausdrücklich **für den allgemeinen Mindestlohn** nach dem MiLoG entschieden. Da das Mindestlohngesetz keine Unterscheidung des Mindestlohns für „Vollarbeit" und Arbeitszeiten mit geringerer Belastung, wie etwa Bereitschaftsdienste vorsieht, muss auch während des Bereitschaftsdienstes der gesetzliche Mindestlohn geleistet werden.

11.2.10 Dokumentations- und Meldepflichten

Das Mindestlohngesetz begründet zur Absicherung des Mindestlohns für bestimmte Arbeitnehmergruppen besondere Dokumentations- und Meldepflichten.

- Arbeitgeber, die **geringfügig Beschäftigte** beschäftigen,[118] müssen Beginn, Ende und Dauer der täglichen Arbeitszeit dieser Arbeitnehmer spätestens sieben Tage nach Erbringung der Arbeitsleistung aufzeichnen und diese Aufzeichnungen dann mindestens zwei Jahre lang aufbewahren (§ 17 Abs. 1 MiLoG).

  Für geringfügig Beschäftigte in **Privathaushalten** (§ 8a SGB IV) gilt die Aufzeichnungspflicht nicht.

- Die gleiche Dokumentationspflicht besteht für Arbeitgeber, die Arbeitnehmer in den Wirtschaftsbereichen nach **§ 2a Schwarzarbeitsbekämpfungsgesetz** beschäftigen. Hierzu zählen folgende Wirtschaftsbereiche:
- Baugewerbe,
- Gaststätten- und Beherbergungsgewerbe,
- Personenbeförderungsgewerbe,
- Speditions-, Transport- und damit verbundenen Logistikgewebe,
- Schaustellergewerbe,
- Unternehmen der Forstwirtschaft,
- Gebäudereinigungsgewerbe,
- Unternehmen, die sich am Auf- und Abbau von Messen und Ausstellungen beteiligen, sowie
- Fleischwirtschaft
- Prostitutionsgewerbe
- Wach- und Sicherheitsgewerbe

---

118 Hierzu zählen auch kurzfristig Beschäftigte.

Wie beim AEntG können die Aufzeichnungspflichten wohl auch auf Dritte oder den Arbeitnehmer selbst übertragen werden.

Für die von der Dokumentationspflicht erfassten Arbeitnehmer müssen Arbeitgeber die zum Nachweis der Zahlung des Mindestlohns erforderlichen Dokumente (Lohnabrechnungen, Zahlungsnachweise, etc.) in **deutscher Sprache** für die gesamte Dauer der Werk- oder Dienstleistung, maximal jedoch für zwei Jahre, bereithalten (§ 17 Abs. 2 Satz 1 MiLoG). Die Prüfbehörde (Zoll) kann verlangen, dass die Dokumente am Ort der Beschäftigung bereitgehalten werden (§ 17 Abs. 2 Satz 2 MiLoG).

Nach § 17 Abs. 3 und 4 MiLoG kann die Bundesregierung Verordnungen zur Erleichterung der Aufzeichnungspflichten erlassen. Hiervon hat die Bundesregierung mit der **MiLoDokV** und der **MiLoAufZV** Gebrauch gemacht:

Verordnung zu Dokumentationspflichten (Mindestlohndokumentationspflichtenverordnung – MiLoDokV) vom 29.07.2015

Dokumentationspflichten gelten nicht,

- für Arbeitnehmer, deren verstetigtes regelmäßiges Monatsentgelt **4.176 Euro brutto** überschreitet oder
- deren regelmäßiges Monatsentgelt **2.784,00 Euro brutto** überschreitet, wenn der Arbeitgeber dieses Monatsentgelt für die letzten vollen zwölf Monate nachweislich gezahlt hat und
- für im Betrieb des Arbeitgebers arbeitende Ehegatten, eingetragene Lebenspartner, Kinder und Eltern des Arbeitgebers oder vertretungsberechtigte Organe bzw. Gesellschafter (gilt auch für Minijobs).

Verordnung zur Abwandlung der Pflicht zur Arbeitszeitaufzeichnung (Mindestlohnaufzeichnungsverordnung – MiLoAufzV) vom 26.11.2014

Der Arbeitgeber genügt seiner Aufzeichnungspflicht,

- soweit er Arbeitnehmer mit ausschließlich mobilen Tätigkeiten beschäftigt,
- diese keinen Vorgaben zur konkreten täglichen Arbeitszeit (Beginn und Ende) unterliegen **und**
- sich ihre tägliche Arbeitszeit eigenverantwortlich einteilen,

wenn für diese Arbeitnehmer nur die Dauer der tatsächlichen täglichen Arbeitszeit aufgezeichnet wird.

Für ausländische Arbeitgeber und Verleiher (Zeitarbeit) definiert § 16 MiLoG zudem detaillierte **Meldepflichten** bei der zuständigen Behörde der Zollverwaltung.

Wir möchten Sie darauf hinweisen, dass der Unternehmer im Hinblick auf das Mindestlohngesetz wie ein selbstschuldnerischer Bürge für den Fall haftet, dass der Nachunternehmer seinen Arbeitnehmern den Mindestlohn nicht zahlt.

Diese Haftung umfasst die gesamte Nachunternehmerkette. Auf ein Verschulden des Auftraggebers kommt es nicht an.

Zuwiderhandlungen gegen das Mindestlohngesetz können mit hohen Geldbußen geahndet werden.

Lösungen im DATEV-Lohn

Wichtig für Ihre Beratung und die richtige Umsetzung in der Lohnabrechnung: Information!

- Welcher Tarifvertrag trifft zu?
- Gibt es Mindestlöhne?
- Welche Tariflöhne und -gehälter sind vereinbart?
- Sind Arbeitszeiten tariflich verbindlich?
- usw.

DATEV kann mit **LEXinform SteuernRechtWirtschaft pro** helfen.

Z. B.: Über Ihr Lohnprogramm starten Sie LEXinform Steuern-Recht und Sie suchen nach Informationen über Tarifverträge.

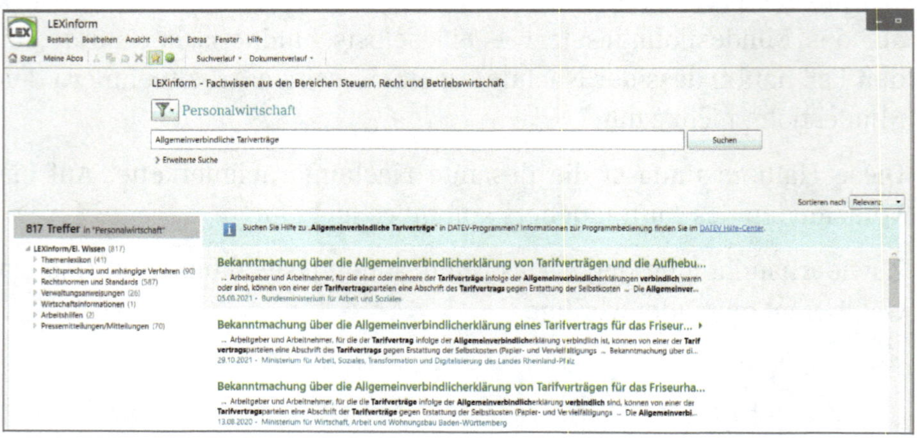

11.3 Ansprüche aus betrieblicher Übung

11.3.1 Entstehen einer betrieblichen Übung

Sofern keine tarifvertragliche Verpflichtung besteht, ist der Arbeitgeber in der Entscheidung frei, ob er z. B. Sonderzuwendungen (wie etwa Weihnachtsgeld) bezahlen möchte.

Gewährt der Arbeitgeber über einen längeren Zeitraum allerdings freiwillige Leistungen wie z. B. eine Weihnachtsgratifikation, kann sich daraus ein Anspruch des Arbeitnehmers auch für die Zukunft aus **„betrieblicher Übung"** verfestigen.

Unter einer betrieblichen Übung wird die gleichförmige, regelmäßige Wiederholung eines bestimmten Verhaltens des Arbeitgebers verstan- den, das den Inhalt des Arbeitsverhältnisses gestaltet und geeignet ist, vertragliche Ansprüche zu begründen, wenn die Arbeitnehmer des Betriebs aus dem Verhalten des Arbeitgebers schließen durften, ihnen solle eine Leistung oder eine Vergünstigung auf Dauer auch zukünftig gewährt werden.

Entscheidend ist, ob die Arbeitnehmer der Erklärung oder dem Verhalten des Arbeitgebers nach Treu und Glauben unter Berücksichtigung aller Begleitumstände einen Verpflichtungswillen entnehmen dürfen.

Beispiel 1: So kann etwa aus der dreimaligen, vorbehaltslosen Gewährung einer Weihnachtsgratifikation in stets der gleichen Höhe ein Anspruch der Mitarbeiter auf diese Sonderleistung auch im 4. Jahr entstehen.

Nach bisheriger Rechtsprechung des BAG war ein Anspruch aus betrieblicher Übung von vornherein ausgeschlossen, wenn der Arbeitgeber Leistungen, z. B. Sonderzuwendungen, in stets unterschiedlicher Höhe gewährte. Aus der Zahlung wechselnder Beträge hätte der Arbeitnehmer erkennen müssen, dass sich der Arbeitgeber nur für das jeweilige Jahr der Auszahlung binden wolle.[119]

Beispiel 2: Weihnachtsgeld für 2020: 500,00 Euro, für 2021: 300,00 Euro, für 2022: 700,00 Euro und für 2023: 500,00 Euro. In diesem Fall darf bzw. durfte der Arbeitnehmer auch nicht die Zahlung des Mindestbetrages (hier 300,00 Euro) erwarten.

---

119 BAG vom 28.02.1996 – 10 AZR 516/95

Diese Rechtsansicht hat das Bundesarbeitsgericht aufgegeben. Auch wenn in der Entscheidung des BAG nicht unmittelbar der Anspruch aus einer betrieblichen Übung betroffen war, wies das Gericht darauf hin, dass es an der Auffassung nicht mehr festhalte, bei der Leistung einer Zuwendung in jährlich individuell unterschiedlicher Höhe, fehle es bereits an einer regelmäßigen gleichförmigen Wiederholung bestimmter Verhaltensweisen.[120,121]

Eine allgemeinverbindliche Regel, ab welcher Anzahl von Leistungen oder Vergünstigungen der Arbeitnehmer erwarten darf, dass er auch in Zukunft hiermit rechnen kann, besteht grds. nicht. Lediglich für jährlich gewährte Sonderzuwendungen wird ein individualrechtlicher Anspruch erworben, wenn die Leistungen in drei aufeinander folgenden Jahren (vorbehaltslos) gewährt werden.

Erbringt der Arbeitgeber Leistungen in der irrtümlichen Annahme, er sei dazu verpflichtet, etwa aus einem vermeintlich für den Betrieb anwendbaren Tarifvertrag, so entsteht aus diesem Verhalten kein Anspruch aufgrund betrieblicher Übung. Für den Arbeitnehmer sei in diesen Situationen offenkundig, dass der Arbeitgeber nur seine vermeintliche Verpflichtung erfüllen wollte. Nur wenn besondere Anhaltspunkte erkennbar sind, dass der Arbeitgeber trotz der fehlenden Verpflichtung weiterhin zur Leistungserbringung bereit wäre, könne eine betriebliche Übung entstehen.

Ansprüche aus betrieblicher Übung kommen in der Regel auch neu eingestellten Mitarbeitern ab dem ersten Jahr ihrer Beschäftigung zu Gute.

11.3.2 Beseitigung einer betrieblichen Übung

Nach aktueller Rechtslage kann eine einmal entstandene betriebliche Übung nur noch beseitigt werden durch:

---

120 BAG vom 13.05.2015 – 10 AZR 266/14

121 Für das Beispiel würde sich nun die Frage stellen, in welcher Höhe eine betriebliche Übung entstanden wäre, also Mindestbetrag 300,00 Euro, Durchschnitt 500,00 Euro oder Höchstbetrag 700,00 Euro. Diese Frage ist tatsächlich noch nicht geklärt.

- Änderungsvereinbarung mit den einzelnen Arbeitnehmern
- Änderungskündigung
- Betriebsvereinbarung

Ein entsprechendes Vorgehen ist in der Praxis nur schwer umzusetzen. Daher sollte von vornherein das Entstehen einer betrieblichen Übung verhindert werden.

Ein bereits im Arbeitsvertrag klar und verständlich formulierter „Freiwilligkeitsvorbehalt" kann einen konkreten Anspruch auf eine Sonderzahlung nur unter Berücksichtigung des Einzelfalles und einer genauen Formulierung des Textes ausschließen.

Hinweis

Da dieses Thema einem steten Wandel unterliegt, empfehlen wir, sich von einem fachkundigen Rechtsanwalt ggf. beraten zu lassen.

Möglichkeiten im DATEV-Lohnprogramm

Sie sollten bei der Zahlung von Urlaubsgeld den Freiwilligkeitsvorbehalt auf jeder Brutto-/Netto-Abrechnung vermerken.

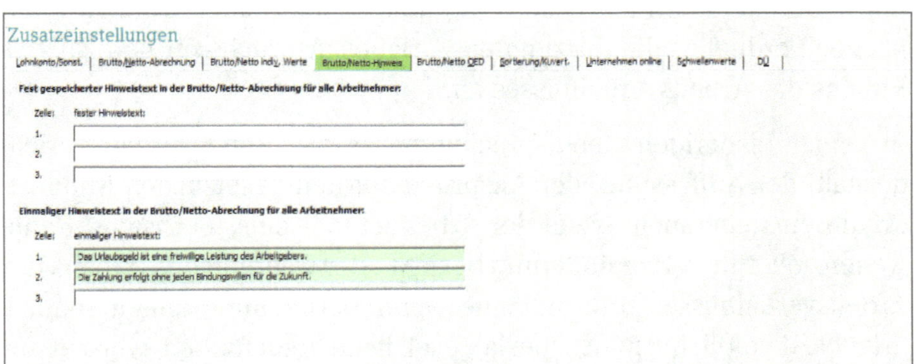

11.4 Urlaub und Entgeltfortzahlung

11.4.1 Grundlagen des Urlaubsanspruchs

Der Unternehmer unterscheidet bei den Personalkosten zwischen produktiven und unproduktiven Lohn- und Gehaltskosten.

Ein großer Block der unproduktiven Kosten ist die Weiterzahlung des Entgelts für die Zeit des Urlaubs. Durch die Gewährung des Erholungsurlaubs fehlt der Arbeitnehmer natürlich auch für die Dauer seines Urlaubs im Geschäftsprozess.

Für den Unternehmer stellen sich häufig Fragen, z. B. inwieweit er einen Urlaubsantrag ablehnen kann oder wieviel Tage Urlaub dem Arbeitnehmer zusteht. Natürlich ist auch die Höhe des Urlaubsentgelts von Relevanz und ob ein zusätzliches Urlaubsgeld gezahlt werden muss.

Die nachfolgenden Seiten geben einen Überblick über die wichtigsten Regelungen zum Thema Urlaub.

Das Entstehen des vollen Urlaubsanspruchs hat grds. nur zwei Voraussetzungen:

- das Bestehen eines Arbeitsverhältnisses und
- die Erfüllung einer sechsmonatigen Wartezeit.

Die Entstehung des gesetzlichen Urlaubsanspruchs erfordert nur den rechtlichen Bestand des Arbeitsverhältnisses und die einmalige Erfüllung der Wartezeit (s. u.). Das BUrlG bindet den Urlaubsanspruch damit weder an die Erfüllung der Hauptpflichten aus dem Arbeitsverhältnis noch ordnet es die Kürzung des Urlaubsanspruchs für den Fall des Ruhens des Arbeitsverhältnisses an.

In seiner bisherigen Rechtsprechung war das Bundesarbeitsgericht deshalb der Auffassung, der Anspruch auf den gesetzlichen Mindesturlaub entstehe auch, wenn der Arbeitnehmer eine (befristete) Rente wegen voller Erwerbsminderung bezieht oder während des Ruhens des Arbeitsverhältnisses aufgrund eines vereinbarten unbezahlten Sonderurlaubs. Lediglich einige spezialgesetzliche Regelungen würden für den Arbeitgeber die Möglichkeit der Kürzung des Urlaubs bei Ruhenszeiträumen vorsehen, z. B. bei Elternzeit (§ 17 Abs. 1 S. 1 BEEG) oder Wehrdienst (§ 4 Abs. 1 S. 1 ArbPlSchG).

An seiner bisherigen Rechtsprechung hält das Bundesarbeitsgericht nicht mehr in allen Fällen fest. Befindet sich der Arbeitnehmer im Urlaubsjahr z. B. ganz oder teilweise im unbezahlten Sonderurlaub, sei dies bei der Berechnung der Urlaubsdauer zu berücksichtigen.

Das Bundesarbeitsgericht hat seine geänderte Rechtsauffassung zum Urlaubsanspruch im Zusammenhang mit einer **Kurzarbeit im Betrieb** zwischenzeitlich bestätigt. § 3 Abs. 1 BUrlG bestimme die Zahl der Urlaubstage ausgehend vom Erholungszweck des gesetzlichen Mindesturlaubs in Abhängigkeit von der Anzahl der Tage mit Arbeitspflicht. Die nach dieser Bestimmung geltenden Grundsätze sind auch dann anzuwenden, wenn für den Arbeitnehmer aufgrund von Kurzarbeit an ganzen Arbeitstagen keine Arbeitspflicht besteht. Bei einer – in der Regel aufgrund einzelvertraglicher Absprachen oder kollektivrechtlicher Bestimmungen – eintretenden Änderung der Arbeitstage mit Arbeitspflicht durch Kurzarbeit ist der gesetzliche Urlaubsanspruch unter Berücksichtigung der einzelnen Zeiträume der Beschäftigung und der auf sie entfallenden Wochentagen mit Arbeitspflicht umzurechnen.[122]

11.4.1.1 Wartezeit, § 4 BUrlG

Der volle Urlaubsanspruch entsteht erstmals nach einer sechsmonatigen Wartezeit gemäß § 4 Bundesurlaubsgesetz (BUrlG), die auch auf zwei Kalenderjahre verteilt sein kann. Diese Wartezeit ist nur einmal zu absolvieren, da nur der erstmalige volle Urlaubsanspruch von der Wartezeit abhängt.

Nach Erfüllung der Wartezeit entsteht der volle Urlaubsanspruch jedes Jahr am 1. Januar neu.

Beispiel: Ein Arbeitnehmer ist seit 01.01.2016 beim Arbeitgeber beschäftigt. Die Wartezeit endet damit am 30.06.2016. Ab 01.07.2016 entsteht der Urlaubsanspruch auf den kompletten Jahresurlaub. Danach besteht jeweils zum 01.01. eines Kalenderjahres der volle Urlaubsanspruch.

---

122 BAG vom 30.11.2021 – 9 AZR 234/21; BAG vom 30.11.2021 – 9 AZR 225/21

11.4.1.2 Mindesturlaub nach dem BUrlG

Der Urlaub beträgt nach § 3 Abs. 1 BUrlG jährlich mindestens 24 Werktage. Als Werktage gelten gemäß § 3 Abs. 2 BUrlG alle Kalendertage, die nicht Sonn- oder gesetzliche Feiertage sind.

Hinweis

Der gesetzliche Mindesturlaub von 24 Werktagen entspricht in Wochen umgerechnet somit einem Urlaub von vier Wochen pro Kalenderjahr (24/6).

- Der Urlaubsanspruch ist grds. auf Tage bezogen und kann in der Regel nicht stunden- oder halbtageweise gewährt werden.
- Besteht eine Arbeitspflicht an einem Sonn- oder Feiertag, wie beispielsweise in der Gastronomie, so handelt es sich für den betroffenen Arbeitnehmer um einen individuellen Arbeitstag, der auch urlaubsrechtlich als solcher zu behandeln ist.

Berechnungsgrundlage

Arbeitet der Arbeitnehmer nicht an allen sechs Werktagen der Woche (wie bei der üblichen Fünf-Tage-Woche), bedarf es der Umrechnung auf fünf Arbeitstage.

Berechnungsformel: 24 Werktage: 6 × Arbeitstage pro Woche.

- Das ergibt für einen Arbeitnehmer, der an fünf Tagen in der Woche arbeitet, 20 Arbeitstage (gesetzlichen) Mindesturlaub.
- Bei Teilzeitarbeitsverhältnissen erfolgt die Berechnung nach der genannten Formel, sofern die wöchentliche Arbeitszeit regelmäßig verteilt ist.
- Ist die Arbeitszeit nicht jede Woche gleich, sondern unregelmäßig verteilt, ist für die Umrechnung auf den Zeitabschnitt abzustellen, in dem im Durchschnitt die regelmäßige wöchentliche Arbeitszeit

erreicht wird. Kann kein Umrechnungszeitraum festgestellt werden, ist der Jahresdurchschnitt zugrunde zu legen.

Von den Bestimmungen des Bundesurlaubsgesetzes kann im Arbeitsvertrag nicht zu Ungunsten des Arbeitnehmers abgewichen werden (§ 13 Satz 2 BUrlG). In Tarifverträgen sind ausgestaltende Regelungen zulässig, wobei die Mindestdauer des Urlaubs nicht verkürzt werden darf (§ 13 Satz 1 BUrlG). Selbstverständlich kann der Arbeitgeber dem Arbeitnehmer freiwillig einen höheren Urlaubsanspruch gewähren. Dies ist in der Praxis üblich.

Berechnung des Urlaubsanspruchs bei einem Wechsel von Vollzeit auf Teilzeit

1998 hatte das BAG[123] entschieden, dass sich bei einer Veränderung der Verteilung der Arbeitszeit auf weniger oder mehr Arbeitstage einer Kalenderwoche im Verlauf eines Kalenderjahres auch die Dauer des dem Arbeitnehmer zustehenden Erholungsurlaubs entsprechend verkürzt oder verlängert. Der Erholungsurlaub müsse nach den geänderten Verhältnissen neu berechnet werden.

Diese Rechtsprechung hat sich durch einen Beschluss des EuGH vom 13.06.2013 erledigt.[124] Danach führt die Verkürzung der Arbeitszeit bei Wechsel auf eine Teilzeitstelle nicht dazu, dass noch nicht genommener Urlaub aus dem Bezugszeit- raum wegfällt oder gekürzt wird.

Das BAG folgte in seiner Entscheidung vom 10.02.2015 (9 AZR 53/14) der Auffasssung des EuGH und bestätigte, dass der Urlaubsanspruch, der während der Vollzeittätigkeit erworben wurde, bei Übergang in eine Teilzeittätigkeit nicht gekürzt werden darf.[125]

---

[123] BAG vom 28.04.1998 (9 AZR 314/97)

[124] EuGH vom 13.06.2013 – C-415/12 (Rechtssache „Bianca Brandes“)

[125] BAG vom 10.02.2015 – 9 AZR 53/14

Gesetzlicher Mindesturlaub für Jugendliche nach § 19 Jugendarbeitsschutzgesetz

Der Urlaub für Jugendliche (auch Auszubildende) beträgt jährlich

- mindestens 30 Werktage, wenn der Jugendliche zu Beginn des Kalenderjahrs noch nicht 16 Jahre alt ist,
- mindestens 27 Werktage, wenn der Jugendliche zu Beginn des Kalenderjahrs noch nicht 17 Jahre alt ist,
- mindestens 25 Werktage, wenn der Jugendliche zu Beginn des Kalenderjahrs noch nicht 18 Jahre alt ist.

11.4.1.3 Zusatzurlaub für schwerbehinderte Menschen

Schwerbehinderte Menschen haben Anspruch auf einen bezahlten zusätzlichen Erholungsurlaub von fünf Arbeitstagen im Urlaubsverjahr; verteilt sich die regelmäßige Arbeitszeit des schwerbehinderten Menschen auf mehr oder weniger als fünf Arbeitstage in der Kalenderwoche, erhöht oder vermindert sich der Zusatzurlaub entsprechend (§ 208 Abs. 1 S. 1 SGB IX).

Ein Mensch ist schwerbehindert, wenn bei ihm ein Grad der Behinderung (GdB) von wenigstens 50 vorliegt und er seinen Wohnsitz, seinen gewöhnlichen Aufenthalt oder seine Beschäftigung auf einem Arbeitsplatz im Geltungsbereich dieses Gesetzbuches hat (§ 2 Abs. 2 SGB IX).

Behinderte Menschen sollen einem schwerbehinderten Menschen gleichgestellt werden, wenn sie einen Grad der Behinderung von weniger als 50, aber wenigstens 30 haben und sie infolge ihrer Behinderung ohne die Gleichstellung einen geeigneten Arbeitsplatz nicht erlangen oder nicht behalten können (§ 2 Abs. 3 SGB IX – gleichgestellte behinderte Menschen).

Gleichgestellte behinderte Menschen haben keinen Anspruch auf Zusatzurlaub.

11.4.1.4 Freiwilliger Zusatz- und Tarifurlaub

Einzelvertraglich kann ein höherer Urlaubsanspruch vereinbart werden.

In den Genuss eines höheren Urlaubsanspruchs kommen in der Regel auch Arbeitnehmer, auf deren Arbeitsverhältnis ein Tarifvertrag Anwendung findet. Möchte der Arbeitgeber im Einzelarbeitsvertrag oder auch die Tarifvertragsparteien einen höheren Urlaubsanspruch als den gesetzlichen Mindesturlaub gewähren, ist dies selbstverständlich zulässig. Daher steht es den Arbeitsvertrags- oder Tarifvertragsparteien auch frei, die Voraussetzungen für den Urlaubsanspruch zu definieren.

Sie müssen sich dabei aber an die bestehenden Gesetze, insbesondere das Allgemeine Gleichbehandlungsgesetz (AGG), halten.

Deshalb ist eine Staffelung der Urlaubshöhe nach dem Alter, wie vormals im Tarifvertrag für den öffentlichen Dienst enthalten, regelmäßig wegen Verstoß gegen § 7 AGG unwirksam. Weniger kritisch sind Regelungen, die den Urlaubsanspruch nach der Betriebszugehörigkeit staffeln.

Behandlung des freiwilligen Zusatzurlaubs

Sofern im Arbeits- und Tarifvertrag keine abweichenden Regelungen enthalten sind, teilt der freiwillige bzw. tarifliche Zusatzurlaub das Schicksal des gesetzlichen Urlaubsanspruchs, z. B. hinsichtlich:

- Berechnung des Teilurlaubs[126],
- Verfall des Urlaubs zum 31.03. des folgenden bzw. bei langfristiger Erkrankung[127] des übernächsten Kalenderjahres,
- Abgeltung bei Beendigung des Arbeitsverhältnisses.

Zulässig ist hingegen, im Tarifvertrag oder im Arbeitsvertrag abweichende Regelungen zum Urlaubsanspruch, z. B. auch im Hinblick auf die Verfallfristen oder die Mitwirkungsobliegenheiten des Arbeitgebers

---

[126] Siehe nachfolgend ▸*Kapitel D 13.5.1.5 Teilurlaub*

[127] Siehe ▸*Kapitel D 13.5.1.8 Übertragung ins nächste Kalenderjahr*

(siehe unten) vorzusehen. Allerdings muss sich die gesonderte Regelung für den Zusatzurlaub aus dem Tarifvertrag oder Arbeitsvertrag eindeutig ergeben.

11.4.1.5 Teilurlaub

Grundsätzlich entsteht zum 01.01. eines jeden Kalenderjahres der Urlaub in voller Höhe. Besteht das Arbeitsverhältnis nicht das volle Kalenderjahr, kann sich ein Teilurlaubsanspruch ergeben.

Anspruch auf (gesetzlichen) Teilurlaub in Höhe eines Zwölftels des Jahresurlaubs für jeden vollen Monat des Bestehens des Arbeitsverhältnisses hat der Arbeitnehmer

- für Zeiten eines Kalenderjahres, für die er wegen Nichterfüllung der Wartezeit in diesem Kalenderjahr keinen vollen Urlaubsanspruch erwirbt (Eintritt in das Arbeitsverhältnis nach dem 30.06.),
- wenn er vor erfüllter Wartezeit aus dem Arbeitsverhältnis ausscheidet (i.d.R. Probezeitkündigung vor Ablauf von 6 Monaten) oder
- wenn er nach erfüllter Wartezeit in der ersten Hälfte eines Kalenderjahres aus dem Arbeitsverhältnis ausscheidet (Ausscheiden bis einschließlich zum 30.06.).

In allen anderen Fällen, also insbesondere bei einem Eintritt im 1. Kalenderhalbjahr oder einem Ausscheiden des Arbeitnehmers nach dem 30.06. im zweiten Kalenderhalbjahr, entsteht stets der volle Urlaubsanspruch. Für freiwilligen Zusatzurlaub können abweichende Regelungen, z. B. eine generelle Zwölftelung, getroffen werden.

Da der volle Urlaubsanspruch erstmalig „nach“ sechsmonatigem Bestehen des Arbeitsverhältnisses in voller Höhe entsteht (§ 4 BUrlG), kann der Arbeitnehmer in dem Jahr keinen vollen Urlaubsanspruch erwerben, in dem das Arbeitsverhältnis mit Wirkung zum 1. Juli begründet wird.

Ergeben sich bei einem Teilurlaub nach § 5 Abs. 1 BUrlG Bruchteile von Urlaubstagen, die mindestens einen halben Tag betragen, werden diese auf volle Urlaubstage aufgerundet (§ 5 Abs. 2 BUrlG). Eine Abrundung für Bruchteile unter einem halben Arbeitstag erfolgt dagegen nicht.[128]

Scheidet der Arbeitnehmer im ersten Kalenderhalbjahr aus dem Arbeitsverhältnis aus und wurde ihm bereits Urlaub über den ihm zustehenden Umfang hinaus gewährt, so kann das dafür gezahlte Urlaubsentgelt nicht durch den Arbeitgeber zurückgefordert werden (§ 5 Abs. 3 BUrlG).

Beispiele für die Berechnung des gesetzlichen Teilurlaubs:

Beispiel 1: Arbeitnehmer A arbeitet seit 2009 beim Arbeitgeber in einer 5-Tage-Woche. Laut Arbeitsvertrag stehen ihm im Kalenderjahr insgesamt 30 Arbeitstage als Urlaub zu. Zum 30.04.2023 scheidet er aus dem Arbeitsverhältnis aus. A hat in 2023 noch keinen Urlaub genommen.

Die Wartezeit nach § 4 BUrlG ist erfüllt. Jedoch scheidet A in der ersten Hälfte des Kalenderjahres aus, sodass nach § 5 Abs. 1 lit. c BUrlG für 2023 nur ein Teilurlaubsanspruch von 4/12 entstanden ist. Bei 30 Urlaubstagen laut Vertrag hat A einen Abgeltungsanspruch für 10 Urlaubstage (30 Urlaubstage : 12 × 4 Monate = 10 Urlaubstage).

Beispiel 2: B ist seit 12.05.2023 mit denselben Arbeitsbedingungen wie Arbeitnehmer A beim Arbeitgeber beschäftigt und scheidet zum 25.07.2023 aus.

B hat die sechsmonatige Wartezeit nach § 4 BUrlG noch nicht erfüllt.

Insofern ist auch hier ein Teilurlaubsanspruch von 2/12 entstanden (30 Urlaubstage: 12 × 2 volle Monate = 5 Urlaubstage).

Beispiel 3: C tritt am 01.06.2023 D am 01.09.2023 beim Arbeitgeber ein. Anfang Dezember suchen beide das Gespräch mit dem Arbeitgeber und möchten gerne die ihnen ihres Erachtens zustehenden Anzahl von 30 Arbeitstagen noch in 2023 als Urlaub nehmen.

C begann seine Arbeit in der ersten Hälfte des Kalenderjahres. Ihm stehen somit 30 Urlaubstage zu. D trat hingegen erst in der zweiten Hälfte des Kalenderjahres in das Arbeitsverhältnis ein. Er hat somit nur Anspruch auf 4/12 Teilurlaub in 2023.

---

128 Erfurter Kommentar zum Arbeitsrecht, Rdn. 21 zu § 5 BUrlG

Beispiel 4: A hat einen Urlaubsanspruch von 30 Arbeitstagen pro Kalenderjahr, sein Kollege B 29 Arbeitstage. In 2023 verlassen beide zum 31.03. den Betrieb, ohne zuvor Urlaub genommen zu haben

Der Abgeltungsanspruch beträgt in diesem Fall für A 8 Tage ($30/12 \times 3 = 7{,}5$) und für B 7,25 Tage ($29/12 \times 3 = 7{,}25$).

Arbeitgeberwechsel

Ein Urlaubsanspruch besteht nicht, soweit dem Arbeitnehmer für das laufende Kalenderjahr bereits von einem früheren Arbeitgeber Urlaub gewährt worden ist.

Beispiel: Angestellter A ist seit 2015 in der Bäckerei beschäftigt. Im Jahr 2023 erhält A eine Kündigung zum 31.03.2023. Zum 01.04.2023 tritt er eine neue Stelle in der Konditorei des K an.

A hat 2023 keinen Urlaub erhalten. Eine Abgeltung des ihm zustehenden Urlaubsanspruchs wurde seitens der Bäckerei nicht vorgenommen. A verlangt nun von seinem neuen Arbeitgeber im Oktober 2023 die Gewährung seines gesamten Jahresurlaubs.

Hätte A dagegen bei der Bäckerei im Januar und Februar bereits seinen ganzen Jahresurlaub genommen, müsste die Konditorei ihm keinen Urlaub mehr gewähren.

Merke:

- In zwei nebeneinander bestehenden Arbeitsverhältnissen (Doppelarbeitsverhältnis) entstehen Ansprüche ohne die Beschränkung des § 6 BUrlG.
- Nur der aus dem laufenden Kalenderjahr gewährte Urlaub hindert das Entstehen weiterer Ansprüche (aus dem Vorjahr nach § 7 Abs. 3 BUrlG übertragener Urlaub ist nicht betroffen).
- Die Vorschrift des § 6 BUrlG hindert das Entstehen des Urlaubs im neuen Arbeitsverhältnis nicht bereits dann, wenn der Arbeitnehmer Urlaub im alten Arbeitsverhältnis erworben, aber nicht genommen hat.
- Der Arbeitnehmer muss vielmehr tatsächlich von der Arbeit freigestellt oder aber der Urlaub muss am Ende des früheren Arbeitsverhältnisses abgegolten worden sein.

- Der neue Arbeitgeber kann dem Arbeitnehmer die Erfüllung des von ihm geschuldeten Urlaubs nicht mit der Begründung verweigern, er solle seinen Abgeltungsanspruch gegenüber dem alten Arbeitgeber durchsetzen.

Wechselt ein Arbeitnehmer während des Jahres sein Arbeitsverhältnis, muss er sich vom neuen Arbeitgeber den im laufenden Jahr vom vorherigen Arbeitgeber gewährten Urlaub anrechnen lassen. Der (frühere) Arbeitgeber ist zu diesem Zweck verpflichtet, bei Beendigung des Arbeitsverhältnisses eine Urlaubsbescheinigung über den im laufenden Kalenderjahr gewährten bzw. abgegoltenen Urlaub auszuhändigen.

11.4.1.6 Erkrankung während des Urlaubs

- Erkrankt der Arbeitnehmer vor oder während des Urlaubs, so werden die Zeiten, die durch eine ärztliche Bescheinigung nachgewiesen sind, nicht auf den Urlaub angerechnet (§ 9 BUrlG).
- Kuren und Schonungszeiten dürfen ebenfalls nicht auf den Urlaub angerechnet werden.

Lösung in DATEV Lohn und Gehalt

Die Urlaubsansprüche des Arbeitnehmers können in den Personaldaten hinterlegt werden. Mit der Eingabe des Vollanspruchs wird der Teilanspruch gemäß Eintrittsdatum ermittelt.

Personaldaten | Arbeitszeiten | Urlaubsanspruch

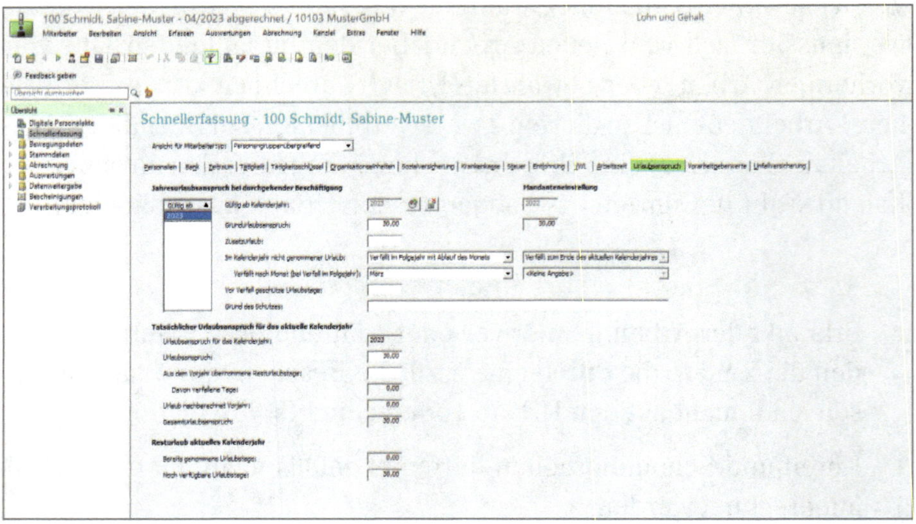

11.4.1.7 Urlaubsvergütung

Für die Zeit des Urlaubs hat der Arbeitgeber eine Urlaubsvergütung zu zahlen. Wenn kein Tarifvertrag anzuwenden ist bzw. wenn keine für den Arbeitnehmer begünstigenden Regelungen im Arbeitsvertrag vorhanden sind, sind die Regelungen des Bundesurlaubsgesetzes anzuwenden.

Nachfolgend werden die Grundlagen des Bundesurlaubsgesetzes erläutert. Zu unterscheiden sind das **Urlaubsentgelt** und das **Urlaubsgeld**.

- **Urlaubsentgelt** ist das für die Dauer des Urlaubs fortgezahlte Arbeitsentgelt (§ 11 Abs. 1 Satz 1 BUrlG).
- **Urlaubsgeld** ist eine zusätzliche, z. B. aufgrund eines Tarifvertrags oder Einzelvertrags gewährte Vergütung.

Während des Erholungsurlaubs ist gemäß § 1 BUrlG, § 611 Abs. 1 BGB die Vergütung fortzuzahlen. Dieser Grundsatz ist gemäß § 13 Abs. 1 BUrlG zum Nachteil des Arbeitnehmers – auch tariflich – unabdingbar.

Die Höhe des Urlaubsentgelts hängt von zwei Faktoren ab: dem Zeit- und Geldfaktor.

Für jeden Urlaubstag erhält der Arbeitnehmer den durchschnittlichen Arbeitsverdienst der letzten 13 Wochen vor Beginn des Urlaubs.

Arbeitsverdienst ist die vom Arbeitgeber erbrachte Gegenleistung für das Tätigwerden des Arbeitnehmers im Berechnungszeitraum. Zum Arbeitsverdienst im Sinne des Gesetzes gehört somit zunächst die für die Arbeitsleistung geschuldete Gegenleistung wie das Gehalt bzw. der Lohn, unabhängig davon, in welchen Zeitabschnitten (Stunden, Tage, Wochen, Monat) sie berechnet wird.

Zum Arbeitsverdienst gehören weiterhin:

- Prämienlohn als besondere Form des Leistungslohns. Davon sind Prämien zu unterscheiden, die nicht als Grundvergütung für die geleistete Arbeit geschuldet, sondern für besondere Leistungen versprochen sind,
- Vergütung für Bereitschaftsdienst und Rufbereitschaft, Nachtzuschläge und Zuschläge für Sonn- und Feiertagsarbeiten,
- Erschwernis- und Gefahrenzulagen, sofern sie nicht Aufwendungsersatz sind,
- Provisionen, die als einzige Gegenleistung des Arbeitgebers oder neben einem Fixum bezahlt werden,
- Sachbezüge; werden sie während des Urlaubs nicht weitergewährt, so sind sie nach § 11 Abs. 1 Satz 4 BUrlG angemessen abzugelten.

Nicht zum Arbeitsverdienst nach § 11 Abs. 1 Satz 1 BUrlG zählen:

- Überstundenvergütung, sowohl der Grundbetrag, als auch der Überstundenzuschlag,
- Aufwendungsersatz,
- Weihnachtsgelder, Gratifikationen und andere Zuwendungen, die ein oder zwei Mal im Jahr gezahlt werden. Sie sind zwar Entgelt, nicht aber allein Gegenleistung für die erbrachte Arbeitsleistung und bleiben daher unbeachtet. Das gilt auch für ein 13. Monatsgehalt, das in jedem Monat anteilsmäßig verdient, aber erst zu einem bestimmten Tag insgesamt fällig ist.

Beispiel: Eine Arbeitnehmerin hat ab 01.09.2023 drei Wochen (15 Tage) Urlaub. Im Juni, Juli und August wiesen ihre Lohnabrechnungen folgende Position auf:

	Juni 2023	**Juli 2023**	**August 2023**
Grundgehalt	4.500,00 Euro	4.500,00 Euro	4.500,00 Euro
ÜSt.		300,00 Euro	400,00 Euro
ÜSt.-Zu.		75,00 Euro	100,00 Euro
Bonus	500,00 Euro		
Feiert.-Zschlg.	100,00 Euro		
Urlaubsgeld			2.000,00 Euro

In welcher Höhe ist das Urlaubsentgelt auszuzahlen?

Für die Berechnung des Urlaubsentgelts ist die Vergütung der letzten 13 Wochen (hier 3 Monate) zu berücksichtigen.

Zu berücksichtigen ist der Grundlohn, der Bonus als Vergütung für einen besonderen Umsatz in ihrem Vertriebsgebiet sowie der Feiertags- zuschlag.

Die Vergütung für Überstunden (sowohl das Grundgehalt als auch etwaige Zuschläge) und Sonderzahlungen (wie hier das Urlaubsgeld im August) fließen nicht in die Berechnung ein.

In Summe errechnet sich eine berücksichtigungsfähige Vergütung der letzten 13 Wochen in Höhe von 14.100,00 Euro (3 × 4.500,00 Euro + 500,00 Euro + 100,00 Euro) oder durchschnittlich in der Woche 1.084,62 Euro (14.100,00 Euro / 13 Wochen). Bei einer 5-Tage-Woche errechnet sich hieraus ein durchschnittlicher Tagesverdienst von 216,92 Euro.

Für 15 Tage Urlaub erhält die Arbeitnehmerin insgesamt ein Urlaubsentgelt von 3.253,80 Euro (15 Tage á 216,92 Euro).

In Tarifverträgen können nach § 13 Abs. 1 BUrlG abweichende Regelungen zur Berechnung des Urlaubsentgelts enthalten sein. Allerdings dürfen diese von der gesetzlichen Grundwertung nicht zu Ungunsten des Arbeitnehmers abweichen und z. B. Vergütungsbestandteile wie Zuschläge aus der Berechnung des Urlaubsentgelts völlig ausnehmen.

Die abweichenden Bestimmungen des Tarifvertrages haben zwischen nichttarifgebundenen Arbeitgebern und Arbeitnehmern Geltung, wenn zwischen diesen die Anwendung der einschlägigen tariflichen Urlaubsregelung vereinbart ist. Eine sonstige Abweichung in Arbeitsverträgen zu Ungunsten des Arbeitnehmers ist unzulässig.

Tariferhöhung während des Urlaubs

Ein Arbeitnehmer darf durch die Gewährung von Urlaubsentgelt nicht schlechter, aber auch nicht besser gestellt werden, als wenn er gearbeitet hätte.

Lohnminderung

Unverschuldete Verdienstkürzungen (z. B. unbezahlter Urlaub) werden bei der Berechnung des Urlaubsentgelts nicht berücksichtigt.

Fälligkeit

Nach dem Bundesurlaubsgesetz ist das Urlaubsentgelt vor Antritt des Urlaubs zu zahlen (hiergegen wird in der Praxis regelmäßig verstoßen).

Urlaubsgeld

Das Gesetz kennt zwar keine zusätzlichen Leistungen zum Urlaubsentgelt. Diese finden sich jedoch in Tarifverträgen und in Arbeitsverträgen. Der Arbeitgeber ist zur Zahlung nur bei Bestehen eines besonderen Rechtsgrundes (kollektiv- oder einzelvertragliche Vereinbarung) verpflichtet.

11.4.1.8 Urlaubsabgeltung

Urlaub ist abzugelten, wenn er wegen Beendigung des Arbeitsverhältnisses ganz oder teilweise nicht mehr gewährt werden kann.

- Der Abgeltungsanspruch entsteht für die nicht mehr mögliche Befreiung von der Arbeitspflicht.
- Erfasst wird der gesamte Urlaubsanspruch, der bei Beendigung noch nicht erfüllt ist, d. h. auch der über den gesetzlichen Mindestanspruch vereinbarte oder durch Tarifvertrag geltende Urlaub.

Die Abgeltung nicht gewährten Urlaubs kommt nur bei einer Beendigung des Arbeitsverhältnisses in Betracht.

Während des bestehenden Arbeitsverhältnisses ist die Abgeltung des Urlaubs ausgeschlossen.

11.4.1.9 Übertragung ins nächste Kalenderjahr

Der gesetzliche Urlaubsanspruch nach § 1 BUrlG ist für die Dauer des Kalenderjahres befristet. Grundsätzlich erlischt er mit Ablauf des Kalenderjahres.

- Eine Übertragung findet statt, wenn die Erfüllung des auf das Kalenderjahr befristeten Urlaubsanspruchs während dieser Zeit aus dringenden betrieblichen oder in der Person des Arbeitnehmers liegenden Gründen nicht möglich war (§ 7 Abs. 3 Satz 2 BUrlG).
- Im Fall der Übertragung muss der Urlaub grds. bis spätestens zum 31.03. des folgenden Kalenderjahres gewährt und genommen werden (siehe aber nachfolgend Sonderfall „langfristige Erkrankung").
- Die Übertragung vollzieht sich kraft Gesetzes, wenn die Voraussetzungen für die Übertragung vorliegen.
- Dringende betriebliche Gründe liegen vor, wenn die Interessen des Arbeitgebers an einer Gewährung von Urlaub im Übertragungszeitraum anstelle des im Urlaubsjahr zu gewährenden Urlaubs das Interesse des Arbeitnehmers an der fristgerechten Inanspruchnahme des Urlaubs noch innerhalb des Kalenderjahres überwiegen.

Beispiele: Besonders arbeitsintensive Zeiten (Messe, Festspiele), anderen Arbeitnehmern ist Urlaub bereits gewährt worden, gute Auftragslage zum Jahresende.

- Ein in der Person des Arbeitnehmers liegender Grund ist regelmäßig bei Erkrankung des Arbeitnehmers und damit verbundener Arbeitsunfähigkeit zum Jahresende gegeben.

  Kein in der Person des Arbeitnehmers liegender Übertragungsgrund liegt vor, wenn die Krankheit des Arbeitnehmers das Jahr angedauert hat, er aber so rechtzeitig wieder arbeitsfähig ist, dass er für die Dauer des (noch) bestehenden Urlaubs von der Arbeitspflicht befreit werden kann.
- Der Arbeitgeber hat im Übertragungszeitraum entsprechend den Wünschen des Arbeitnehmers den übertragenden Urlaub zu erfüllen. Dringende betriebliche Gründe oder vorrangige Urlaubswünsche anderer Arbeitnehmer kann der Arbeitgeber dem Arbeitnehmer im Übertragungszeitraum nicht entgegenhalten.

Mitwirkungsobliegenheit des Arbeitgebers

Nach den dargestellten Grundsätzen verfällt der Urlaub jeweils zum 31.12. eines Kalenderjahres, bei Vorliegen eines Übertragungstatbestandes zum 31.03. des Folgejahres. Das galt nach früherer Rechtsprechung selbst für den Fall, dass der Arbeitnehmer den Arbeitgeber rechtzeitig, aber erfolglos aufgefordert hatte, ihm Urlaub zu gewähren. Allerdings kann sich aus dem Gesichtspunkt des Schuldnerverzugs für den Arbeitnehmer ein Schadensersatzanspruch ergeben, wenn der Arbeitgeber den Anspruch auf Erholungsurlaub des Arbeitnehmers nicht erfüllt.

Nach der bisherigen Rechtsprechung des Bundesarbeitsgerichts besteht ein Schadensersatzanspruch nur, wenn der Arbeitgeber einen rechtzeitig verlangten Urlaub nicht gewährt hat. Der Anspruch setzt daher nach Ansicht des BAG deshalb voraus, dass der Arbeitnehmer den Arbeitgeber rechtzeitig, aber erfolglos um Freistellung gebeten hat. Hat der Arbeitnehmer keine Urlaubswünsche angemeldet, so sei der Arbeitgeber (bisher) nicht verpflichtet, den Arbeitnehmer anzuhören oder seine Urlaubswünsche zu erfragen, um den Urlaubszeitraum von sich aus festzulegen.

An dieser Rechtsauffassung hält das Bundesarbeitsgericht aus Europarechtlichen Gesichtspunkten nicht länger fest. Zunächst entschied der EuGH, dass ein Arbeitnehmer den von ihm nicht genommenen Urlaub nicht allein deshalb verliert, weil er vor Beendigung des Arbeitsverhältnisses (oder im Bezugszeitraum) keinen Urlaub beantragt hat. Diese Ansprüche könnten nur untergehen, wenn der Arbeitnehmer vom Arbeitgeber z. B. durch angemessene Aufklärung tatsächlich in die Lage versetzt wurde, die fraglichen Urlaubstage rechtzeitig zu nehmen, was der Arbeitgeber zu beweisen habe. Kann der Arbeitgeber nachweisen, dass der Arbeitnehmer aus freien Stücken und in voller Kenntnis der Sachlage darauf verzichtet hat, seinen bezahlten Jahresurlaub zu nehmen, steht das Unionsrecht dem Verlust dieses Anspruchs nicht entgegen.

Dem Arbeitgeber obliegt damit die Initiativlast für die Verwirklichung des Urlaubsanspruchs. Der Anspruch auf den gesetzlichen Mindesturlaub erlischt deshalb nur dann am Ende des Kalenderjahres (§ 7 Abs. 3 Satz 1 BUrlG) oder eines zulässigen Übertragungszeitraums (§ 7 Abs. 3 Satz 2 und Satz 4 BUrlG), wenn der Arbeitgeber den Arbeitnehmer zuvor in die Lage versetzt hat, seinen Urlaubsanspruch wahrzunehmen, und der Arbeitnehmer den Urlaub dennoch aus freien Stücken nicht genommen hat. Der Arbeitgeber hat den Arbeitnehmer konkret aufzufordern, den Urlaub zu nehmen, und ihn klar und rechtzeitig darauf hinzuweisen, dass der Urlaub anderenfalls mit Ablauf des Urlaubsjahres oder Übertragungszeitraums erlischt.[129]

Liegen diese Voraussetzungen nicht vor, erlischt ein nicht erfüllte Urlaubsanspruch weder zum Ende des Kalenderjahres noch zum Ende des Übertragungszeitraums. Zwischenzeitlich hat das Bundesarbeitsgericht auch klargestellt, dass ein nicht verfallener Urlaubsanspruch auch nicht der gesetzlichen Verjährung (in der Regel 3 Kalenderjahre) unterliegt.

---

[129] BAG vom 25.06.2019 - 9 AZR 546/17

Für zusätzlich, über den gesetzlichen Mindesturlaub hinaus gewährten Urlaub durch Tarifvertrag oder Arbeitsvertrag können abweichende Regelungen getroffen werden.

Sonderfall: Urlaubsansprüche bei langfristiger Erkrankung

Das BAG ging seit einer Entscheidung des EuGH vom 20.01.2009 (C-350/06) davon aus, dass der Anspruch auf Abgeltung des gesetzlichen Urlaubs- und Teilurlaubsanspruchs nicht mehr erlosch, wenn der Arbeitnehmer bis zum Ende des Übertragungszeitraums erkrankt und deshalb arbeitsunfähig war.

Diese zwischenzeitliche Auffassung, dass der Erholungsurlaub im Falle von Krankheit somit überhaupt nicht mehr verfallen konnte, wurde durch die Entscheidung des BAG vom 07.08.2012 (9 AZR 353/10) erheblich eingeschränkt.

Auf Grundlage der Entscheidung des EuGH vom 22.11.2011 (C-214/10) ist § 7 Abs. 3 Satz 3 BUrlG unionskonform dahingehend auszulegen, dass der gesetzliche Mindesturlaub und der Zusatzurlaub Schwer- behinderter mit Ablauf des 31.03. des zweiten auf das jeweilige Urlaubsjahr folgendes Jahres verfällt.

Im Falle der langfristigen Erkrankung verfällt der Urlaub damit erst **15 Monate nach Ablauf des jeweiligen Urlaubsjahres**.

Verjährungsfristen oder auch Ausschlussklauseln greifen erst in dem Zeitpunkt, wenn der Arbeitnehmer den Urlaub wieder beanspruchen kann oder wegen Beendigung des Arbeitsverhältnisses der Urlaub abzugelten ist. Erst dann ist der Urlaubsanspruch erfüllbar und damit fällig.

Die Rechtsprechung des BAG, dass Urlaubsansprüche erst 15 Monate nach Ablauf des Urlaubsjahres (Kalenderjahres) verfallen, gilt nach wie vor nur für den gesetzlichen Mindesturlaub nach dem Bundesurlaubsgesetz und dem Zusatzurlaub für Schwerbehinderte nach dem SGB IX.

Für tariflichen Zusatzurlaub oder arbeitsvertraglich gewährten zusätzlichen Urlaub können abweichende Regelungen getroffen werden (z. B. Verfall stets zum 31.12. des Urlaubsjahres oder zum Ende des „normalen" Übertragungszeitraums am 31.03. des Folgejahres).

Enthalten der Tarifvertrag oder der Einzelarbeitsvertrag aber keine abweichenden Regelungen, teilt auch der tarifliche oder arbeitsvertragliche Zusatzurlaub das gleiche Schicksal wie der gesetzliche Mindesturlaub (Verfall erst 15 Monate nach Ablauf des Kalenderjahres).

11.4.2 Entgeltfortzahlung im Krankheitsfall

Sie sind verpflichtet, als Unternehmer auch an Feiertagen und im Falle der Krankheit an Ihre Arbeitnehmer Entgeltfortzahlung zu leisten.

Die Anspruchsgrundlagen für die Weiterzahlung des Arbeitsentgelts an Feiertagen sowie für Zeiten der (unverschuldeten) Arbeitsunfähigkeit werden nachfolgend erläutert.

Wird ein Arbeitnehmer durch Arbeitsunfähigkeit infolge Krankheit an seiner Arbeitsleistung gehindert, ohne dass ihn ein Verschulden trifft, so hat er Anspruch auf Entgeltfortzahlung im Krankheitsfalle (§ 3 Abs. 1 Satz 1 EFZG).

11.4.2.1 Voraussetzungen

Ob eine Arbeitsunfähigkeit vorliegt, beurteilt sich auf Grundlage des konkreten Arbeitsverhältnisses. Der Arbeitnehmer muss **„an seiner Arbeitsleistung verhindert“** sein. Daher führt nicht jede Krankheit automatisch auch zur Arbeitsunfähigkeit.

Verschulden des Arbeitnehmers ist nur dann gegeben, wenn ein grober Verstoß gegen das von einem verständigen Menschen im eigenen Interesse zu erwartende Verhalten vorliegt. Es muss ein besonders leichtfertiges, grob fahrlässiges oder vorsätzliches Verhalten vorliegen, z. B.:

- Alkoholkonsum, wenn dieser die Ursache für einen Unfall darstellt. Dies gilt sowohl für Verkehrsunfälle als auch bei Unfällen im Freizeitbereich, wie etwa beim Skilaufen.
- Sportunfälle sind nur dann verschuldet, wenn der Arbeitnehmer an einer besonders gefährlichen Sportart teilnimmt oder wenn sich der Arbeitnehmer in einer seine Kräfte deutlich übersteigenden Art sportlich betätigt oder er in besonders grober Weise und leichtsinnig gegen anerkannte Regeln des Sports verstößt.

11.4.2.2 Wartezeit nach § 3 Abs. 3 EFZG

Der Entgeltfortzahlungsanspruch im Krankheitsfall entsteht erst nach vierwöchiger, ununterbrochener Dauer des Arbeitsverhältnisses.

Es genügt der rechtliche Bestand. Eine tatsächliche Beschäftigung während der Wartezeit ist nicht notwendig.

Bei wiederholter, befristeter Einstellung ist für jedes Arbeitsverhältnis die Wartezeit erneut zu erfüllen.

11.4.2.3 Dauer des Entgeltfortzahlungsanspruchs

Der Entgeltfortzahlungsanspruch im Krankheitsfalle besteht für **dieselbe Erkrankung** grds. **für die Dauer von sechs Wochen** bzw. 42 Kalendertagen (§ 3 Abs. 1 Satz 1 EFZG). Zu berücksichtigen sind auch alle arbeitsfreien Tage, wie etwa Sonn- oder Feiertage.

Wird der Arbeitnehmer nach dem Ende einer Arbeitsunfähigkeit erneut krank, ist für das Entstehen eines neuen Anspruchs auf Entgeltfortzahlung maßgeblich, ob die Arbeitsunfähigkeit auf derselben Krankheit beruht oder eine andere Krankheit Auslöser der Arbeitsverhinderung ist.

- Hat die Arbeitsunfähigkeit **unterschiedliche Krankheitsursachen**, hat der Arbeitnehmer für jede Arbeitsunfähigkeit Anspruch auf Entgeltfortzahlung von bis zu 6 Wochen.
- Erkrankt der Arbeitnehmer **erneut wegen derselben Krankheit**, ist die frühere (selbe) Erkrankung auf den 6-Wochen-Zeitraum anzurechnen. Insgesamt wird für dieselbe Krankheit Entgeltfortzahlung nur für 6 Wochen geleistet.

Liegt allerdings **zwischen zwei Arbeitsunfähigkeitszeiträumen**, die auf dieselbe Krankheit zurückzuführen sind, ein Zeitraum von **6 Monaten**, so besteht für die erneute Arbeitsunfähigkeit ein neuer sechswöchiger Entgeltfortzahlungsanspruch.

Ebenso besteht ein Entgeltfortzahlungsanspruch für 6 Wochen wegen derselben Erkrankung, wenn **seit dem Beginn der letzten (bezahlten) Arbeitsunfähigkeit** mindestens **12 Monate** vergangen sind und der Arbeitnehmer zwischenzeitlich arbeitsfähig war.

Beispiel: Herr A war vor Beginn seiner langandauernden Erkrankung (Krankheitsbeginn am 05.01.2023) bereits mehrfach wegen seines Bandscheibenvorfalls arbeitsunfähig krank, und zwar von 01.01.2022 bis 30.03.2022 und von 16.06.2022 bis 30.08.2022.

Der Arbeitgeber musste Entgeltfortzahlung leisten für den Zeitraum 01.01.2022 bis 12.02.2022 (6 Wochen) und leistet wieder Entgeltfortzahlung ab 05.01.2022. Zwar liegt dieselbe Erkrankung vor. Für die letzte Erkrankung sind aber bereits 12 Monate seit Beginn der ersten Erkrankung verstrichen. Für die Erkrankung von 16.06.2022 bis 30.08.2022 musste der Arbeitgeber dagegen keine Entgeltfortzahlung leisten, da zwischen den einzelnen Erkrankungen kein Zeitraum von 6 Monaten lag und zwischen dem Beginn der ersten Erkrankung (01.01.2022 und dem Beginn der Folgeerkrankung (16.06.2022) mehr als 12 Monate lagen.

11.4.2.4 Anzeigepflicht und elektronische Arbeitsunfähigkeitsbescheinigung ab 2023

Nach § 5 Abs. 1 S. 1 EFZG sind Arbeitnehmer verpflichtet, dem Arbeitgeber die Arbeitsunfähigkeit und deren voraussichtliche Dauer unverzüglich mitzuteilen. Zweck der Anzeigepflicht ist, den Arbeitgeber in die Lage zu versetzen, auf die Abwesenheit des Arbeitnehmers reagieren und Arbeitsaufgaben neu verteilen zu können. Die Anzeigepflicht gilt unabhängig davon, ob ein Anspruch auf Entgeltfortzahlung (noch) besteht.

Die Anzeige der Arbeitsunfähigkeit hat unverzüglich, d.h. ohne schuldhaftes Zögern zu erfolgen. Gegebenenfalls hat der Arbeitnehmer nach einem Arztbesuch den Arbeitgeber erneut zu informieren, wenn erst nach dem Arztbesuch die voraussichtliche Dauer der Arbeitsunfähigkeit feststeht. Wegen der Unverzüglichkeit hat der Arbeitnehmer den Arbeitgeber soweit möglich zu informieren, sobald die Arbeitsunfähigkeit feststeht. Der Arbeitnehmer darf grundsätzlich nicht bis zu seinem nächsten (individuellen) Arbeitstag warten.

Dauert die Krankheit länger als drei Kalendertage, ist eine Arbeitsunfähigkeitsbescheinigung spätestens am darauf folgenden Arbeitstag vorzulegen.

Der Arbeitgeber darf die Arbeitsunfähigkeitsbescheinigung auch schon früher verlangen. Eine Vereinbarung über den Zeitpunkt der Abgabe der Bescheinigung kann im Arbeitsvertrag, aber auch z. B. durch Aushang am schwarzen Brett erfolgen.

Für das Verlangen bedarf es keiner Begründung. Der Arbeitgeber muss keine sachlichen Gründe für die Vorlage haben. Nach allgemeiner Ansicht ist eine entsprechende Regelung in Formulararbeitsverträgen nicht unangemessen. Der Arbeitgeber kann die frühere Vorlage der Arbeitsunfähigkeitsbescheinigung allgemein gegenüber der Belegschaft, gegenüber einzelnen Mitarbeitern oder auch nur für einzelne Arbeitsunfähigkeitszeiten verlangen.

Folgebescheinigung

Dauert die Arbeitsunfähigkeit länger als in der Bescheinigung angegeben, ist der Arbeitnehmer verpflichtet, eine neue ärztliche Bescheinigung vorzulegen. Das Gesetz enthält keine klarstellende Regelung, ob die neue Arbeitsunfähigkeitsbescheinigung am letzten Tag der ursprünglichen Arbeitsunfähigkeit, am Folgetag oder erst innerhalb von drei Tagen vorzulegen ist.

Enthält der Arbeitsvertrag keine Regelung, wird der Arbeitnehmer wohl grds. – wie bei Vorlage der Erstbescheinigung nach der gesetzlichen Regelung – zur Vorlage der Folgebescheinigung bis zu drei Tage Zeit haben. Entsprechend § 5 Abs. 1 Satz 3 EFZG sollte der Arbeitgeber berechtigt sein, auch die Vorlage der Folgebescheinigung früher zu verlangen.

Elektronische Arbeitsunfähigkeitsbescheinigung

Die Vorlage einer Arbeitsunfähigkeitsbescheinigung in Papierform gilt seit 01.01.2023 nach § 5 Abs. 1a EFZG nicht (mehr) für Arbeitnehmer, die Versicherte einer gesetzlichen Krankenkasse sind. Diese sind verpflichtet, zu den in § 5 Abs. 1 EFZG genannten Zeitpunkten das Bestehen einer Arbeitsunfähigkeit sowie deren voraussichtliche Dauer feststellen und sich eine ärztliche Bescheinigung aushändigen zu lassen.

Der Arbeitgeber erhält in diesen Fällen eine Arbeitsunfähigkeitsbescheinigung in elektronischer Form über die zuständige Krankenkasse.

Die Vorgaben zur elektronischen Arbeitsunfähigkeitsbescheinigung gelten nicht für Personen, die eine geringfügige Beschäftigung in Privathaushalten ausüben, und in Fällen der Feststellung der Arbeitsunfähigkeit durch einen Arzt, der nicht an der vertragsärztlichen Versorgung teilnimmt.

Leistungsverweigerungsrecht nach § 7 EFZG

Der Arbeitgeber ist berechtigt, die Fortzahlung des Arbeitsentgelts zu verweigern, solange der Arbeitnehmer keine Arbeitsunfähigkeitsbescheinigung vorgelegt hat oder – bei einer Erkrankung im Ausland – die Arbeitsunfähigkeit, deren voraussichtliche Dauer und die Adresse am Aufenthaltsort mitgeteilt hat. Seit 01.01.2023 ist an die Stelle der Vorlagepflicht die Verpflichtung getreten, sich die Arbeitsunfähigkeit durch den behandelnden Arzt bescheinigen zu lassen, wodurch der elektronische Abruf beim Arbeitgeber ausgelöst wird.

Der Arbeitgeber kann die Entgeltfortzahlung **nur solange verweigern**, wie der Arbeitnehmer seinen Pflichten nicht nachkommt. Wenn der Arbeitnehmer (auch nachträglich) seine Obliegenheiten erfüllt, erlischt das Leistungsverweigerungsrecht rückwirkend. Der Arbeitnehmer hat dann einen zu diesem Zeitpunkt fälligen Anspruch auf die Entgeltfortzahlung für den gesamten Zeitraum der Arbeitsunfähigkeit.

11.4.2.5 Technische Voraussetzungen für den Datenaustausch

Um am eAU-Verfahren teilzunehmen, brauchen Arbeitgeber oder ihre Steuerberater

- ein systemgeprüftes Entgeltabrechnungsprogramm,
- eine elektronisch gestützte systemgeprüfte Ausfüllhilfe oder
- ein systemuntersuchtes Zeiterfassungssystem.

Die Daten werden über den Kommunikationsserver der gesetzlichen Krankenversicherung nach vorheriger Anforderung für den einzelnen

Beschäftigten zur Verfügung gestellt. Die Personalabrechnenden sollten deshalb mindestens einmal wöchentlich an den Abruf der Daten denken beziehungsweise den Prozess automatisieren.

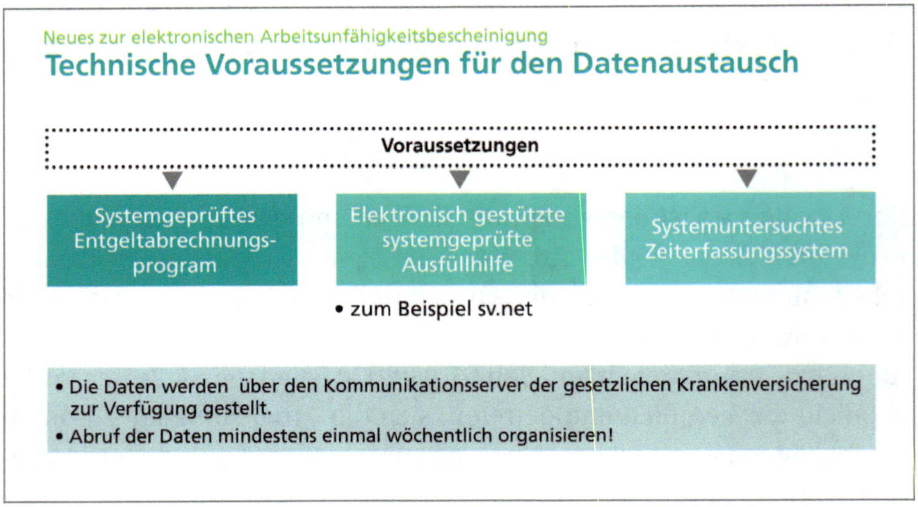

11.4.2.6 Handhabung für Arbeitslose bei der Agentur für Arbeit

Ab 01. Januar 2023: Arbeitsunfähigkeitsbescheinigung muss bei Arbeitslosigkeit weiterhin vorgelegt werden (Stand 11.01.2023 muss lt. Presseinformation der Agentur für Arbeit bis 01.01.2024 noch wie bisher die Arbeitsunfähigkeitsbescheinigung vorlegen).

Arbeitgeber sind ab Anfang Januar 2023 verpflichtet, die Arbeitsunfähigkeitsdaten ihrer gesetzlich versicherten Beschäftigten elektronisch bei den Krankenkassen abzurufen. Arbeitnehmer müssen sich dann lediglich noch „krankmelden“, die Pflicht zur Vorlage der Bescheinigung ist gesetzlich nicht mehr vorgesehen.

Für Kundinnen und Kunden der Agenturen und Jobcenter gilt diese Neuerung ab dem 01. Januar 2023 allerdings nicht. Sie müssen weiterhin eine Arbeitsunfähigkeitsbescheinigung (AUB) im Krankheitsfall oder bei Arbeitsunfähigkeit vorlegen.

Die BA weist arbeitslose Kundinnen und Kunden darauf hin, die AUB aktiv bei ihrem Arzt einzufordern. Erst ab dem 01. Januar 2024 sind auch die Agenturen für Arbeit gesetzlich berechtigt, die AUB elektronisch bei den Krankenkassen abzurufen.

Die Vorlage einer AUB ist für Kundinnen und Kunden wichtig, damit sie weiterhin Leistungen erhalten können. Auch Teilnehmerinnen und Teilnehmer an Weiterbildungsmaßnahmen müssen eine AUB im Krankheitsfalle weiterhin ihrer Agentur für Arbeit, ihrem Jobcenter bzw. dem Maßnahme- oder Bildungsträger vorlegen.

Kundinnen und Kunden können auch auf digitalem Weg ihre AUB einreichen. Im Bereich der eServices lassen sich über die sogenannten Veränderungsmitteilungen Arbeitsunfähigkeiten bequem anzeigen und hochladen.

Die Bescheinigungen können Kundinnen und Kunden der Agenturen für Arbeit zudem auch in der Kunden-App BA-mobil hochladen.

11.4.3 Entgeltfortzahlung an Feiertagen

Nach § 2 Abs. 1 EFZG hat der Arbeitgeber dem Arbeitnehmer für Arbeitszeit, die infolge eines gesetzlichen Feiertages ausfällt, **das Arbeitsentgelt zu bezahlen, das er ohne den Arbeitsausfall erhalten hätte**.

- Der Feiertag muss die **alleinige Ursache für den Arbeitsausfall sein**. Fällt ein Feiertag auf einen ansonsten arbeitsfreien Tag (z. B. Samstag oder Sonntag), ist keine Entgeltfortzahlung zu leisten. Etwas anderes gilt, wenn die Arbeit an einem für den Arbeitnehmer arbeitspflichtigen Sonntag, der zugleich gesetzlicher Feiertag ist, wegen des Feiertages ausfällt.

Die Entgeltfortzahlung umfasst den **Arbeitsausfall wegen des Feiertages**. Maßgeblich ist, welche Arbeitszeit für den Arbeitnehmer gegolten hätte, wenn der betreffende Tag kein Feiertag gewesen wäre.

- Hätte der Arbeitnehmer an dem betreffenden Tag auch ohne den Feiertag nicht gearbeitet, etwa weil er nach einem Dienstplan dienstfrei hatte, kann er keine Feiertagsvergütung verlangen.

- Arbeitnehmer, die am letzten Arbeitstag vor oder am ersten Arbeitstag nach Feiertagen **unentschuldigt** der Arbeit fernbleiben, haben keinen Anspruch auf Bezahlung für diese Feiertage.

Fällt ein **Feiertag in den Erholungsurlaub** des Arbeitnehmers und wäre an diesem Tag ohne den Feiertag gearbeitet worden, steht dem Arbeitnehmer der Entgeltfortzahlungsanspruch zu. Der Arbeitgeber konnte den Arbeitnehmer an diesem Tag nicht durch die Gewährung von Urlaub von der Arbeit freistellen, weil wegen des Feiertages keine Arbeitspflicht bestand. Hätte der Arbeitnehmer dagegen an dem Feiertag arbeiten müssen (z. B. Gastronomie oder Verkehrsbetriebe), fällt die Arbeit wegen des erteilten Urlaubs aus. Der Arbeitnehmer hat Anspruch auf Urlaubsentgelt statt auf Entgeltfortzahlung am Feiertag.

11.4.4 Berechnung der Entgeltfortzahlung (Lohnausfallprinzip) am Feiertag und bei Krankheit

Überblick

Wenn die genannten Voraussetzungen vorliegen, ist dem Arbeitnehmer während der Arbeitsunfähigkeit das ihm bei der für ihn maßgebenden regelmäßigen Arbeitszeit zustehende Arbeitsentgelt fortzuzahlen.

Für Arbeitszeit, die infolge eines gesetzlichen Feiertages ausfällt, hat der Arbeitgeber dem Arbeitnehmer das Arbeitsentgelt zu zahlen, das er ohne den Arbeitsausfall erhalten hätte.

Hinweis

Die Berechnung der Entgeltfortzahlung folgt bei Arbeitsunfähigkeit und an Feiertagen grds. den gleichen Regeln und richtet sich nach dem **strengen Lohnausfallprinzip**.

Haben die Arbeitsvertragsparteien eine feste Monatsvergütung vereinbart, ist grds. diese auch im Krankheitsfall und für den Feiertag zu bezahlen. Enthält der Arbeitsvertrag (zulässigerweise!) eine **Pauschale für Überstunden**, so dürfte diese im Fall der Entgeltfortzahlung nach (umstrittener) Auffassung des BAG herausgerechnet werden.

Endet die Entgeltfortzahlung nach 6 Wochen **während des laufenden Abrechnungszeitraums**, ist der anteilige Vergütungsanspruch zu berechnen. Hierzu ist das Bruttomonatsentgelt durch die in dem betreffenden Monat tatsächlich anfallenden Arbeitstage zu teilen und der sich ergebende Tagesverdienst mit der Anzahl der krankheitsbedingt ausgefallenen Arbeitstage zu multiplizieren.

Stundenvergütungen sind auf die **regelmäßige Arbeitszeit** zu vergüten. Diese ergibt sich in erster Linie aus dem Arbeitsvertrag. Dabei ist auf das gelebte Rechtsverhältnis als Ausdruck des wirklichen Parteiwil lens und nicht auf den Text des Arbeitsvertrags abzustellen. Wird regelmäßig eine bestimmte, erhöhte Arbeitszeit abgerufen und geleistet, ist dies Ausdruck der vertraglich geschuldeten Leistung.

Schwankt die Arbeitszeit, weil der Arbeitnehmer stets seine Arbeitsaufgaben vereinbarungsgemäß zu erledigen hat, ist die regelmäßige Arbeitszeit nach dem Durchschnitt der vergangenen 12 Monate zu berechnen.

- **Vergütungen für Überstunden**, die über die vertragliche oder gesetzliche Arbeitszeit hinaus anfallen, werden für das fortzuzahlende Arbeitsentgelt nicht berücksichtigt (Abgrenzung zur „regelmäßigen“ Arbeitszeit notwendig). Dies gilt auch für die Entgeltfortzahlung am Feiertag.
- Von der Entgeltfortzahlung sind sämtliche Vergütungsbestandteile umfasst, die als Gegenleistung für die ansonsten erbrachte Arbeit erbracht werden, unabhängig davon, ob sie täglich, wöchentlich oder monatlich bezahlt werden. Es gehören also auch z. B. Nacht- und Feiertagszuschläge, Prämien und Provisionen und Sachbezüge dazu.

Werden Vergütungsbestandteile schwankend in Abhängigkeit der Arbeitsleistung bezahlt, sind sie dem Arbeitnehmer in der Höhe fortzuzahlen, die er wahrscheinlich während der Krankheit oder am Feiertag erreicht hätte. Hierzu bedarf es eventuell einer Schätzung auf der Grundlage der in der Vergangenheit erzielten Vergütungen. Bei starken Schwankungen kann der Zeitraum für die Schätzung bis zu zwölf Monate betragen.

- Jährliche Einmalzahlungen, wie etwa Urlaubs- oder Weihnachtsgeld sind für die Berechnung der Entgeltfortzahlung unbeachtlich.

Beispiel 1: A erkrankt von 13.03. bis einschließlich 17.03.2023 Trotz der Arbeitsunfähigkeit für eine Woche hat der Arbeitgeber für März 2023 (23 Arbeitstage) das vereinbarte monatliche Bruttoentgelt in Höhe von 4.500,00 Euro zu bezahlen.

Nach dem Arbeitsvertrag erhält A unter bestimmten Voraussetzungen einen Bonus von 500 Euro pro Monat. Auch der Bonus gehört zur Entgeltfortzahlung. Da A während der letzten 12 Monate in 8 Monaten den Bonus erhalten hat, muss der Arbeitgeber – falls A den Bonus nicht ohnehin für März erreicht – diesen anteilig in Höhe von 72,46 Euro fortzahlen (500,00 Euro × 8/12 = 333,33 Euro/23AT = 14,49 Euro × 5 Tage Entgeltfortzahlung).

Beispiel 2: B (tarifliche Arbeitszeit 38,5 Stunden) ist zwischenzeitlich ständig in der Nachtschicht eingesetzt. Er arbeitet an 5 Tagen pro Woche jeweils 8,5 Stunden (42,5 Std./Woche). Er erhält täglich einen Nachtzuschlag in Höhe von 60 % für 4 Stunden. Zum Ausgleich der tariflichen Arbeitszeit erhält er pro 2 Wochen einen freien Tag, den er beliebig ansammeln und beanspruchen kann.

Am 29.05.2023 fällt die Arbeit wegen des Feiertags aus. Wie hoch ist der Anspruch auf Entgeltfortzahlung am Feiertag von B?

Die Feiertagsvergütung richtet sich nach dem **strengen Lohnausfallprinzip**, d. h. dem Arbeitnehmer ist das zu vergüten, was er ohne den Feiertag verdient hätte. Zwar sind auch im Rahmen der Entgeltfortzahlung am Feiertag Überstundenvergütungen grds. nicht zu berücksichtigen. Wenn der Arbeitnehmer aber dauerhaft über die vereinbarte Arbeitszeit hinaus arbeitet (regelmäßige Arbeitszeit), ist diese Arbeitszeit auch für den Feiertagslohn zu berücksichtigen.

B hat Anspruch auf Bezahlung seiner regelmäßigen, täglichen Arbeitszeit von 8,5 Stunden für den 29.05.2023. Zusätzlich erhält er den Nachtzuschlag für 4 Stunden, da dieser angefallen wäre, wenn er denn am 29.05.2023 gearbeitet hätte. Der Nachtzuschlag ist steuer- und beitragspflichtig, da die Steuer-/Sozialversicherungsfreiheit die tatsächliche Arbeit in den Nachtstunden voraussetzt.

11.5 Sonstige Arbeitsverhinderung aus persönlichen Gründen

Grundsätze

Ein zur Dienstleistung Verpflichteter (Arbeitnehmer, freie Mitarbeiter oder Geschäftsführer bzw. Vorstände einer GmbH bzw. AG) behält den Anspruch auf seine Arbeitsvergütung, wenn er für eine verhältnismäßig nicht erhebliche Zeit durch einen in seiner Person liegenden Grund ohne sein Verschulden an der Dienstleistung verhindert ist (§ 616 BGB).

Der Anspruch setzt voraus, dass der Arbeitnehmer im laufenden Arbeitsverhältnis durch einen in seiner Person oder in seinen persönlichen Verhältnissen liegenden Grund an der Arbeitsleistung tatsächlich verhindert ist. Die Arbeitsleistung muss für den Arbeitnehmer nach Treu und Glauben unzumutbar sein.

Einen Spezialfall der persönlichen Verhinderung stellt die krankheitsbedingte Arbeitsunfähigkeit dar.

Als persönliche Hinderungsgründe kommen z. B. in Betracht

- die kirchliche und standesamtliche Eheschließung,
- Todesfälle und Begräbnisse bei Ehegatten und nahen Angehörigen,
- Geburten,
- goldene Hochzeit der Eltern,
- Kommunion und Konfirmation der eigenen Kinder,
- schwere Erkrankung naher Angehöriger,
- Erkrankung eigener Kinder,

- Akutpflege eines nahen Angehörigen[130],
- Ladung zu Gerichtsterminen oder zu Behörden, etc.

Ein Anspruch besteht dagegen nicht bei objektiven Hinderungsgründen, die also weder in der Person des Arbeitnehmers noch in seiner Sphäre liegen, sondern ganz allgemein der Erbringung der Arbeitsleistung entgegenstehen. Daher führen etwa Hindernisse auf dem Weg zur Arbeit (Stau oder Straßensperrung wegen eines Verkehrsunfalls, Überschwemmung, Schnee oder Glatteis) sowie der Ausfall öffentlicher Verkehrsmittel nicht zu einer Entgeltfortzahlung.

Der Verhinderungsgrund muss ohne Verschulden des Arbeitnehmers eingetreten sein und darf nur für eine verhältnismäßig nicht erhebliche Zeit bestehen. Nach der Rechtsprechung des BAG ist die Dauer der „verhältnismäßig nicht erheblichen Zeit" in Abhängigkeit der Gesamtdauer des Arbeitsverhältnisses zu bestimmen.

Ausschluss der Entgeltfortzahlung

Der Anspruch auf Vergütungsfortzahlung nach § 616 BGB kann einzel- sowie tarifvertraglich erweitert, eingeschränkt oder sogar ausgeschlossen werden.

Der Ausschluss der Entgeltfortzahlung ist grds. auch in Allgemeinen Geschäftsbedingungen zulässig.

Ob allerdings auch ein genereller, vollumfänglicher Ausschluss der Entgeltfortzahlung nach § 616 BGB in Formulararbeitsverträgen (Allgemeine Geschäftsbedingungen) zulässig ist, wurde höchstrichterlich seit Inkrafttreten der Schuldrechtsreform noch nicht entschieden.[131] Vor Inkrafttreten der Schuldrechtsreform hat das BAG diese Frage in einer Entscheidung aus 1979 ausdrücklich offen gelassen.

---

130 Erfurter Kommentar zum Arbeitsrecht, § 2 PflegeZG, Rn. 4

131 Befürwortend wohl Schaub, Arbeitsrechts-Handbuch, § 97, Rn. 23; dagegen wohl Erfurter Kommentar zum Arbeitsrecht, § 616 BGB, Rn. 13

Betreuung eines erkrankten Kindes

Arbeitnehmer haben einen gesetzlichen Anspruch auf unbezahlte Freistellung von der Arbeitspflicht, wenn es nach ärztlichem Zeugnis erforderlich ist, dass sie zur Beaufsichtigung, Betreuung oder Pflege eines eigenen erkrankten Kindes der Arbeit fernbleiben, eine andere in ihrem Haushalt lebende Person das Kind nicht beaufsichtigen, betreuen oder pflegen kann und das Kind das 12. Lebensjahr noch nicht vollendet hat oder behindert und auf Hilfe angewiesen ist.

Sofern nicht die Pflege eines schwersterkrankten Kindes vorliegt, ist der Freistellungsanspruch in jedem Kalenderjahr und für jedes Kind auf längstens 10 Arbeitstage, für alleinerziehende Arbeitnehmer längstens auf 20 Arbeitstage beschränkt. Unabhängig von der Anzahl der eigenen Kinder besteht der Anspruch insgesamt für nicht mehr als 25 Arbeitstage bzw. für alleinerziehende Arbeitnehmer für nicht mehr als 50 Arbeitstage im Kalenderjahr.

Die Pflege eines eigenen erkrankten Kindes stellt in der Regel einen Fall der unverschuldeten Arbeitsverhinderung des Arbeitnehmers aus persönlichen Gründen dar, sodass für die Dauer einer verhältnismäßig nicht erheblichen Zeit der Entgeltfortzahlungsanspruch nach § 616 BGB bestehen kann. Ein Zeitraum von bis zu 10 Tagen dürfte eine verhältnismäßig nicht erhebliche Zeit darstellen.

Der Anspruch auf Vergütungsfortzahlung kann nach § 616 BGB ausgeschlossen werden. Sind der Arbeitnehmer und das gepflegte oder betreute Kind gesetzlich krankenversichert, hat der Arbeitnehmer einen Anspruch auf Krankengeld nach § 45 SGB V („Kinderkrankengeld“) im Rahmen der Höchstgrenzen. Bei schwersterkrankten Kindern ist der Krankengeldanspruch zeitlich nicht beschränkt.

11.6 Geringfügig Beschäftigte

Überblick

Eine Beschäftigung kann zum einen wegen der geringen Höhe des Arbeitsentgelts (geringfügig entlohnte Beschäftigung) und zum anderen wegen ihrer kurzen Dauer (kurzfristige Beschäftigung) geringfügig sein.

Bei dem geringfügig entlohnten Minijob kommt es darauf an, dass der Arbeitnehmer regelmäßig derzeit im Monat nicht mehr als 520,00 Euro verdient.

Bis September 2022 beinhaltete § 8 Abs. 1 Nr. 1 SGB IV eine feste Obergrenze zur Bestimmung der Entgelt-Geringfügigkeit (damals 450 Euro). Durch die Neuregelung wird die Geringfügigkeitsgrenze variabel in Abhängigkeit zum jeweils gültigen Mindestlohn bestimmt.

Nach § 8 Abs. 1A SGB IV soll dabei eine geringfügige Beschäftigung vorliegen, die unter Berücksichtigung des jeweils gültigen gesetzlichen Mindestlohns auf 10 Stunden pro Woche bzw. 130 Stunden pro drei Monate begrenzt ist. Die Geringfügigkeitsgrenze wird berechnet, indem der Mindestlohn mit 130 vervielfacht, durch drei geteilt und auf volle Euro aufgerundet wird.[132]

Arbeitsrechtliche Einordnung der Minijobs

Im Arbeitsrecht gibt es keine Definition für „geringfügige Beschäftigungsverhältnisse“. Es bestehen keine arbeitsrechtlichen Sonderregelungen.

Das Arbeitsrecht unterscheidet nicht zwischen geringfügiger und nicht geringfügiger Beschäftigung

Die Unterscheidung spielt nur im Sozialversicherungsrecht und Steuerrecht eine Rolle. Geringfügig Beschäftigte sind Teilzeitbeschäftigte.

---

[132] Die Geringfügigkeitsgrenze wird jeweils vom Bundesministerium für Arbeit und Soziales im Bundesanzeiger bekannt gegeben.

Hinweis

Nach §§ 2 Abs. 2, 4 Abs. 1 TzBfG darf der geringfügig Beschäftigte nicht schlechter behandelt werden als ein vergleichbarer vollzeitbeschäftigter Arbeitnehmer (außer die Ungleichbehandlung ist ausnahmsweise durch einen anerkannten Sachgrund gerechtfertigt).

Gleichbehandlungsgrundsatz

Arbeitsentgelt oder sonstige geldwerte Leistungen sind in dem Umfang eines vergleichbaren Vollzeitarbeitnehmers zu leisten:

- Anspruch auf anteiliges Urlaubsgeld oder anteilige Weihnachtsgratifikation,
- Anspruch auf Erholungsurlaub,
- Anspruch auf Entgeltfortzahlung im Krankheitsfalle nach Ablauf der Wartezeit von vier Wochen und Entgeltfortzahlung an Feiertagen.

Pauschalierung für Entgeltfortzahlung und Urlaubsentgelt

- Nach § 12 EFZG und nach § 13 BUrlG kann von den Vorschriften des Entgeltfortzahlungsgesetzes und des Bundesurlaubsgesetzes (außer in Tarifverträgen) nicht zu Ungunsten des Arbeitnehmers abgewichen werden.
- Eine Pauschalierung der Ansprüche aus dem Entgeltfortzahlungsgesetz und aus dem Bundesurlaubsgesetz ist daher unzulässig.
- Eine entsprechende Vereinbarung wäre wegen Verstoßes gegen gesetzliche Verpflichtungen nach § 134 BGB unwirksam.

Entstehungsprinzip im Sozialversicherungsrecht – „Phantomlohn"

Entstehungsprinzip

Hinweis

Für die Prüfung der Minijob-Grenze kommt es nicht auf das tatsächlich gezahlte Arbeitsentgelt, sondern auf das Arbeitsentgelt an, auf das der Arbeitnehmer einen Rechtsanspruch hat.

Im Sozialversicherungsrecht gilt grds. das sog. Entstehungsprinzip (abweichend vom Zuflussprinzip im Steuerrecht, das regelmäßig auf die tatsächliche Auszahlung des Arbeitsentgelts abstellt), d. h. Sozialversicherungsbeiträge entstehen bereits in dem Zeitpunkt, in dem der Arbeitnehmer den Anspruch auf Arbeitsentgelt erwirbt.

Auf die tatsächliche Auszahlung kommt es grds. nicht an; entscheidend ist der Anspruch des Arbeitnehmers.

Eine Ausnahme bilden sog. einmalige Einnahmen wie z. B. Urlaubs- oder Weihnachtsgeld. Sie sind nur dann beitragspflichtig, wenn sie auch tatsächlich gezahlt wurden. Damit unterscheidet sich die sozialversicherungsrechtliche Beurteilung bei Einmalzahlungen wesentlich von derjenigen bei laufenden Entgeltansprüchen.

Besonderheiten sind ggf. auch unter bestimmten Voraussetzungen bei Arbeitszeitkonten zu beachten.

Wenn für Ihre geringfügig Beschäftigten ein allgemeinverbindlicher Lohn-Tarifvertrag gilt und der dort genannte Mindestlohn unterschritten wird, hätten die Arbeitnehmer einen Anspruch auf den nicht ausgezahlten Differenzbetrag. Die Gefahr besteht, dass dann die jeweilige gültige Geringfügigkeitsgrenze nachträglich überschritten wird. Bis zur Grenze der Verjährung hätte der Arbeitgeber die Sozialversicherungsbeiträge in tatsächlicher Höhe (sowohl Arbeitgeber- als auch Arbeitnehmeranteile) an die Einzugsstelle nachzuentrichten.

Der Arbeitgeber **haftet** auch für die nicht abgeführten Arbeitnehmerbeiträge zur Sozialversicherung. Diese kann er für maximal drei Monate auf seine Arbeitnehmer abwälzen. Allerdings auch nur dann, wenn der Abzug nicht schuldhaft, also zumindest nicht fahrlässig unterblieben ist. Der Abzug muss im Rahmen der Lohnabrechnung erfolgen.

Sonderproblem: Abrufarbeit

Arbeitgeber und Arbeitnehmer können vereinbaren, dass der Arbeitnehmer seine Arbeitsleistung entsprechend dem Arbeitsanfall zu erbringen hat (sog. „Arbeit auf Abruf").

Die Vereinbarung muss eine bestimmte Dauer der wöchentlichen und täglichen Arbeitszeit festlegen.

- Wenn die Dauer der wöchentlichen Arbeitszeit nicht festgelegt ist, gilt eine Arbeitszeit von 20 Stunden als vereinbart (§ 12 Abs. 1 Satz 3 TzBfG).
- Wenn die Dauer der täglichen Arbeitszeit nicht festgelegt ist, hat der Arbeitgeber die Arbeitsleistung des Arbeitnehmers jeweils für mindestens drei aufeinanderfolgende Stunden in Anspruch zu nehmen (§ 12 Abs. 1 Satz 4 TzBfG).

Achtung

Auch im Rahmen der fiktiven Arbeitszeit von 20 Stunden bei Vereinbarung von Abrufarbeit kann es zu Phantomlohnansprüchen kommen!

Hinweis

§ 12 TzBfG gibt keine Mindestarbeitszeit für Abrufarbeit vor. Es dürfen auch Vereinbarungen unterhalb der 20 Stunden getroffen werden.

Abzugrenzen ist die Abrufarbeit von sog. (Rahmen-) Arbeitsverträgen ohne Arbeitsverpflichtung, wie sie z. B. häufig in der Gastronomie als „Studentenjobs" vorkommen. Der Unterschied zur Abrufarbeit liegt hierin, dass die Arbeitnehmer nicht verpflichtet sind, dem Arbeitsabruf des Arbeitgebers nachzukommen. Sie sind vielmehr frei, das Angebot des Arbeitgebers anzunehmen oder abzulehnen. Nach der Rechtsprechung sind solche Vertragsverhältnisse grundsätzlich zulässig. Allerdings bedürfen diese einer sauberen und klaren Regelung, um sie von echter Abrufarbeit (und einer gegebenenfalls fingierten Arbeitszeit) abzugrenzen.

Die DATEV-Lohnprogramme bieten Ihnen Erfassungshilfen sowie Arbeitsmittel für die Anlage von geringfügig beschäftigten Arbeitnehmern.

Diesen Fragebogen können Sie als Vorlage nutzen, um Personalstammdaten ins Lohnprogramm einzupflegen.

Falls der Steuerberater die Lohnabrechnung für Sie anfertigt, gibt es sogar die Möglichkeit, diese Informationen in elektronischer Form wei terzugeben.

Erfassungshilfen sowie Arbeitsmittel für die Anlage von geringfügig beschäftigten Arbeitnehmern:

LEXinform | Arbeitshilfen

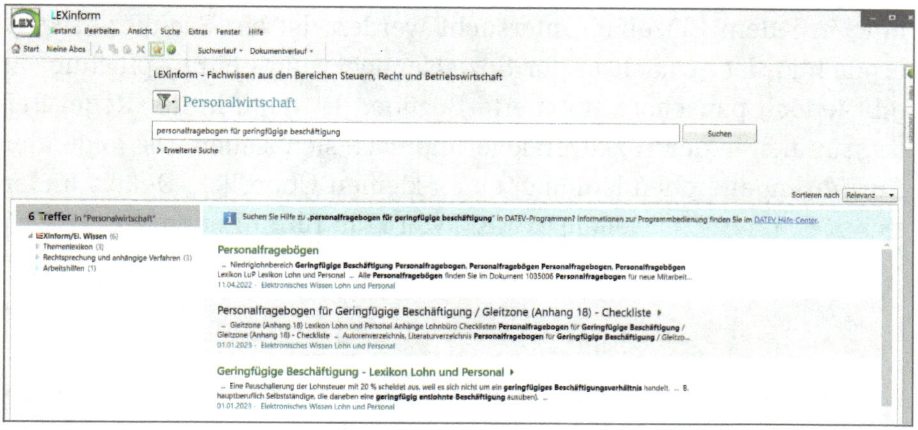

Neu

Elektronischer Personalfragebogen für die Anlage von geringfügig beschäftigten Arbeitnehmern LEXinform Dok.- Nr.: 5208018

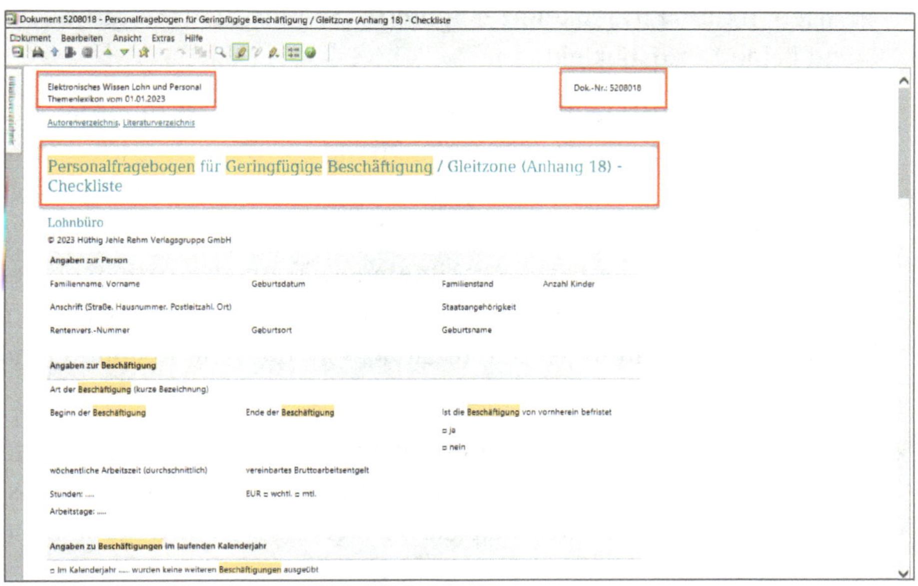

12 Exkurs Gehaltsextras

12.1 Sachbezüge

Sachzuwendungen müssen bezüglich ihrer lohnsteuerlichen Behandlung in jedem Einzelfall untersucht werden. Ist ein Sachbezug steuerpflichtig, ist er auch in der Sozialversicherung beitragspflichtig. Es gibt jedoch pauschal versteuerte Bezüge, die dann in der Regel Beitragsfreiheit in der Sozialversicherung nach sich ziehen. Die folgenden Ausführungen geben lediglich einen kleinen Überblick. Details finden sich z. B. im Buch "Gehaltsextras", von Frau Birgit Ennemoser DATEV Verlagsmedien.

12.1.1 Arbeitskleidung

Nach § 3 Nr. 31 EStG sind die Aufwendungen des Arbeitgebers für die Arbeitskleidung des Arbeitnehmers steuerfrei, wenn nachfolgende Voraussetzungen gegeben sind:

- Es muss sich um typische Berufskleidung handeln (spezielle Schutzkleidung, Uniformen, uniformartige Bekleidung, Kleidung mit angebrachtem Firmenemblem usw.). Normale T-Shirts, Hem- den, Blusen (ohne Firmenkennzeichnung), Schuhe und Unterwäsche sind keine Berufsbekleidung.
- Kommt die Berufskleidung aus betrieblichen Kleiderkammern oder gibt es ein Kleiderkassensystem, dann ist die Berufskleidung steuerfrei. Beim Kauf der Kleidung muss die Rechnung auf den Arbeitgeber ausgestellt sein. Der Arbeitgeber übereignet oder stellt die Berufskleidung dann dem Arbeitnehmer. Kauft der Arbeitnehmer selbst die Berufskleidung und lässt sich die Kosten hiernach vom Arbeitgeber erstatten, ist darauf zu achten, dass die Rechnung auf den Arbeitgeber ausgestellt ist.
- Barleistungen des Arbeitgebers sind nur steuerfrei, wenn der Arbeitnehmer nach einem Gesetz, einem Tarifvertrag oder einer Betriebsvereinbarung einen Anspruch auf Gestellung von Arbeitskleidung

hat und der Arbeitgeber diesen Anspruch durch eine Barvergütung ablöst. Pauschale Barablösungen, die die Aufwendungen des Arbeitnehmers nicht überschreiten, sind ebenfalls steuerfrei. Die Barablösung ist jedoch steuerpflichtig, wenn der Anspruch auf Gestellung von Berufskleidung nur in einem Einzelarbeitsvertrag festgelegt ist.

Wird Mitarbeitern bürgerliche Bekleidung vom Arbeitgeber zur Verfügung gestellt, die nicht als Berufskleidung im oben genannten Sinne gelten kann, muss dies nicht immer zwangsläufig zu steuer- und sozialversicherungspflichtigem Arbeitslohn führen. Wenn ein Metzger oder ein Lebensmittelhändler seinen Mitarbeitern im Verkauf z. B. einheitliche bürgerliche Kleidung zur Verfügung stellt, kann dies hygienische Gründe haben oder zur Verbesserung des Erscheinungsbildes seines Unternehmens dienen und damit ein eigenbetriebliches Interesse als Fokus haben. Wenn dies der Fall ist und das Arbeitnehmerinteresse an dieser Kleidung von untergeordneter Bedeutung ist, dann ist das Vorliegen von Arbeitslohn zu verneinen.

Die kostenlose und verbilligte Überlassung von qualitativ hochwertiger und teurer Kleidung, bei der es sich nicht um typische Arbeitskleidung handelt, führt auch dann zu steuer- und beitragspflichtigem Arbeitslohn, wenn das Tragen der vom Arbeitgeber hergestellten Kleidungsstücke vorgeschrieben wird und neben Repräsentationszwecken auch der Werbung des Arbeitgebers dient.

12.1.2 Aufmerksamkeiten

Geldzuwendungen des Arbeitgebers gehören stets zum Arbeitslohn, auch wenn es sich nur um geringe Beträge handelt. Aufmerksamkeiten hingegen gehören nicht zum steuerpflichtigen Arbeitslohn und sind nicht beitragspflichtig.

Das Finanzamt erkennt folgende Arbeitgeberleistungen als Aufmerksamkeiten an:

- Sachgeschenke, die der Arbeitnehmer z. B. zum Geburtstag bekommt und die 60,00 Euro nicht übersteigen (Blumen, Zigaretten, Wein/Sekt, Buch, DVD, etc.)

- Getränke und Genussmittel, die der Arbeitgeber zum Verzehr am Arbeitsplatz/im Betrieb unentgeltlich oder verbilligt überlässt (z. B. Kaffee/Tee/Wasser/Limo/Bier im Büro)
- Abgabe von Speisen bei einem besonderen Arbeitseinsatz (z. B. Pizza während der Inventur)

12.1.3 Betriebsveranstaltungen

Typische Betriebsveranstaltungen sind:

- Betriebsausflug
- Weihnachtsfeier
- Feier eines Geschäftsjubiläums
- Feier für die Mitarbeiter des Betriebes mit einem runden Jubiläum (z. B. 20-jährige Betriebszugehörigkeit)
- Pensionärstreffen

Voraussetzung für die Anerkennung als Betriebsveranstaltung ist, dass diese allen Betriebsangehörigen offen steht, die Teilnahme darf also keine Bevorzugung bestimmter Arbeitnehmer oder bestimmter Gruppen darstellen. Wird die Veranstaltung nur für eine Abteilung eines Betriebes durchgeführt, muss gewährleistet sein, dass auch andere Abteilungen noch die Gelegenheit zur Durchführung von Veranstaltun gen bekommen. Veranstaltungen zu Ehren von Jubilaren oder Pensionärstreffen sind auch dann Betriebsveranstaltungen, wenn nur diese Personen oder diese Personenkreise eingeladen sind.

Zuwendungen bei Betriebsveranstaltungen

Es kommt nicht auf die Dauer der Betriebsveranstaltung an, es kann sich auch um einen mehrtätigen Betriebsausflug handeln.

Der Freibetrag für die Zuwendungen des Arbeitgebers beträgt 110,00 Euro (incl. 19 % MWST) pro Teilnehmer und Betriebsveranstaltung. Der darüber hinausgehende Betrag unterliegt der Lohnsteuerpflicht.

Zu den aufzuteilenden Gesamtkosten für die Teilnehmer gehören alle unmittelbaren Aufwendungen des Arbeitgeber, die der Arbeitgeber gegenüber Dritten trägt. Hierzu gehören neben den Aufwendungen für Leistungen, die von den Teilnehmern unmittelbar konsumiert werden können (Speisen, Getränke, Musik, Kabarett usw.), auch Aufwendungen des Arbeitgebers für die Ausgestaltung der Betriebsveranstaltung, also die Saalmiete, die Kosten für einen Eventveranstalter bzw. die anteiligen Aufwendungen für die Buchhaltung.

Im BMF-Schreiben vom 14.10.2015 sind alle Neuerungen zur Verwaltungsauffassung von lohn- und umsatzsteuerlichen Behandlungen von Betriebsveranstaltungen umfasst.

Übliche Zuwendungen sind:

- Speisen, Getränke, Tabakwaren und Süßigkeiten
- Übernachtungskosten bei mehrtätigen Betriebsveranstaltungen
- Übernahme der Beförderungskosten (Bus, Bahn, Schiff, Seilbahn etc.)
- Überlassung von Karten für Theater und Sportstätten, wenn der Besuch Teil der Betriebsveranstaltung ist
- Eintrittskarten für Schwimmbäder, Museen, Ausstellungen usw.
- Geschenke (nicht mehr als 60,00 Euro)

Wird der Betrag von 110,00 Euro pro Teilnehmer überschritten, so ist nur der über die 110,00 Euro hinausgehende Teil steuer- und sozialversicherungspflichtig. Das gilt auch dann, wenn die Grenze nur geringfü gig überschritten wurde.

Bei der Prüfung der 110,00 Euro-Grenze ist auch die Umsatzsteuer zu berücksichtigen.

Beispiel: Ein Arbeitgeber veranstaltet für seine 30 Arbeitnehmer eine Weihnachtsfeier in einem Lokal. Die Rechnung beträgt 2.900,00 Euro zuzüglich 19 % Umsatzsteuer. Ohne die Umsatzsteuer wäre die Grenze nicht überschritten (2.900,00 Euro : 30 = 96,67 Euro). Der Freibetrag von 110,00 Euro versteht sich jedoch incl. Umsatzsteuer.

D. h. konkret, dass die Veranstaltung 2.900,00 Euro × 19 % MWST = 3.451,00 Euro kostet und damit 3.451,00 Euro : 30 = 115,03 Euro pro Person und damit in Höhe von 5,03 Euro lohnsteuerpflichtig ist. Der Arbeitgeber hat die Möglichkeit, die 5,03 Euro mit 25 % pauschaler Steuer zu versteuern, in der Sozialversicherung ist der Betrag beitragsfrei.

Zur neueren Gesetzeslage noch folgendes Beispiel:

Beispiel: Die Aufwendungen des Arbeitgebers für die Weihnachtsfeier seiner Belegschaft (= 100 Arbeitnehmer) betragen 12.000,00 Euro. Hierin enthalten ist eine Saalmiete von 1.000,00 Euro.

Nach der neueren Gesetzeslage werden die 1.000,00 Euro von den Gesamtkosten nicht abgezogen, sodass auf die Arbeitnehmer ein Betrag von 12.000,00 Euro entfällt, der dann mit 120,00 Euro pro Teilnehmer zu Buche schlägt und damit in Höhe von 10,00 Euro steuer und beitragspflichtig ist.

Zuwendungen an Angehörige und andere Gäste des Arbeitnehmers

Nach den Ausführungen in den Lohnsteuer-Richtlinien sind Zuwendungen an Angehörige und an andere Gäste des Arbeitnehmers (Ehepartner, Kinder, Lebenspartner, Freunde) dem Arbeitnehmer zuzurechnen.

Beispiel: Eine Firma veranstaltet eine Weihnachtsfeier, zu der die Mitarbeiter eine Begleitperson mitbringen können. An der Veranstaltung nehmen 50 Personen teil, davon 20 mit einer Begleitperson. Die Gesamt kosten für die Veranstaltung betragen incl. MWST 4.500,00 Euro. Der Preis für die Saalmiete beträgt 500,00 Euro. Die maßgebenden Gesamtkosten sind somit 4.500,00 Euro und hieraus ergibt sich pro Kopf ein Betrag von 90,00 Euro (4.500,00 Euro : 50 = 90,00 Euro), mit der Folge, dass der auf die Arbeitnehmer entfallende Betrag an sich nicht als Arbeitslohn zu versteuern ist. Der auf die Begleitpersonen entfallende Betrag von 90,00 Euro pro Person, ist dem Arbeit nehmer jedoch zuzurechnen. Es liegt daher ein Überschreiten des Freibetrages vor.

Anzahl der Veranstaltungen pro Kalenderjahr

Zwei Veranstaltungen pro Kalenderjahr bis zu je 110,00 Euro pro Teilnehmer sind steuer- und sozialversicherungsfrei. Ab der 3. Veranstaltung besteht Steuerpflicht.

Beispiel:	1.	Juni: zweitägiger Betriebsausflug	100,00 Euro
	2.	September: Oktoberfestbesuch in München	80,00 Euro
	3.	Dezember: Weihnachtsfeier	100,00 Euro

Steuerfrei sind die Zuwendungen anlässlich des Betriebsausflugs und des Oktoberfestes. Die Weihnachtsfeier ist die dritte, zählende Veranstaltung. Die aus diesem Anlass gewährten Zuwendungen sind steuerpflichtig, obwohl der 110,00 Euro Freibetrag nicht überschritten ist.

Merke:

Führt der Arbeitgeber mehr als zwei zählende Betriebsveranstaltungen durch, kann er am Ende des Kalenderjahres selbst entscheiden, bei welchen zwei Veranstaltungen er die Zuwendungen steuerfrei lassen möchte. Im obigen Beispiel wird er deshalb die Aufwendungen für den Oktoberfestbesuch nachversteuern und die höheren Aufwendungen für die Weihnachtsfeier steuerfrei lassen.

Besteuerung mit 25 %

Für die Aufwendungen anlässlich einer nicht herkömmlichen Betriebsveranstaltung (z. B. für die 3. Veranstaltung im Kalenderjahr) oder wenn der 110,00 Euro-Freibetrag überschritten wird oder für nicht übliche Zuwendungen (z. B. Geschenke, deren Wert 60,00 Euro übersteigt oder Zuwendungen an einzelne Arbeitnehmer aus Anlass einer Betriebsveranstaltung), kann der Arbeitgeber die Lohnsteuer pauschal mit einem **Steuersatz von 25 %** erheben.

SV-rechtliche Behandlung

Soweit die Zuwendungen nicht zum steuerpflichtigen Arbeitslohn gehören, sind sie beitragsfrei in der Sozialversicherung. Auch die mit 25 % pauschal versteuerten Bezüge zählen nicht mit zum beitragspflichtigen Arbeitsentgelt.

12.1.4 Bewirtung von Arbeitnehmern

Bewirtungen von Arbeitnehmern kommen bei Betrieben in einer Reihe von Varianten vor. Es gilt folgende Sachverhalte auch hinsichtlich der steuerlichen und damit auch beitragsrechtlichen Behandlung zu unterscheiden:

a) Mahlzeiten im Betrieb

Man versteht hierunter die arbeitstägliche Abgabe von Mahlzeiten an der ersten Tätigkeitsstätte. Konkret gibt es also entweder eine eigene oder verpachtete Kantine im Unternehmen oder die Essensmarkeneinlösung in umliegenden Gaststätten. Die Bewertung erfolgt nach den amtlichen Sachbezugswerten.

Betriebsveranstaltungen Die Gewährung von Speisen und Getränken anlässlich von Betriebsveranstaltungen ist in bestimmten Grenzen steuer- und beitragsfrei

b) Ehrung eines Arbeitnehmers

Das gleiche gilt auch für Sachleistungen anlässlich der Diensteinführung oder eines Funktionswechsels.

c) Vom Arbeitgeber ausgerichtete Geburtstagsfeier

Bei einem Empfang anlässlich eines runden Geburtstags eines Mitarbeiters, der vom Arbeitgeber ausgerichtet und bezahlt wird, handelt es sich nicht um Arbeitslohn, wenn die betrieblichen Belange und Interessen des Arbeitgebers im Vordergrund stehen und er vor allem seine Geschäftsbeziehungen durch diese Art von Einladung pflegen kann. Die Aufwandsgrenze von 110,00 Euro je teilnehmender Person ist jedoch zu beachten. In die Prüfung der 110,00 Euro-Grenze sind auch Geschenke bis zu einem Gesamtwert von 60,00 Euro einzubeziehen.

d) Freie Verpflegung

Freie Verpflegung wird oft gemeinsam mit freier Unterkunft als Lohnbestandteil vereinbart (z. B. bei Beschäftigung in Bäckereien, in Fleischereien, in der Gastronomie, in der Landwirtschaft und bei hauswirtschaftlichen Beschäftigungsverhältnissen). Der Wert der Verpflegung gehört zum steuer- und beitragspflichtigen Arbeitslohn. Für die Wertermittlung ist die SvEV maßgebend.

e) Belohnungsessen

Für Sachbezüge gibt es eine **Freigrenze von 50,00 Euro** monatlich. Der Arbeitgeber hat also die Möglichkeit, monatlich mit einem Essen in Höhe von 50,00 Euro zu „belohnen", ohne dass dadurch eine Lohnsteuerpflicht ausgelöst wird. Voraussetzung ist, dass die 50,00 Euro Grenze nicht durch andere Sachbezüge bereits ausgeschöpft ist.

Von einem Belohnungsessen ist auch dann auszugehen, wenn anlässlich einer beruflich veranlassten **Auswärtstätigkeit** der Preis der vom Arbeitgeber zur Verfügung gestellten Mahlzeit **mehr als 60,00 Euro** beträgt. Der Wert der Mahlzeit gehört in diesem Fall zum steuerpflichtigen Arbeitslohn. Anzusetzen ist dabei nicht der niedrige amtliche Sachbezugswert, sondern der tatsächliche Preis der Mahlzeit. Regelmäßige Geschäftsleitersitzungen werden ebenso behandelt.

f) Arbeitsessen

Der Wert der Mahlzeiten, die für einen außergewöhnlichen Arbeitseinsatz (z. B. Inventur, außergewöhnliche betriebliche Besprechung oder Sitzung) gewährt werden dürfen, liegt bei 60,00 Euro. Es kommt hierbei darauf an, dass der Arbeitgeber diese Mahlzeiten im Sinne eines betrieblichen Interesses an einer günstigen oder schnellen Gestaltung von Arbeitsabläufen gewährt. Wird die Grenze von 60,00 Euro überschritten, ist der Gesamtbetrag steuerpflichtig.

12.1.5 Fahrtkostenzuschüsse

Grds. ist ein Fahrtkostenzuschuss steuer- und beitragspflichtig. Es gibt jedoch Gestaltungsmöglichkeiten, die eine partielle Steuerfreiheit zulassen.

Unentgeltliche oder verbilligte Überlassung eines Job-Tickets

Öffentliche und private Arbeitgeber bieten ihren Arbeitnehmern zunehmend so genannte "Job-Tickets" für Fahrten zwischen Wohnung und erster Tätigkeitsstätte an. Hierbei handelt es sich um verbilligte oder sogar unentgeltliche Monats- oder Jahreskarten für öffentliche Nahver- kehrsmittel. **Ganz aktuell gibt es seit dem 01.05.2023 das sog. „49 Euro Ticket", das im gesamten öffentlichen Personennahverkehr in Deutschland gilt.**

Seit dem 01.01.2019 werden Arbeitgeberleistungen (Barzuschüsse und Sachleistungen) für Fahrten des Arbeitnehmers zwischen Wohnung und erster Tätigkeitsstätte sowie Fahrten zu einem weiträumigen Tätigkeitsgebiete oder zu einem vom Arbeitgeber dauerhaft festgelegten Sammelpunkt steuerfrei gestellt (§ 3 Nr. 15 EStG). Die Fahrten müssen mit öffentlichen Verklehrsmitteln im Linienverkehr (ohne Luftfahrt) durchgeführt werden. Die Steuerfreiheit kommt für Taxis, Mietwagen und PKW (privater oder Firmen-PKW) nicht in Frage. Die Arbeitgeberleistungen müssen zusätzlich zum ohnehin geschuldeten Arbeitslohn erbracht werden, eine Gehaltsumwandlung ist nicht möglich. Die steuerfreien Arbeitgeberleistungen mindern beim Arbeitnehmer die als Werbungskosten zu berücksichtigende Entfernungspauschale. Sie müssen daher vom Arbeitgeber in der Lohnsteuerbescheinigung unter Nr. 17 angegeben werden.

12.2 Betriebliche Altersversorgung

12.2.1 Merkmale betrieblicher Altersversorgung

Gibt ein Arbeitgeber aufgrund eines Arbeitsverhältnisses eine Versorgungszusage zu Gunsten seines Arbeitnehmers ab, dann stellt dies ein typisches Merkmal für eine betriebliche Altersversorgung dar.

Es gibt Risiken, die abgesichert sein müssen wie z. B.:

- Altersbedingtes Ausscheiden aus dem Erwerbsleben
- Hinterbliebenenversorgung bei vorzeitigem Tod
- Vorzeitige Invalidität

Werden Leistungen im Zuge einer betrieblichen Altersversorgung zugesagt, dürfen die Ansprüche auf die Leistungen erst nach Eintritt des jeweiligen Ereignisses fällig werden. Es spielt keine Rolle, ob die Aufwendungen für die betriebliche Altersversorgung vom Arbeitgeber zusätzlich zum Arbeitslohn aufgebracht werden oder ob der Arbeitnehmer einen Teil seines Arbeitsentgelts umwandelt (arbeitnehmerfinanzierte Altersversorgung).

Wird eine Vererbung von Ansprüchen vereinbart, liegt keine betriebliche Altersversorgung vor.

12.2.2 Formen der betrieblichen Altersversorgung

Das BetrAVG zeichnet 5 Durchführungswege auf:

- Direktversicherung
- Pensionsfonds
- Pensionskasse
- Unterstützungskasse
- Direktzusage

Es richtet sich nach dem jeweiligen Durchführungsweg, welche sozialversicherungsrechtliche und steuerliche Behandlung der Aufwendungen in Frage kommt. Hieraus ergeben sich wiederum Konsequenzen bei der Förderung der Altersversorgung und der steuerlichen Behandlung der späteren Auszahlungen.

12.2.3 Förderbetrag zur betrieblichen Altersversorgung bei Geringverdienern

Seit 2018 ist ein Förderbetrag zur betrieblichen Alterversorgung für Geringverdiener (laufender Arbeitslohn bis 520,00 Euro monatlich) mit erstem Dienstverhältnis beim Arbeitgeber eingeführt worden. Leis tet der Arbeitgeber einen zusätzlichen Arbeitgeberbeitrag zur betrieblichen Altersversorgung von mindestens 240,00 Euro jährlich, erhält er bei der nächsten Lohnsteueranmeldung einen Förderbetrag von 30% höchstens 144,00 Euro; bei Gehaltsumwandlung geht dies nicht, da es sich um eine zusätzliche Leistung des Arbeitgebers handeln muss. Der zusätzliche Arbeitgeberbeitrag beträgt zwischen 240,00 Euro und 480,00 Euro und der Förderbeitrag (jeweils 30 % des Beitrags) liegt zwischen 72,00 Euro und 144,00 Euro. Der zusätzliche Arbeitgeberbei trag zur betrieblichen Altersversorgung für Geringsverdiener ist bis zu 480,00 Euro steuerfrei. Beitragsfreiheit in der Sozialversicherung besteht ebenfalls.

12.2.4 Höhe der Entgeltumwandlungen

Es besteht seit 01.01.2023 für Arbeitnehmer ein Anspruch darauf, dass der Arbeitgeber bis zu 8 % der Beitragsbemessungsgrenze in der Rentenversicherung (West) für die betriebliche Altersversorgung verwendet. Voraussetzung ist, dass der Arbeitnehmer gesetzlich pflichtversichert in der Rentenversicherung ist. Bereits seit 2018 wurde der steuerfreie Höchstbetrag auf 8 % der Beitragsbemessungsgrenze in der allgemeinen Rentenversicherung West angehoben. Im Jahr 2023 gilt eine jährliche Beitragsbemessungsgrenze in der Rentenversicherung West von 87.600,00 Euro und somit ein steuerfreier Höchstbetrag von 8 % = 7.008,00 Euro, der steuerfrei in einen kapitalgedeckten Pensionsfonds, eine kapitalgedeckte Pensionskasse oder eine kapitalgedeckte Direktversicherung fließen kann. In der Sozialversicherung bleibt die Beitragsfreiheit bei 4 % = 3.504,00 Euro der Beitragsbemes sungsgrenze der Rentenversicheung West bestehen.

Es können also bis zu 3.504,00 Euro jährlich ab 2023 durch Entgeltumwandlung in die betriebliche Altersversorgung fließen. Seit 2019 ist der Arbeitgeber ggf. sogar verpflichtet, den von ihm ersparten Arbeitgeberanteil an den Sozialversicherungsbeiträgen in pauschalierter Form (= 15 % des umgewandelten Entgelts) zugunsten seines Beschäftigten an die durchzuführende Versorgungseinrichtung weiterzuleiten.

12.2.4.1 Was kann umgewandelt werden?

Sowohl künftiger Arbeitslohn/Gehalt als auch künftige Einmalzahlungen (z. B. Urlaubs- oder Weihnachtsgeld) können umgewandelt werden. Wichtig ist, dass der Betrag der Bezüge, die umgewandelt werden sollen, noch nicht fällig war.

Beispiel: Das fest vereinbarte Weihnachtsgeld in Höhe von 4.000,00 Euro ist am 30.11. zur Zahlung fällig. Der Arbeitgeber und der Arbeitnehmer vereinbaren am 12.11., dass hiervon 3.504,00 Euro als betriebliche Altersversorgung in Form einer Direktversicherung verwendet werden sollen.

Die Vereinbarung wurde vor der Fälligkeit getroffen, sodass die Umwandlung anerkannt wird, auch wenn das Weihnachtsgeld bereits vorher schon verdient war.

12.2.4.2 Unverfallbarkeit des Anspruches aus der betrieblichen Altersversorgung

Versorgungszusagen, die ab dem 01.01.2001 erteilt wurden und auf Entgeltumwandlung beruhen, sind durch gesetzliche Regelung sofort unverfallbar.

12.2.4.3 Steuerliche und sozialversicherungsrechtliche Folgen aus der Entgeltumwandlung

Bei den Durchführungswegen „Direktzusage“ und „Unterstützungskasse“ gehört der umgewandelte und für den Aufbau der betrieblichen Altersversorgung verwendete Entgeltteil nicht zum Arbeitslohn. In den Durchführungswegen „Pensionskasse“ und „Pensionsfonds“ ist er im Rahmen der Höchstbeiträge steuerfrei. Beiträge zu bestimmten Direktversicherungen sind im Rahmen der Höchstbeiträge steuerfrei. In der Sozialversicherung gehört der umgewandelte Teil dann nicht zum Arbeitsentgelt, wenn nach dem BetrAVG ein Anspruch auf Entgeltumwandlung besteht.

12.2.5 Beibehaltung und Auswirkungen der Pauschalbesteuerung nach"§ 40b alt"

Beiträge an Pensionskassen und Direktversicherungen, die pauschal besteuert werden (§ 40b alt), werden auf den steuerfreien Höchstbetrag angerechnet. Für die Beibehaltung der Pauschalbesteuerung seit dem Kalenderjahr 2018 ist nur noch entscheidend, ob vor dem 01.01.2018 ein Beitrag des Arbeitgebers zum Aufbau einer kapitalgedeckten betrieblichen Altersversorgung an eine Pensionskasse oder zugunsten einer Direktversicherung zu Recht pauschal besteuert worden ist. Eine Verzichtserklärung des Arbeitnehmers auf die Steuerfreiheit ist nicht mehr erforderlich. Die Fortführung der Pauschalbesteuerung kann z. B. nach einem Arbeitgeberwechsel auch in einem anderen Durchführungsweg (bisher Pensionskasse, nunmehr Direktversicherung) erfolgen.

Höhe der steuerfreien Beiträge zur Direktversicherung

Es gilt im gesamten Bundesgebiet der Höchstbeitrag, der sich aus der Beitragsbemessungsgrenze West in der allgemeinen Rentenversicherung wie folgt errechnet. Für 2023 gilt 8 % von 87.600,00 Euro = 7.008,00 Euro. In der Sozialversicherung sind hingegen nur 4 % = 3.504,00 Euro beitragsfrei.

Bei der betrieblichen Altersversorgung bedarf es unbedingt einer guten und fachmännischen Beratung durch einen Steuerberater und einen guten Versicherungsagenten. Es gibt hier eine große Variante von Möglichkeiten, die den Arbeitnehmer bestens im Alter versorgt und dem Arbeitgeber Einsparmöglichkeiten bei Steuer und Sozialversicherungsbeiträgen bietet. Auf alle diese verschiedenen Durchführungswege kann in diesem Buch nicht explizit eingegangen werden. Hier bedarf es fachmännischer Beratung.

12.3 Vermögenswirksame Leistungen

Im 5. VermBG sind bestimmte Formen vorgeschrieben, in denen ein Arbeitgeber für seinen Arbeitnehmer Geldleistungen anlegen kann. Unter vermögenswirksamen Leistungen versteht man sowohl Leistungen, die der Arbeitgeber zusätzlich zum ohnehin bestehenden Lohnanspruch bezahlt, als auch die Anlage von Teilen des Arbeitslohnes, die dem Arbeitnehmer ohnehin zustehen. Vermögenswirksame Leistungen können nicht nur aus den üblichen Lohnzahlungen erfolgen, sondern auch aus pauschal versteuertem Arbeitslohn von Aushilfs- und Teilzeitbeschäftigten, aus pauschalversteuerten sonstigen Bezügen oder aus steuerfreien Zuschüssen zum Mutterschaftsgeld.

12.3.1 Mitarbeiterkapitalbeteiligungsgesetz

Vermögenswirksame Leistungen können auch in Mitarbeiterkapitalbe teiligungen angelegt werden. Die Einkommensgrenzen betragen hier 20.000,00 Euro für Ledige und 40.000,00 Euro für zusammenveranlagte Ehegatten bzw. Lebenspartner in einer eingetragenen Lebenspart nerschaft. Der Fördersatz für vermögenswirksame Leistungen, die in Beteiligungen angelegt werden, beträgt 20 %. Auch können die Betei ligungen über einen Mitarbeiterbeteiligungsfonds erfolgen.

12.3.2 Zulagen des Staates

Es gibt zwei Förderarten:

1. **Förderart:** Anlagen zum **Wohnungsbau** (Bausparkassenbeiträge oder Entschuldung von Wohnungseigentum) und Kapitalversicherungsverträge, die nicht sparzulagenbegünstigt sind.

   Sparzulage 9 % **Höchstbetrag jährlich 470,00 Euro**

2. **Förderart:** Anlage in Beteiligungen (Erwerb von Aktien, Anteile an Aktienfonds, Beteiligungen am Unternehmen des Arbeitgebers durch stille Beteiligung oder Darlehen).

   Sparzulage 20 % **Höchstbeitrag jährlich 400,00 Euro**

Es können auch beide Förderarten nebeneinander in Anspruch genommen werden und der Arbeitnehmer kann bis zu 870,00 Euro jährlich anlegen und bekommt hierfür eine Sparzulage von 123,00 Euro. Die Sparzulage erhält der Arbeitnehmer auf Antrag vom Finanzamt gewährt.

Für die Gewährung der Sparzulage gibt es zu beachtende Einkommensgrenzen. Die Einkommensgrenzen erhöhen sich bei Arbeitnehmern mit Kindern um die Freibeträge für Kinder. Ihr Steuerberater kennt die aktuellen Grenzen und steht Ihnen hier beratend zur Verfügung.

Angaben des Arbeitnehmers

Bei der Anlage von vermögenswirksamen Leistungen muss der Arbeitgeber folgende Informationen erhalten:

- Höhe der laufenden Beträge (z. B. 38,00 Euro monatlich) oder Höhe
- des einmaligen Betrages (z. B. 456,00 Euro), die angelegt werden sollen
- Angabe des Zeitpunktes, ab dem angelegt werden soll
- Art der Anlage und des Instituts, bei dem angelegt werden soll, einschließlich IBAN und BIC.

Die Banken und Bausparkassen stellen entsprechende Formulare zur Verfügung.

13 Sonstige Bezüge und Einmalzahlungen

Typische Beispiele für sonstige Bezüge und Einmalzahlungen sind:

- Urlaubsgeld
- Weihnachtsgeld
- Dreizehntes Monatsgehalt
- Gratifikationen oder Tantiemen
- Jubiläumszuwendungen

Im Steuerrecht spricht man bei den Zahlungen, die nur einmalig erfolgen, von einem „Sonstigen Bezug“. Im Sozialversicherungsrecht spricht man bei der gleichen einmaligen Zahlung von einer „Einmalzahlung“. Entsprechend unterscheiden sich auch die Berechnungsmethoden für die Lohnsteuer und die Sozialversicherungsbeiträge.

Besteuerung

Zunächst ist der Jahresarbeitslohn ohne den sonstigen Bezug zu ermitteln. Sind noch nicht alle Monate mit Lohnzahlungen belegt, wird eine Hochrechnung auf 12 Monate vorgenommen. Dann wird der Jahresarbeitslohn mit dem sonstigen Bezug ermittelt. Für beide Beträge ist die Jahreslohnsteuer zu berechnen. Die auf den sonstigen Bezug entfallende Lohnsteuer ist die Differenz aus Jahresarbeitslohn mit sonstigem Bezug und Jahresarbeitslohn ohne sonstigen Bezug.

Beispiel: Ein Arbeitnehmer ist seit dem 01.07. bei seinem jetzigen Arbeitgeber beschäftigt. Der Arbeitnehmer war vom 01.01. bis 30.03. beim Arbeitgeber A (Monatslohn 2.800,00 Euro) und vom 01.05. bis 30.06. beim Arbeitgeber B (Monatslohn 2.100,00 Euro) tätig. Dementsprechend ist auf der Lohnsteuerbescheinigung der früheren Arbeitgeber folgender Arbeitslohn eingetragen:

Dienstverhältnis	Zeitraum	Monatslohn	Gesamt
Arbeitgeber A	01.01.-30.03.	2.800 Euro	8.400 Euro
Arbeitgeber B	01.05.-30.06.	2.100 Euro	4.200 Euro

Im April war der Arbeitnehmer arbeitslos und gibt seinem jetzigen Arbeitgeber eine entsprechende Bestätigung für diesen Zeitraum. Ab Juli erhält er einen Monatslohn von 2.400,00 Euro sowie im August ein Urlaubsgeld von 500,00 Euro. Ab September bekommt er einen höheren Monatslohn von 2.800,00 Euro und im November gibt es für ihn ein Weihnachtsgeld in Höhe von 2.800,00 Euro.

Der für die Versteuerung des Weihnachtsgeldes voraussichtliche Jahresarbeitslohn errechnet sich wie folgt:

Dienstverhältnis	Zeitraum	Monatslohn	Gesamt
Arbeitgeber A	01.01.-30.03.	2.800,00 Euro	8.400,00 Euro
Arbeitgeber B	01.05.-30.06.	2.100,00 Euro	4.200,00 Euro
Arbeitgeber C	01.07.-31.08.	2.400,00 Euro	4.800,00 Euro
Arbeitgeber C	01.09.-31.12.	2.800,00 Euro	11.200,00 Euro
Arbeitgeber C	Urlaubsgeld		500,00 Euro
Voraussichtlicher Jahresarbeitslohn ohne Weihnachtsgeld			29.100,00 Euro
Arbeitgeber C	Weihnachtsgeld		2.800,00 Euro
Voraussichtlicher Jahresarbeitslohn mit Weihnachtsgeld			31.900,00 Euro

Jahreslohnsteuer aus 31.900,00 Euro - Jahreslohnsteuer aus 29.100,00 Euro = Lohnsteuer für sonstigen Bezug in Höhe von 2.800,00 Euro (Weihnachtsgeld).

SV-Beiträge

- Es müssen alle während der Dauer des Beschäftigungsverhältnisses gezahlten beitragspflichtigen Entgelte des laufenden Kalenderjahres bis einschließlich dem Abrechnungsmonat ermittelt werden.
- Für den gleichen Zeitraum wird die Beitragsbemessungsgrenze in KV/PV und RV/AV ermittelt und gegenübergestellt.
- Wenn die BBG nicht ausgeschöpft ist, unterliegt die Einmalzahlung der Sozialversicherungspflicht.
- Es kommt nur auf den Beschäftigungszeitraum beim aktuellen Arbeitgeber an. Entgelte aus vorangegangenen Beschäftigungsverhältnissen bleiben unberücksichtigt.

Beispiel: Die Ermittlung der Sozialversicherungspflicht für das Weihnachtsgeld für o. g. Beispielfall sieht wie folgt aus (es wurden die BBG des Jahres 2023 im Westen herangezogen):

Dienst-verhältnis	Zeitraum	Monatslohn	BBG KV/PV	BBG RV/AV
Arbeitgeber C	Juli	2.400 Euro	4.987,50 Euro	7.300,00 Euro
	August	2.400 Euro + 500 Euro	4.987,50 Euro	7.300,00 Euro
	September	2.800 Euro	4.987,50 Euro	7.300,00 Euro
	Oktober	2.800 Euro	4.987,50 Euro	7.300,00 Euro
	November	2.800 Euro	4.987,50 Euro	7.300,00 Euro
		13.700 Euro	**24.937,50 Euro**	**36.500,00 Euro**

Da das max. beitragspflichtige Entgelt von Juli bis November mit 24.937,50 Euro in KV/PV bzw. 36.500 Euro in RV/AV wesentlich höher ist, als der bisher verbeitragte Arbeitslohn in Höhe von 13.700,00 Euro, ist das Weihnachtsgeld mit 2.800,00 Euro voll beitragspflichtig.

Diese Rechenvorgänge übernehmen die DATEV-Lohnabrechnungsprogramme automatisch, wenn eine Lohnart ausgewählt wird, die das Merkmal eines „Sonstigen Bezuges“ bzw. einer „Einmalzahlung“ hat. Die exakten Rechenvorgänge können in den DATEV-Auswertungen als Berechnungsschemata ausgegeben werden.

Beitragsfreie Zeiten (z. B. wegen Bezugs von Krankengeld oder Mutterschaftsgeld) bleiben bei der Feststellung der BBG außer Acht.

Für einmalig gezahlte Arbeitsentgelte, die in den Monaten Januar bis März zufließen, gilt die sog. „Märzklausel“.

Märzklausel

Für die einmalig gezahlten Arbeitsentgelte in den Monaten Januar bis März, gilt eine Sonderreglung nach § 23a Abs. 4 SGB IV. Werden einmalig gezahlte Arbeitsentgelte im Zeitraum Januar bis März bezahlt und ist die Beitragsbemessungsgrenze überschritten, müssen diese dem letzten Lohnabrechnungszeitraum im Vorjahr zugerechnet werden, da anderenfalls die Berechnung von Beiträgen dadurch umgangen werden könnte, wenn Einmalzahlungen stets im Januar eines Kalenderjahres abgerechnet werden.

Beispiel: Ein Arbeitnehmer mit einem Monatslohn von 2.600,00 Euro erhält im März eine Tantieme von 1.500,00 Euro. Es ergibt sich folgende Berechnung (es wurden die BBG des Jahres 2023 im Westen herangezogen):

Zeitraum	Monatslohn	BBG KV/PV	BBG RV/AV
Januar	2.600,00 Euro	4.987,50 Euro	7.300,00 Euro
Februar	2.600,00 Euro	4.987,50 Euro	7.300,00 Euro
März	2.600,00 Euro	4.987,50 Euro	7.300,00 Euro
	7.800,00 Euro	**14.962,50 Euro**	**21.900,00 Euro**
Differenz		**7.162,50 Euro**	**14.100,00 Euro**

Da sowohl bei der Renten- und Arbeitslosenversicherung als auch bei der Kranken- und Pflegeversicherung die anteilige Jahres-Beitrags- bemessungsgrenze Januar bis März auch einschließlich der Tantieme von 1.500,00 Euro nicht überschritten wird, sind die Beiträge zur KV/PV und RV/AV für März aus einem Arbeitsentgelt von 2.600,00 Euro + 1.500,00 Euro = 4.100,00 Euro zu ermitteln.

Beispiel: Ein Arbeitnehmer mit einem monatlichen Gehalt von 2.900,00 Euro erhält im März eine Tantieme von 5.500,00 Euro. Es ergibt sich folgende Berechnung (es wurden die BBG des Jahres 2023 im Westen herangezogen):

Zeitraum	Monatslohn	BBG KV/PV	BBG RV/AV
Januar	2.900,00 Euro	4.987,50 Euro	7.300,00 Euro
Februar	2.900,00 Euro	4.987,50 Euro	7.300,00 Euro
März	2.900,00 Euro	4.987,50 Euro	7.300,00 Euro
	8.700,00 Euro	**14.962,50 Euro**	**21.900,00 Euro**
Differenz		**6.262,50 Euro**	**13.200,00 Euro**

Die Tantieme von 5.500,00 Euro überschreitet zusammen mit dem laufenden Arbeitsentgelt die anteilige Jahresbeitragsbemessungsgrenze der KV/PV, nicht aber der RV/AV. Da es sich aber um einen krankenversicherungspflichtigen Arbeitnehmer handelt, ist die Tantieme insgesamt dem letzten Entgeltabrechnungszeitraum des Vorjahres zuzurechnen.

14 Unterbrechung der Entgeltzahlung

14.1 Unterbrechungstatbestände

- Ende der Entgeltfortzahlung bei Arbeitsunfähigkeit

  Wenn ein Mitarbeiter mehr als sechs Wochen krankgeschrieben war, erhält er nach den sechs Wochen Lohnfortzahlung durch den Arbeitgeber Krankengeld von seiner Krankenkasse. Die Mitgliedschaft in der KV/PV bleibt bestehen, solange das Arbeitsverhältnis nicht aufgelöst ist. Da jedoch kein Lohn/Gehalt fließt, werden vom Arbeitgeber auch keine Beiträge entrichtet.

- Mutterschutz

  Während der Mutterschutzfristen besteht die Versicherungspflicht für KV/PV fort, solange Anspruch auf Mutterschaftsgeld besteht.

- Elternzeit

  Wer Elternzeit in Anspruch nimmt, für den bleibt die Mitgliedschaft in der KV/PV bestehen. Sie sind beitragsfrei versichert. Wer jedoch neben dem Erziehungsgeld ein Arbeitseinkommen bezieht, für den gilt die Beitragsfreiheit nicht.

- Pflegezeit

  Wer sich wegen einer Pflege von Angehörigen von der Arbeit freistellen lässt, für den läuft die SV bis zu 6 Monate weiter.

- Kurzarbeitergeld

  Für die Dauer des Anspruchs auf Lohnersatzleistungen bleibt die Mitgliedschaft in der KV/PV erhalten.

- Streik

  Im Falle eines Arbeitskampfes bleibt das Arbeitsverhältnis bestehen einschließlich KV/PV-Mitgliedschaft. Während des Streiks fließen keine Beiträge zur RV und AV. Nach einem Monat erfolgt eine Unterbrechungsmeldung.

- Unbezahlter Urlaub

  Bis maximal ein Monat bleibt das Versicherungsverhältnis in allen SV-Zweigen bestehen.

- Unentschuldigtes Fernbleiben vom Arbeitsplatz

  Hier gilt die gleiche Regelung wie bei unbezahltem Urlaub. Maximal ein Monat bleibt das Versicherungsverhältnis bestehen, dann endet es.

14.2 Erforderliche Meldungen bei Unterbrechungen

Nachfolgende Schlüssel gelten bei Unterbrechungsmeldungen in der Sozialversicherung:

Schlüsselzahl	Meldegrund	Meldefrist
51	Unterbrechungsmeldung wegen Bezug von bzw. Anspruch auf Entgeltersatzleistungen	Innerhalb von 2 Wochen nach Ablauf des ersten Kalendermonats der Unterbrechung
52	Unterbrechungsmeldung wegen Elternzeit	
53	Unterbrechungsmeldung wegen gesetzlicher Dienstpflicht oder freiwilligem Wehrdienst	

- Unterbrechungen von längstens einem Monat lösen keine Meldepflicht aus.

Beispiel: Ein Arbeitnehmer nimmt vom 20.05. bis zum 06.06. unbezahlten Urlaub. Der Zeitraum ist kleiner als ein Monat. Es erfolgt keine Unterbrechungsmeldung und am Jahresende wird der gesamte Beschäftigungszeitraum vom 01.01. – 31.12. gemeldet.

- Unterbrechungen von mehr als einem Monat mit Fortbestand der Krankenversicherung

  a) Bei Bezug von Krankengeld oder Verletztengeld

  b) Bei Bezug von Mutterschaftsgeld

  c) Bei Bezug von Erziehungsgeld

  d) Bei Inanspruchnahme von Elternzeit

  e) Bei einem Streik oder Arbeitskampf

Beispiel: Ein Arbeitnehmer ist vom 01.05. bis 31.08. krankgeschrieben. Nach Ablauf der 6-wöchigen Lohnfortzahlung erhält er ab dem 13.06. Krankengeld von seiner Krankenkasse. Spätestens am 15.07. muss bei der Krankenkasse eine Unterbrechungsmeldung vorliegen, die eine Unterbrechung ab dem 13.06. bescheinigt (Schlüsselzahl 51).

- Dauert die Unterbrechung (unbezahlter Urlaub oder unentschuldigtes Fehlen) länger als einen Monat, muss der Arbeitnehmer abgemeldet (Schlüsselzahl 34) und bei Wiederaufnahme der Tätigkeit wieder angemeldet werden (Schlüsselzahl 13).

15 Pfändung

15.1 Neue Vorschriften für Lohnpfändungen

Seit 01.01.2022 gilt eine neue Lohnpfändungstabelle. Diese Lohnpfändungstabelle ist in den Lohnabrechnungsprogrammen der DATEV hinterlegt und eingearbeitet.

Das BAG hat zur Berechnung des pfändbaren Einkommens folgendes entschieden (Leitsätze des Urteils):

„Bei der Berechnung des pfändbaren Einkommens gemäß § 850e Nr. 1 Satz 1 Zivilprozessordnung (ZPO) gilt die sog. Nettomethode. Die der Pfändung entzogenen Bezüge sind mit ihrem Bruttobetrag vom Gesamteinkommen abzuziehen. Ein erneuter Abzug der auf diesen Bruttobetrag entfallenden Steuern und Abgaben erfolgt nicht."

In den DATEV-Lohnabrechnungsprogrammen wurde bisher entsprechend der herrschenden Meinung von der sog. Bruttomethode ausgegangen. Seit Januar 2014 stehen beide Methoden zur Verfügung, sodass auch Altfälle noch abgerechnet werden können. Die Unterschiede zwischen der bisher geltenden Bruttomethode und der nunmehr anzuwendenden Nettomethode werden anhand eines Beispiels noch erläutert.

15.2 Allgemeine Hinweise zu Lohnpfändungen

Zu den Aufgaben der Lohnabrechnung gehören auch Pfändungen von Arbeitseinkommen. Der Arbeitgeber ist gegenüber dem Gläubiger für eine ordnungsgemäße Durchführung der Pfändung verantwortlich. Gleichzeitig hat er die zur Wahrung der Interessen des Arbeitnehmers bestehenden Vollstreckungsschutzbestimmungen (§§ 850 bis 850k ZPO) zu beachten.

Die Pfändung wird mit Zustellung des Beschlusses wirksam. Diesem Zeitpunkt kommt vor allem für die Rangfolge Bedeutung zu, wenn dasselbe Arbeitseinkommen durch mehrere Gläubiger gepfändet wird. Der Arbeitgeber sollte deshalb stets den Zustellungszeitpunkt des Pfändungsbeschlusses vermerken.

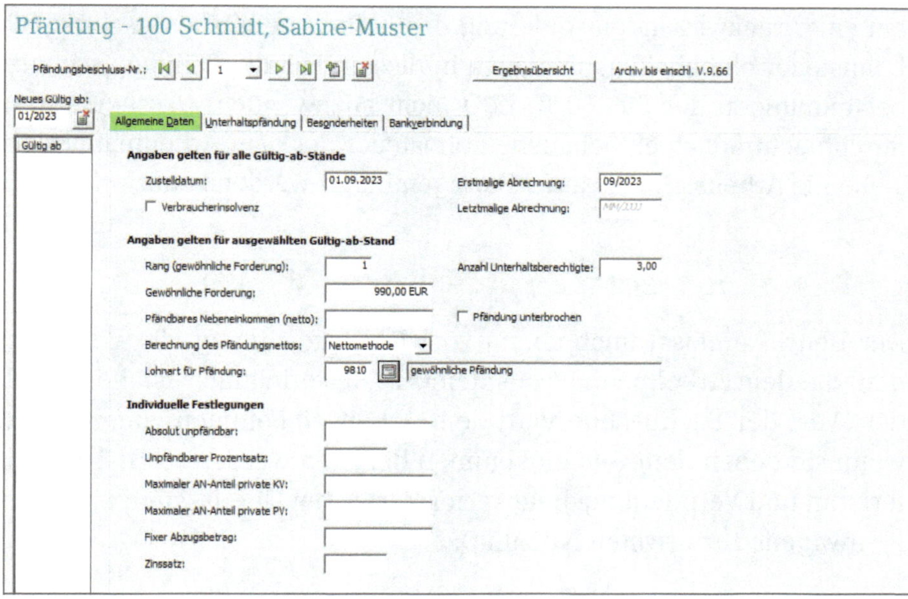

Für die lohnsteuerliche und beitragsrechtliche Behandlung gilt Folgendes:

Geht der Anspruch auf Arbeitslohn auf einen Dritten über, so ist dieser Vorgang auf den Zufluss des Arbeitslohns beim Arbeitnehmer ohne Bedeutung. Auch der durch die Pfändung direkt an einen Dritten überwiesene Teil des Arbeitslohns ist dem Arbeitnehmer zugeflossen und damit steuer- und beitragspflichtig.

Die Pfändungsschutzvorschriften der §§ 850 bis 850k ZPO spielen für die steuer- und beitragsrechtliche Behandlung keine Rolle. Das bedeutet, dass der Steuerabzug auch dann zulässig ist, wenn sich dadurch ein Net tolohn ergibt, der unter den Pfändungsfreigrenzen liegt. Denn pfändbar ist nur der Teil des Arbeitslohns, der nach Abzug von Steuern und Sozialversicherungsbeiträgen verbleibt. Öffentlich-rechtliche Ansprüche auf Steuern und Sozialversicherungsbeiträge haben also stets Vorrang. Wird bei einer rückwirkenden Änderung des Lohnsteuerabzugs nachträglich Lohnsteuer einbehalten, sind auch in diesem Fall die Pfändungsschutzbestimmungen der §§ 850 ff. ZPO nicht anzuwenden. Das heißt, dass durch nachträglich einbehaltene Lohnsteuer der dem Arbeitnehmer zustehende Arbeitslohn bis auf 0 Euro gemindert werden kann.

15.3 Was versteht man unter „Arbeitseinkommen"?

Der Begriff umfasst unabhängig von der Bezeichnung alle Vergütungen, die dem Arbeitnehmer aus dem Arbeitsverhältnis zustehen. Auch der Wert der Sachbezüge wird dem Arbeitseinkommen zugerechnet, wenn sie neben dem Geldeinkommen bezogen werden (z. B. freie Unterkunft und Verpflegung, geldwerter Vorteil bei Überlassung eines Firmenwagens zur privaten Nutzung).

Gibt es unpfändbare Teile des Arbeitseinkommens?

Unpfändbar sind insbesondere

- die Hälfte der Gesamtvergütung für die Überstunden (Grundvergütung + Zuschlag),
- das zusätzliche Urlaubsgeld bis zur Höhe des Üblichen. Die Lohnfortzahlung während des Urlaubs (Urlaubsentgelt) und eine beim Ausscheiden des Arbeitnehmers aus dem Arbeitsverhältnis gezahlte Urlaubsabgeltung sind dagegen pfändbar,
- Zuwendungen aus Anlass eines besonderen Betriebsereignisses und Treuegelder (z. B. Jubiläumszuwendungen),

- Aufwandsentschädigungen und Auslösungen für eine auswärtige Tätigkeit (Reisekosten, Umzugskosten),
- Gefahren-, Schmutz- und Erschwerniszulagen,
- Heirats- und Geburtsbeihilfen,
- Weihnachtszuwendungen bis zur Hälfte des monatlichen Arbeitseinkommens, höchstens jedoch bis zu 500,00 Euro.

In den DATEV-Lohnabrechnungsprogrammen sind die unpfändbaren Teile des Arbeitseinkommens durch die Lohnarten definiert und hinterlegt.

Für **vermögenswirksame Leistungen** gilt folgendes:

Die Zahlungen, die der Arbeitgeber zur Vermögensbildung des Arbeitnehmers erbringt, sind ebenso unpfändbar, wie die Teile des Einkommens des Arbeitnehmers, die der Arbeitgeber zur vermögenswirksamen Anlage vereinbarungsgemäß unmittelbar dieser Anlage gutschreibt. Die Vereinbarung muss vor der Zustellung des Pfändungs- und Überweisungsbeschlusses an den Drittschuldner getroffen worden sein. Andernfalls ist die Vereinbarung dem Pfändungsgläubiger gegenüber unwirksam.

Auch bei der Anlage von VWL kann in den DATEV-Programmen zwischen einer pfändbaren und einer unpfändbaren Lohnart gewählt werden.

15.4 Betriebliche Altersvorsorge und Pfändung

Nicht zum Arbeitseinkommen i. S. d. § 850 ZPO gehört auch der im Wege einer **Gehaltsumwandlung** für die betriebliche Altersversorgung entfallende Barlohn. Ändern beispielsweise Arbeitgeber und Arbeitnehmer ihre ursprüngliche Lohnvereinbarung dahin, dass in Zukunft anstelle eines Teils des monatlichen Barlohns vom Arbeitgeber eine Versicherungsprämie auf einen Lebensversicherungsvertrag zugunsten des Arbeitnehmers (**Direktversicherung**) gezahlt werden soll (Gehaltsumwandlung), entstehen insoweit **keine pfändbaren Ansprüche auf Arbeitseinkommen**.

15.5 Ermittlung der Pfändungsgrenze und Berechnung des Nettoarbeitseinkommens

Das für die Pfändung maßgebende Nettoarbeitseinkommen ist vom Arbeitgeber zu berechnen. Hierzu sind vom pfändbaren Bruttoarbeitseinkommen abzuziehen

- Lohn- und Kirchensteuer sowie der Solidaritätszuschlag,
- Beiträge des Arbeitnehmers zur Sozialversicherung (Renten-, Kranken-, Pflege- und Arbeitslosenversicherung) und gleichgestellte Abgaben in der „üblichen" Größenordnung. Zu den gleichgestellten Abgaben gehören die Beiträge des Arbeitnehmers zu einer privaten Kranken- und Pflegeversicherung. Als „übliche" Größenordnung gelten die vergleichbaren Beiträge zur gesetzlichen Kranken- und Pflegeversicherung,
- gesetzlicher Beitragszuschuss zur Kranken- und Pflegeversicherung.

Die Pfändungsgrenze hat der Arbeitgeber anhand der amtlichen Lohnpfändungstabelle zu ermitteln. Die aktuelle Pfändungstabelle ist in den DATEV-Lohnabrechnungsprogrammen eingearbeitet und hinterlegt. In den Pfändungstabellen werden zu dem jeweiligen Nettoarbeitseinkommen der pfändbare Betrag unter Berücksichtigung der Unterhaltspflichten des Schuldners ausgewiesen. Die unterhaltsberechtigten Angehörigen hat der Arbeitgeber festzustellen.

In Betracht kommen

- der Ehegatte,
- der frühere Ehegatte,
- Verwandte in gerader Linie (Kinder, Enkelkinder, Eltern, Großeltern),
- die Mutter oder der Vater eines nichtehelichen Kindes.

15.6 Anwendung von Brutto- oder Nettomethode

In der Vergangenheit wurde entsprechend der herrschenden Meinung von der sog. Bruttomethode ausgegangen. Die Unterschiede zwischen der bisher geltenden Bruttomethode und der künftig anzuwendenden Nettomethode sind im nachfolgenden Beispiel erläutert.

Beispiel: Ein Arbeitnehmer aus Bayern mit einem Monatslohn von 2000,00 Euro erhält im Januar eine Überstundenvergütung von 125,00 Euro und ein Urlaubsgeld von 200,00 Euro. Der Arbeitnehmer hat folgende Lohnsteuerabzugsmerkmale: Steuerklasse III/0, Religionszugehörigkeit evangelisch. Für Januar ergibt sich folgende Lohnabrechnung:

Monatslohn	2.000,00 Euro
Überstundenvergütung :	
- Grundvergütung	100,00 Euro
- Zuschlag 25 %	25,00 Euro
Gesamt	125,00 Euro
Zusätzliches Urlaubsgeld	200,00 Euro
Bruttoarbeitslohn	2.325,00 Euro
Abzüge:	
Lohnsteuer	0,00 Euro
Soli	0,00 Euro
Kirchensteuer (8 %)	0,00 Euro
Sozialversicherung (20,4 %)	474,30 Euro
Nettolohn	1.850,70 Euro

Zur Ermittlung des pfändbaren Arbeitseinkommens sind vom Nettolohn die Beträge abzuziehen, die nicht zum pfändbaren Arbeitseinkommen gehören:

- die Hälfte der Überstundenvergütung	62,50 Euro
- das Urlaubsgeld	200,00 Euro
Verbleibender Betrag	1.588,20 Euro

Nach der bisher geltenden sog. **Bruttomethode** waren vom Nettolohn in Höhe von 1.850,70 Euro die unpfändbaren Beiträge in voller Höhe abzuziehen, sodass sich ein verbleibender Betrag in Höhe von 1.588,20 Euro ergab. Für diesen Betrag war der pfändbare Betrag aus der Lohnpfändungstabelle abzulesen.

Nach dem Urteil des BAG ist jedoch bei Lohnpfändungen nicht die Bruttomethode, sondern die Nettomethode anzuwenden. Das bedeutet, dass die unpfändbaren Beträge nicht in voller Höhe abzuziehen sind, sondern nur mit dem Restbetrag, der verbleibt, wenn man von den unpfändbaren Beträgen die hierauf entfallenden Lohnabzüge (Lohnsteuer, , Kirchensteuer und Sozialversicherungsbeiträge) abzieht.

15.7 Unterhaltspfändung

Bei einer Pfändung wegen Unterhaltsansprüchen ist die **Lohnpfändungstabelle nicht anwendbar**. Der pfandfrei bleibende Betrag wird vielmehr vom Vollstreckungsgericht im Pfändungsbeschluss festgelegt. Das für die Pfändung verfügbare Nettoarbeitseinkommen hat der Arbeitgeber wie bei anderen Pfändungen selbst zu berechnen. Dabei ist zu beachten, dass dem Schuldner von Überstundenvergütungen, vom zusätzlichen Urlaubsgeld und vom Weihnachtsgeld mindestens die Hälfte des Betrags belassen werden muss, der bei einer anderweitigen Pfändung unpfändbar wäre.

15.8 Arbeitsrecht

Allgemeines

Durch die Pfändung von Lohn- und Gehaltsansprüchen kann ein Gläubiger aufgrund eines vollstreckbaren Schuldtitels auf das Arbeitseinkommen des Schuldners (Arbeitnehmer) zurückgreifen. Die gesetzlichen Regelungen zur Pfändung von Arbeitseinkommen ergeben sich aus den §§ 828 ff. ZPO, insbesondere aus den §§ 850a – i ZPO. Eine wirksame Pfändung von Arbeitseinkommen hat zur Folge, dass der Ar beitgeber den pfändbaren Teil des Verdienstes ermitteln und an den Gläubiger abführen muss. Der Arbeitgeber wird damit – auch ohne sein Zutun – zum sog. Drittschuldner.

Voraussetzungen für eine wirksame Pfändung

Voraussetzung für eine Pfändung von Arbeitseinkommen ist, dass der Gläubiger gegen den Beschäftigten einen Vollstreckungstitel erwirkt hat. Als Vollstreckungstitel kommen in Betracht:

- rechtskräftig oder für vorläufig vollstreckbar erklärte Endurteile,
- weitere Vollstreckungstitel, z. B. aus Vergleichen, aus Vollstreckungsbescheiden oder aus vollstreckbaren Urkunden.

Der Vollstreckungstitel bedarf von wenigen Ausnahmen abgesehen (z. B. Vollstreckungsbescheid) einer Vollstreckungsklausel. Die Klausel lautet: „Vorstehende Ausfertigung wird dem (Bezeichnung der Partei) zum Zwecke der Zwangsvollstreckung erteilt." Die Vollstreckungsklausel ist der Ausfertigung des entsprechenden Urteils am Schluss beizufügen, von dem Urkundsbeamten der Geschäftsstelle zu unterschreiben und mit dem Gerichtssiegel zu versehen. Eine Zwangsvollstreckung darf nur beginnen, wenn die Personen gegen die sie stattfinden soll, in dem Titel oder in der beigefügten Vollstreckungsklausel namentlich bezeichnet sind und der Titel bereits zugestellt ist oder gleichzeitig zugestellt wird.

Schließlich muss das Vollstreckungsgericht einen Pfändungs- und Überweisungsbeschluss erlassen, der dem Drittschuldner (Arbeitgeber) zuzustellen ist. Der Pfändungsbeschluss verbietet dem Drittschuldner, an den Schuldner zu zahlen. Gleichzeitig wird dem Schuldner aufgegeben, sich jeder Verfügung über die Forderung, insbesondere ihrer Einziehung, zu enthalten. Der Überweisungsbeschluss überträgt die Forderung (in der Regel) „zur Einziehung" an den Gläubiger, d. h. er kann die Forderung vom Drittschuldner verlangen und auch einklagen. Die Zwangsvollstreckung ist aber erst beendet, wenn der Gläubiger die Summe auch tatsächlich erhalten hat. Kann auch der Drittschuldner nicht zahlen, bleibt die Forderung gegenüber dem Schuldner bestehen.

Hauptpflichten des Arbeitgebers

Auskunftspflicht

Der Arbeitgeber hat auf Verlangen des Gläubigers innerhalb zwei Wochen, von der Zustellung des Pfändungsbeschlusses an gerechnet, dem Gläubiger gegenüber zu erklären,

- ob und inwieweit er die Forderung als begründet anerkennt und zur Zahlung bereit ist,
- ob und welche Ansprüche andere Personen an die Forderung erheben,
- ob und wegen welcher Ansprüche die Forderung bereits für andere Gläubiger gepfändet ist.

Die Aufforderung zur Abgabe einer entsprechenden Erklärung des Drittschuldners ist in die Zustellungsurkunde des Pfändungsbeschlusses aufzunehmen. Der Gläubiger kann die Auskunftspflicht auch auf einzelne Punkte beschränken. Der Arbeitgeber ist gegenüber dem Gläubiger nicht verpflichtet, weitergehende Angaben, wie z. B. über die Zusammensetzung des Einkommens und weiterer Vergütungsbestandteile des Arbeitnehmers zu machen. Auch kann der Gläubiger vom Arbeitgeber (Drittschuldner) nicht die Übersendung der Lohn- und Gehaltsabrechnung des Arbeitnehmers (Schuldner) verlangen.

Sofern der Arbeitgeber als Drittschuldner trotz Aufforderung seiner Verpflichtung auf Auskunftserteilung nicht oder nicht rechtzeitig nachkommt, haftet er gegenüber dem Gläubiger für den entstehenden Schaden. Ein Schadensersatzanspruch des Gläubigers ist auch dann begründet, wenn der Arbeitgeber eine falsche oder unvollständige Auskunft erteilt.

Die mit der Bearbeitung von Lohn- oder Gehaltspfändungen verbundenen Kosten des Arbeitgebers fallen diesem selbst zur Last. Er hat weder einen gesetzlichen Erstattungsanspruch gegen den Arbeitnehmer noch kann ein solcher Anspruch durch (freiwillige) Betriebsvereinbarung begründet werden. Im Vorhinein getroffene Vereinbarungen über eine vom Arbeitnehmer zu tragende Kostenpauschale unterliegen der Billigkeitskontrolle. Für die Kosten der Drittschuldnerauskunft kann der Arbeitgeber auch nicht den Gläubiger in Anspruch nehmen.

Verbot der Auszahlung an den Arbeitnehmer

Nach der Zustellung des Pfändungsbeschlusses ist es dem Drittschuldner (Arbeitgeber) untersagt, den pfändbaren Teil des Arbeitseinkommens an den Schuldner auszuzahlen. Der Arbeitgeber ist darüber hinaus verpflichtet, die pfändbaren Beträge zu ermitteln und unmittelbar an den Gläubiger anzuweisen. Dem Schuldner (Arbeitnehmer) verbleibt lediglich der unpfändbare Teil seines Arbeitseinkommens.

Ermittlung der pfändbaren Lohnbestandteile

Zu den Hauptaufgaben des Arbeitgebers im Pfändungsverfahren zählt die Ermittlung des pfändbaren Teils des Arbeitseinkommens. Die Pfändung des in Geld zahlbaren Arbeitseinkommens erfasst alle Vergütungen, die dem Schuldner (Arbeitnehmer) aus dem Arbeits- oder Dienstverhältnis zustehen, ohne Rücksicht auf ihre Benennung (z. B. Lohn, Gehalt, Prämie, Provision etc.) oder die jeweilige Berechnungsart.

Um Arbeitseinkommen im Sinne des § 850 ZPO handelt es sich auch bei Dienst- und Versorgungsbezügen von Beamten, Ruhegeldern und ähnlichen nach dem Ausscheiden aus dem Dienst- oder Arbeitsverhältnis gewährten fortlaufenden Einkünften, ferner bei Hinterbliebenenbezügen sowie sonstigen Vergütungen für Dienstleistungen aller Art, die die Erwerbstätigkeit des Schuldners vollständig oder zu einem wesentlichen Teil in Anspruch nehmen. Auch eine Vergütung für eine Diensterfindung stellt Arbeitseinkommen dar.

Vereinbaren die Arbeitsvertragsparteien allerdings, dass der Arbeitgeber für den Arbeitnehmer eine Direktversicherung abschließt und wird ein Teil der künftigen Entgeltansprüche des Arbeitnehmers durch Entgeltumwandlung für seine betriebliche Altersversorgung verwendet, liegt insoweit kein pfändbares Arbeitseinkommen vor. Bei einer solchen Vereinbarung entstehen in Höhe der Belastungen des Arbeitgebers, der zur Erfüllung seines Versorgungsversprechens einen Versicherungsvertrag schließt und als Schuldner dieses Vertrags die mit dem Versicherer vereinbarten Prämien zu zahlen hat, keine Ansprüche des Arbeitnehmers gegen den Arbeitgeber auf Arbeitseinkommen mehr, die abgetreten oder der Pfändung unterliegen können.

Zum Arbeitseinkommen zählen auch Bezüge, die ein Arbeitnehmer zum Ausgleich für Wettbewerbsbeschränkungen für die Zeit nach Beendigung seines Dienstverhältnisses beanspruchen kann, sowie Renten, die aufgrund von Versicherungsverträgen gewährt werden, wenn diese Verträge zur Versorgung des Versicherungsnehmers oder seiner unterhaltsberechtigten Angehörigen eingegangen sind.

Der Arbeitgeber muss bei der Ermittlung des pfändbaren Betrages berücksichtigen, dass das Arbeitseinkommen des Schuldners (Arbeitnehmers) nur zum Teil dem Zugriff des Gläubigers unterliegt. Hierdurch soll erreicht werden, dass der Schuldner seinen Lebensunterhalt und den seiner Familie auch weiterhin aufrechterhalten kann. Ermöglicht wird dies v. a. durch die in den §§ 850a – c ZPO geregelten Pfändungsschutzvorschriften.

Unpfändbare Bezüge nach § 850a ZPO

Unpfändbar und somit vom maßgeblichen Arbeitseinkommen des Schuldners (Arbeitnehmers) abzuziehen sind:

- Die Hälfte der Mehrarbeitsvergütungen,
- Urlaubsgelder, auch Zuwendungen aus Anlass eines besonderen Betriebsereignisses und Treuegelder, die an den Schuldner gewährt werden, soweit sie den Rahmen des Üblichen nicht übersteigen,
- Aufwandsentschädigungen, Auslösungsgelder und sonstige soziale Zulagen für auswärtige Beschäftigung, das Entgelt für selbst ge stelltes Arbeitsmaterial, Gefahrenzulagen sowie Schmutz- und Erschwerniszulagen, soweit diese Bezüge den Rahmen des Üblichen nicht übersteigen,
- Weihnachtsvergütungen bis zu einem Betrag der Hälfte des monatlichen Arbeitseinkommens, höchstens aber bis 500 Euro,
- Heirats- und Geburtsbeihilfen, somit Beihilfen, die der Arbeitgeber dem Beschäftigten anlässlich der Heirat oder Geburt eines Kindes zusätzlich zum laufenden Arbeitseinkommen gewährt, sofern die Vollstreckung wegen anderer als der aus Anlass der Heirat oder der Geburt entstandenen Ansprüche betrieben wird,

- Erziehungsgelder, Studienbeihilfen und ähnliche Bezüge. Hierbei handelt es sich regelmäßig um zusätzliche Leistungen des Arbeitgebers, die die Erziehung oder das Studieren an einer Hochschule ermöglichen oder unterstützen sollen. Hiervon nicht betroffen sind jedoch Vergütungen für Auszubildende,
- Sterbe- und Gnadenbezüge, d. h. Bezüge, die aus einem Arbeits- oder Dienstverhältnissen heraus i. d. R. an die Hinterbliebenen des Verstorbenen gewährt werden,
- Blindenzulagen, mithin spezielle Pflegezulagen, die der Arbeitgeber an blinde Arbeitnehmer gewährt,
- Energiepauschale.

Bedingt pfändbare Bezüge nach § 850b ZPO

Bei den im Folgenden genannten Bezügen handelt es sich eigentlich um unpfändbare Bezüge. Insbesondere sind nach dieser gesetzlichen Vorschrift unpfändbar:

- Renten, die wegen einer Verletzung des Körpers oder Gesundheit zu entrichten sind,
- Unterhaltsrenten, die auf gesetzlicher Vorschrift beruhen und die wegen Entziehung einer solchen Forderung zu entrichtenden Renten,
- fortlaufende Einkünfte, die ein Schuldner aus Stiftungen oder sonst aufgrund der Fürsorge und Freigebigkeit eines Dritten oder auf Grund eines Altenteils oder Auszugsvertrags bezieht,
- Bezüge aus Witwen-, Waisen-, Hilfs- und Krankenkassen, die ausschließlich oder zu einem wesentlichen Teil zu Unterstützungszwecken gewährt werden. Ferner Ansprüche aus Lebensversicherungen, die nur auf den Todesfall des Versicherungsnehmers abgeschlossen sind, wenn die Versicherungssumme 3.579,00 Euro nicht übersteigt.

Diese im Grunde nach unpfändbaren Bezüge können jedoch gepfändet werden, wenn die Vollstreckung in das sonstige bewegliche Vermögen des Arbeitnehmers (Schuldners) zu einer vollständigen Befriedigung des Gläubigers nicht geführt hat oder voraussichtlich nicht führen wird und wenn nach den Umständen des Falles, insbesondere nach der Art des beizutreibenden Anspruchs und der Höhe der Bezüge, die Pfändung der Billigkeit entspricht. Die abschließende Entscheidung darüber, ob die Bezüge nach den für Arbeitseinkommen geltenden Vorschriften gepfändet werden können, obliegt dem Vollstreckungsgericht. Vor der Entscheidung des Vollstreckungsgerichts, haben die Beteiligten nochmals die Möglichkeit gehört zu werden.

Pfändungsfreigrenzen nach § 850c ZPO

Neben den bereits genannten unpfändbaren und bedingt pfändbaren Bezügen, hat der Arbeitgeber die Pfändungsgrenzen zu beachten. Durch diese – je nach Zahl der unterhaltspflichtigen Personen gestaffelten – Pfändungsgrenzen soll ermöglicht werden, dass der Schuldner (Arbeitnehmer) seinen Lebensunterhalt und den seiner Familie auch weiterhin aufrechterhalten kann. Zu den Unterhaltsberechtigten zählen nur solche Personen, die gegen den Schuldner gesetzliche oder an deren Stelle getretene vertragliche Unterhaltsansprüche besitzen. Hierzu zählen insbesondere der Ehegatte sowie die Verwandten des Schuldners in gerader Linie (z. B. Kinder, Enkelkinder, Großeltern) und der Lebenspartner i. S. v. §§ 1 ff. LPartG.

Auch getrennt lebende oder geschiedene Ehegatten können bei der Pfändung Berücksichtigung finden. Voraussetzung hierfür ist, dass der Schuldner Unterhalt leisten muss. Gleiches gilt für getrennt lebende Lebenspartner.

Voraussetzung ist aber stets, dass der Schuldner die Unterhaltspflichten auch (tatsächlich) erfüllt.

Die jeweils gültigen Pfändungsfreigrenzen sind anhand der amtlichen Lohnpfändungstabelle zu ermitteln.

Erweiterte Pfändungsmöglichkeit

Erfolgt eine Pfändung aufgrund von Unterhaltsansprüchen, so darf der Arbeitgeber bei der Ermittlung des pfändbaren Betrags die Pfändungsfreigrenzen nach § 850c ZPO nicht anwenden. Die Höhe des Arbeitseinkommens, die dem Schuldner bei einer Unterhaltspfändung noch zu belassen ist, legt in diesem Fall das Vollstreckungsgericht fest. In der Regel gibt das Vollstreckungsgericht einen exakten Festbetrag an oder setzt genaue Bruchteile des Einkommens fest, die dem Schuldner zur Bestreitung seines eigenen Unterhalts zu verbleiben haben. Im Gegensatz zu einer gewöhnlichen Pfändung werden bei Unterhaltspfändungen einige der in § 850a ZPO genannten Sonderbezüge nicht gänzlich der Pfändung entzogen. Dem Schuldner verbleiben somit mindestens folgende Einkünfte:

- 25 % der Mehrarbeitsvergütung,
- 50 % des Urlaubs- und Treuegelder,
- 50 % der Zuwendung anlässlich eines Betriebsereignisses,
- 50 % des als unpfändbar bezeichneten Betrages des Weihnachtsgeldes.

Pfänden mehrere Unterhaltsgläubiger, so sind deren Ansprüche in folgender Reihenfolge zu berücksichtigen:

An erster Rangstelle stehen die Ansprüche der minderjährigen unverheirateten und privilegierten volljährigen Kinder. Die Ansprüche der Berechtigten sind untereinander gleichrangig.

An zweiter Rangstelle stehen Elternteile, die wegen Betreuung eines Kindes unterhaltsberechtigt sind oder im Falle einer Scheidung wären, sowie Ehegatten bei einer Ehe von langer Dauer. Des Weiteren gleichrangig sind Unterhaltsansprüche von Lebenspartnern, die ein adoptiertes Stiefkind betreuen.

Den dritten Rang behaupten Ehegatten, geschiedene Ehegatten und Lebenspartner, die nicht von der Regelung zuvor erfasst werden.

Den vierten Rang haben minderjährige verheiratete und volljährige Kinder in Berufsausbildung oder Studium, aber auch wegen einer Behinderung erwerbsunfähige bzw. eingeschränkt erwerbsfähige Kinder.

An fünfter Rangstelle stehen Enkelkinder und deren Abkömmlinge. Der sechste Rang gebührt den Eltern, der siebte Rang den Großeltern.

Erhöhung des unpfändbaren Betrags

Das zuständige Vollstreckungsgericht kann auf Antrag des Schuldners einen Teil des pfändbaren Arbeitseinkommens belassen, wenn

- der Schuldner nachweist, dass der notwendige Lebensunterhalt für sich und für die Personen, denen er Unterhalt zu gewähren hat, nicht gedeckt ist,
- besondere Bedürfnisse des Schuldners aus persönlichen oder beruflichen Gründen oder
- der besondere Umfang der gesetzlichen Unterhaltspflichten des Schuldners, insbesondere die Zahl der Unterhaltsberechtigten, dies erfordern

und überwiegende Belange des Gläubigers nicht entgegenstehen.

Wird die Zwangsvollstreckung wegen einer Forderung aus einer vorsätzlich begangenen unerlaubten Handlung betrieben, so kann das Vollstreckungsgericht auf Antrag des Gläubigers den pfändbaren Teil des Arbeitseinkommens ohne Rücksicht auf die vorgesehenen Beschränkungen bestimmen.

Änderung der Unpfändbarkeitsvoraussetzungen

Ändern sich die Voraussetzungen für die Bemessung des unpfändbaren Teils des Arbeitseinkommens (z. B. durch Wegfall der Anrechnung von unterhaltsberechtigten Personen), so hat das Vollstreckungsgericht auf Antrag des Schuldners den Pfändungsbeschluss entsprechend zu ändern. Antragsberechtigt ist auch ein Dritter, dem der Schuldner kraft Gesetz Unterhalt zu gewähren hat. Der Arbeitgeber als Drittschuldner hat jedoch kein Recht, einen entsprechenden Antrag beim Vollstreckungsgericht zu stellen.

Berechnung des pfändbaren Arbeitseinkommens

Maßgeblich für die Berechnung des pfändbaren Teils des Arbeitseinkommens ist der im entsprechenden Abrechnungszeitraum (Tag, Woche, Monat) zu beanspruchende Nettolohn. Um den pfändbaren Teil des Arbeitseinkommens zu ermitteln, hat der Arbeitgeber zunächst den Bruttolohn des Schuldners (Arbeitnehmer) festzustellen und anschließend die in § 850a ZPO und § 850e ZPO genannten Beträge in Abzug zu bringen.

Schema

Monatlicher Bruttoverdienst	.... Euro
hiervon abzuziehen sind:	
unpfändbare Bezüge nach § 850a ZPO	...... Euro
Lohnsteuer	.... Euro
Kirchensteuer	.... Euro
Arbeitnehmeranteile zur gesetzlichen Sozialversicherung (Kranken-, Pflege-, Renten- und Arbeitslosenversicherung)	.... Euro
Verbleibendes (pfändbares) Nettoeinkommen	**....... Euro**

Mehrere Arbeitseinkommen bei verschiedenen Arbeitgebern oder Dienstherren (nicht Einkommen aus selbstständiger Tätigkeit) sind auf Antrag vom Vollstreckungsgericht bei der Pfändung zusammenzurechnen.

Erhält der Schuldner neben seinem in Geld zahlbaren Einkommen auch Naturalleistungen (z. B. Kost, Wohnung, Dienstwagen etc.), so sind diese Sachleistungen mit den Barvergütungen zusammenzurechnen. In diesem Fall ist der in Geld zahlbare Betrag insoweit pfändbar, als der nach § 850c ZPO unpfändbare Teil des Gesamteinkommens durch den Wert der dem Schuldner verbleibenden Naturalleistungen gedeckt ist.

Ist die Summe beider Leistungen unpfändbar, verstößt eine Anrechnung des Sachbezugs auf das Arbeitseinkommen gegen das Verbotsgesetz des § 107 Abs. 2 Satz 5 GewO.

Rangfolge bei mehreren Pfändungen

Nach dem Grundsatz der zeitlichen Priorität, geht die beim Drittschuldner früher eingegangene Pfändung einer später zugestellten vor. Werden mehrere Pfändungen gleichzeitig (gleiches Datum und identische Uhrzeit) zugestellt, haben sie den gleichen Rang. Auch bei Pfändungen von Unterhaltsgläubigern gilt das Prinzip der zeitlichen Priorität. Das zuständige Vollstreckungsgericht kann das Rangverhältnis der Berechtigten zueinander auf Antrag des Schuldners oder eines Berechtigten nach billigem Ermessen festsetzen.

Ist eine Geldforderung für mehrere Gläubiger gepfändet, so hat der Drittschuldner (Arbeitgeber) die Möglichkeit, unter Anzeige der Sachlage und unter Aushändigung der ihm zugestellten Beschlüsse den Schuldbetrag bei dem Amtsgericht, dessen Beschluss ihm zuerst zugestellt ist, zu hinterlegen. Der Gläubiger, dem die Forderung überwiesen wurde, kann dies vom Drittschuldner verlangen.

Zusammentreffen von Pfändung und Abtretung

Die Arbeitsvergütung kann grds. abgetreten werden. Gleichwohl bedarf der Arbeitnehmer des Schutzes. Soweit die Arbeitsvergütung unpfändbar ist, kann sie nicht abgetreten oder verpfändet werden.

Die Abtretung erfolgt durch einen zwischen Schuldner und Gläubiger geschlossenen Abtretungsvertrag. Mit dem Abschluss des Abtretungsvertrages tritt der neue Gläubiger an die Stelle des bisherigen Gläubigers. Solange der Drittschuldner (Arbeitgeber) keine Kenntnis davon hat, dass der Arbeitnehmer bereits Teile seines Arbeitseinkommens wirksam abgetreten hat, kann er weiterhin schuldbefreiend an den ursprünglichen Gläubiger (Arbeitnehmer) leisten. Erst mit der Offenlegung der Abtretung gegenüber dem Drittschuldner ist der Arbeitgeber verpflichtet, an den neuen Gläubiger zu leisten.

Für die Rangfolge von Abtretung und Pfändung kommt es entscheidend darauf an, wann der Abtretungsvertrag wirksam geschlossen bzw. wann der Pfändungsbeschluss dem Drittschuldner (Arbeitgeber) zugestellt wurde. Sofern der Abtretungsvertrag ein früheres Datum (Datum des Vertragsabschlusses) als der Pfändungsbeschluss (Zustellungsdatum beim Drittschuldner) trägt, geht die Abtretung der Pfändung vor. Es kommt also nicht darauf an, wann die Abtretung dem Drittschuldner bekanntgemacht wurde, sondern zu welchem Zeitpunkt das Abtretungsgeschäft zwischen Gläubiger und Arbeitnehmer geschlossen wurde. Ist sich der Drittschuldner (Arbeitgeber) nicht abschließend sicher, ob Abtretung oder Pfändung vorrangig ist, empfiehlt sich die Hinterlegung des Schuldbetrags beim zuständigen Amtsgericht.

Verschiebung und Verschleierung von Arbeitseinkommen

Gelegentlich versuchen Arbeitgeber und Arbeitnehmer, Teile der Ar beitsvergütung nicht an den berechtigten Schuldner, sondern an eine

dritte Person, meist einen nahen Angehörigen des Pfändungsschuldners auszuzahlen, um so den pfändbaren Teil des Arbeitseinkommens zu reduzieren. In diesem Fall besteht für den Gläubiger die Möglichkeit aufgrund des bereits erteilten Schuldtitels, auch die Leistungen an den Dritten zu pfänden, wenn der Anspruch auf die Leistungen eigentlich dem Schuldner zustehen würde.

Um Lohnverschleierung handelt es sich, wenn der Arbeitgeber dem Arbeitnehmer einen unverhältnismäßig niedrigen Lohn gewährt. Es gilt dann eine im Verhältnis des Gläubigers zu dem Empfänger der Arbeits- und Dienstleistungen angemessene Vergütung als geschuldet. Bei der Prüfung, ob diese Voraussetzungen vorliegen, sind alle Umstände des Einzelfalls, insbesondere die Art der Arbeits- oder Dienstleistung, die verwandtschaftlichen Beziehungen sowie die aktuelle wirtschaftliche Leistungsfähigkeit des Arbeitgebers zu berücksichtigen.

Mit den DATEV-Lohnabrechnungsprogrammen können Lohnabrechnungen mit Pfändungen korrekt und zuverlässig abgerechnet werden. Die Stammdateneingabe hierzu ist selbsterklärend und die Abrechnung erfolgt mit einem Zusatzblatt, das dem Arbeitnehmer ausgehändigt werden kann und auf dem er seine Restschuld sowie die bezahlten Anteile der Pfändung jederzeit nachvollziehen kann. Im Programm gibt es ein sog. Archiv, in dem die Pfändungswerte gespeichert werden.

2Z1 129101/40100/00005

Abrechnung der Brutto/Netto-Bezüge für Januar 2023

29.08.2023 Blatt: 1

Personal-Nr.	Geburtsdatum	StKl	Faktor	Ki.Frbtr.	Konfession	Freibetrag jährl.[1]	Freibetrag mtl.[1]	DBA	Midijob	St.-Tg.
00005	181279	4			rk					30

SV-Nummer	Krankenkasse	KK %[8]	PGRS	BGRS	Um.	SV-Tg.
59181279W994	EK Techniker-Krankenkasse	158	101	1111	1	30

Eintritt	Austritt
010103	

Steuer-ID	MFB[7]
07698532159	

VJ Url. üb.	Url. Anspr.	Url.Tg.gen.	Resturlaub
	30,00		30,00
Anw. Tage	**Urlaub Tage**	**Krankh. Tg.**	**Fehlz. Tage**
Anw. Std.	**Urlaub Std.**	**Krankh. Std.**	**Fehlz. Std.**
	Zeitlohn Std.	**Überstd.**	**Bez. Std.**

Probeabrechnung

Testmandant*Teststraße 123*12345 Testort

Pers.-Nr. 00005

B/N
2Z1
40100

Hinweise zur Abrechnung

Wöch.Arb.Zt. 40,00

Susanne-Muster Sorglos
Fürther Str. 32
90429 Nürnberg

Brutto-Bezüge

Lohnart	Bezeichnung	Einheit[2]	Menge[3]	Faktor[3]	Prozentsatz	St[4]	SV[4]	GB[5]	Betrag
2000	Gehalt					L	L	J	4.600,00
3100	AG-Anteil VWL,lfd					L	L	J	20,00

Gesamt-Brutto: 4.620,00

Steuer/Sozialversicherung

St[4]	Steuer-Brutto	Lohnsteuer	Kirchensteuer	Solidaritätszuschlag
L	4.620,00	758,83	60,70	

Steuerrechtliche Abzüge: 819,53

SV[4]	KV-Brutto	RV-Brutto	AV-Brutto	PV-Brutto	KV-Beitrag	RV-Beitrag	AV-Beitrag	PV-Beitrag[6]
L	4.620,00	4.620,00	4.620,00	4.620,00	364,98	429,66	60,06	Z 86,63

SV-rechtliche Abzüge: 941,33

Netto-Verdienst: 2.859,14

Verdienstbescheinigung

Gesamt-Brutto	4.620,00	SV-Brutto	4.620,00
Steuer-Brutto	4.620,00	KV-Beitrag	364,98
Lohnsteuer	758,83	RV-Beitrag	429,66
Kirchensteuer	60,70	AV-Beitrag	60,06
Solidaritätszuschlag		PV-Beitrag	86,63
Steuerfreie Bezüge		VWL gesamt	40,00
P. verst. Zuk.sich.		Kug-Auszahlung	
Pfändung Rest	11.500,39		
Darlehen Rest			

Netto-Bezüge/Netto-Abzüge

Lohnart	Bezeichnung	Betrag
9810	gewöhnliche Pfändung	499,61-
9840	VWL	40,00-

Bank	Sparda-Bank Nürnberg
Konto	DE31 7609 0500 0004 5XXX XX

SV-AG-Anteil	Zus. AG-Kosten	Gesamtkosten
925,16		

Auszahlungsbetrag: 2.319,53

[1] H = Hinzurechnungsbetrag
[2] Std = Stunden, T = Tage, Km = Kilometer, St = Stück
EUR = Euro, Tsd = Tausend Euro, Mio = Million Euro
[3] Gegebenenfalls Netto-Lohn/Netto-Stundenlohn
[4] L = Laufender Bezug, S = Sonstiger Bezug, F = Frei,
E = Einmalbezug, P = Pauschalierung, A = Abfindung,
M = mehrjährige Versteuerung, N = Nachberechnung
V = Vorjahr, W = Entgeltguthaben
[5] J = Bestandteil des Gesamt-Bruttos
[6] Z = Einschl. Beitragszuschlag zur PV für Kinderlose
[7] MFB = Mehrfachbeschäftigung
[8] Maßgeblicher Beitragssatz zur KV inkl.. Zusatzbeitrag

AFP Form.-Nr. PCGN14

- Dies ist eine Entgeltbescheinigung nach § 108 Abs. 3 Satz 1 der Gewerbeordnung -

DATEV

PROBEABRECHNUNG

D Personalführung und -entwicklung

Autor: Christian Beck

1 Direktionsrecht des Arbeitgebers

1.1 Überblick

Wegen der Natur des Arbeitsverhältnisses kann die vom Arbeitnehmer konkret zu erbringende Tätigkeit im Arbeitsvertrag nur rahmenmäßig umschrieben werden. Es obliegt daher dem Arbeitgeber, Inhalt, Ort und Zeit der Arbeitsleistung nach billigem Ermessen in den Grenzen der arbeitsvertraglichen Regelungen und unter Beachtung ggf. anwendbarer Betriebsvereinbarungen oder Tarifverträge sowie der gesetzlichen Vorschriften näher zu bestimmen. Je allgemeiner die Arbeitsverpflichtung des Arbeitnehmers im Arbeitsvertrag umschrieben ist, desto weiter geht das Weisungsrecht des Arbeitgebers. Bei einer engen Bestimmung der Arbeitsverpflichtung wird diese Befugnis hingegen eingeschränkt.

Dieses sog. **Weisungsrecht**[133] des Arbeitgebers erstreckt sich darüber hinaus auf eine nicht abschließend aufzählbare, je nach den Umständen näher zu bestimmende Vielzahl von Pflichten, deren Erfüllung unumgänglich ist, um den Austausch der Hauptleistungen sinnvoll zu ermöglichen.[134]

Die Weisungen des Arbeitgebers müssen stets unter **Ausübung billigen Ermessens** erfolgen. Dies verlangt vom Arbeitgeber eine Abwägung der wechselseitigen berechtigten Interessen. Soweit keine vorzugswürdigen betrieblichen Interessen oder berechtigte Belange anderer Arbeitnehmer entgegenstehen, hat der Arbeitgeber insbesondere auf schutzwürdige familiäre Belange des Arbeitnehmers Rücksicht zu nehmen.

Ob sich die Anweisung des Arbeitgebers in den Grenzen seines Weisungsrechts hält und billigem Ermessen entspricht, ist gerichtlich überprüfbar. Nach neuerer Rechtsprechung ist ein Arbeitnehmer nach § 106 S. 1 GewO, § 315 BGB nicht – auch nicht vorläufig – an eine Weisung des Arbeitgebers gebunden ist, die die Grenzen billigen Er-

---

133 auch „Direktionsrecht“, § 106 Gewerbeordnung (GewO).

134 Schaub, Arbeitsrechts-Handbuch, § 45, Rn. 14

messens nicht wahrt. Sanktionen können vonseiten des Arbeitgebers an die Nichtbefolgung einer solchen unbilligen Weisung nicht geknüpft werden. Das Risiko eines Rechtsirrtums liegt allerdings beim Arbeitnehmer. Verweigert er die Befolgung einer von ihm als unbillig empfundenen Weisung und stellt sich nachträglich im Rechtsstreit über die deshalb vom Arbeitgeber verhängte Sanktion (z. B. Abmahnung oder Kündigung wegen beharrlicher Arbeitsverweigerung) die Rechtmäßigkeit der Weisung heraus, hat die Sanktion zulasten des Arbeitnehmers Bestand.

Das Direktionsrecht des Arbeitgebers reicht nur soweit, als keine Konkretisierung der Arbeitsleistung im Arbeitsvertrag enthalten ist.

Beispiel: Wurde im Arbeitsvertrag etwa der Hauptsitz des Arbeitgebers an einem bestimmten Ort als Arbeitsort festgelegt, kann der Arbeitgeber den Arbeitnehmer nicht durch einseitige Weisung an die Niederlassung in einem anderen Ort versetzen.[135] Möchte der Arbeitgeber den Arbeitnehmer trotzdem in eine seiner Niederlassungen versetzen, muss er eine Änderungskündigung aussprechen. Diese beendet das Arbeitsverhältnis mit dem bisherigen Inhalt und bietet dem Arbeitnehmer gleichzeitig ein neues Arbeitsverhältnis zu geänderten Bedingungen an. Nimmt der Arbeitnehmer das Angebot nicht an, wird das Arbeitsverhältnis beendet. Der Arbeitnehmer ist berechtigt, das geänderte Angebot unter dem Vorbehalt der Sozialverträglichkeit der Änderungen anzunehmen.[136]

---

[135] Sofern der Arbeitsvertrag nicht auch eine Versetzungsklausel enthält, mit der sich der Arbeitgeber die Möglichkeit vorbehalten hat, dem Arbeitnehmer neben einer anderen zumutbaren und gleichwertigen Tätigkeit auch einen anderen Arbeitsort zuzuweisen. Solche Regelungen unterliegen im Formulararbeitsvertrag den Vorgaben des AGB-Rechts.

[136] Sowohl die in der Änderungskündigung enthaltene Beendigung des ursprünglichen Arbeitsverhältnisses, als auch die geänderten Bedingungen unterliegen im vollen Umfang der gerichtlichen Kontrolle im Rahmen einer Kündigungsschutzklage. Sind im Unternehmen regelmäßig mehr als 10 Arbeitnehmer (ausschließlich der zu ihrer Berufsausbildung Beschäftigten) beschäftigt, muss die Änderungskündigung sozial gerechtfertigt i. S. d. §§ 2, 1 Abs. 2 und Abs. 3 KSchG sein.

1.2 Ort, Art und zeitliche Lage der Arbeitsleistung

Das Direktionsrecht des Arbeitgebers umfasst insbesondere die Bestimmung des Arbeitsortes, der Art der Arbeitsleistung und der zeitlichen Lage.

Fehlt im Arbeitsvertrag eine Vereinbarung über den **Arbeitsort**, kann der Arbeitgeber eine Versetzung des Arbeitnehmers im Wege des Weisungsrechts anordnen. In der Regel dürfte in diesen Fällen eine bundesweite Versetzungsmöglichkeit bestehen, die allein der Billigkeitskontrolle unterliegt.[137] Eine Versetzung ins Ausland dagegen kommt dagegen regelmäßig nur dann in Betracht, wenn dies vertraglich vorbehalten wurde oder dem Wesen der vereinbarten Arbeitsaufgaben entspricht (z. B. „Leiter Vertrieb international").

Wurde im Arbeitsvertrag ein bestimmter Arbeitsort definiert, ist die Arbeitsverpflichtung des Arbeitnehmers regelmäßig auf diesen Arbeitsort beschränkt. Enthält der Arbeitsvertrag aber in Kombination zusätzlich einen Versetzungsvorbehalt, der einen Einsatz im gesamten Unternehmen vorsieht, ergibt die Auslegung des Arbeitsvertrages regelmäßig, dass keine Beschränkung des Arbeitsortes vorgenommen sein soll. Eine Versetzung ist dann auch möglich, ohne dass die Versetzungsklausel Ankündigungsfristen oder einen höchst zulässigen Versetzungsradius vorsieht. Der Arbeitnehmer ist vor unbilliger Überforderung durch die Interessenabwägung geschützt.

Innerhalb eines Betriebes kann der Arbeitnehmer ohne Weiteres jederzeit z. B. in eine andere Abteilung versetzt werden, wenn mit der Veränderung des Arbeitsortes nicht ausnahmsweise erhebliche Erschwernisse für den Arbeitnehmer verbunden sind.[138]

Bei einer Betriebsverlegung innerhalb desselben Ortes kann der Arbeitgeber den Arbeitnehmer regelmäßig im Wege des Direktionsrechts an den neuen Standort versetzen. Wird der Betrieb dagegen in einen anderen Ort verlegt, muss der Arbeitgeber eine Änderungskündigung

---

137 Schaub, Arbeitsrechts-Handbuch, § 45, Rn. 25

138 Schaub, Arbeitsrechts-Handbuch, § 45, Rn. 24

unter Einhaltung der ordentlichen Kündigungsfrist aussprechen, wenn der frühere Betriebssitz als Arbeitsort im Arbeitsvertrag festgelegt wurde.[139]

Die **Art der Arbeitsleistung** ergibt sich in aller Regel aus dem Arbeitsvertrag. Ist dort oder in einer gesonderten Stellenbeschreibung eine bestimmte, genau definierte Tätigkeit vereinbart worden, besteht das Weisungsrecht nur noch in einer Konkretisierung dieses Tätigkeitsbereiches.

Wird die Tätigkeit dagegen nur fachlich umschrieben, kann der Arbeitgeber dem Arbeitnehmer sämtliche Tätigkeiten zuweisen, die sich im Rahmen des vereinbarten Berufsbildes halten und gleichwertig sind.[140]

Neben der eigentlichen Arbeitsleistung kann der Arbeitgeber innerhalb der vereinbarten Arbeitszeit auch Nebenarbeiten im Wege des Direktionsrechts anordnen, wie etwa das Aufräumen und Säubern des Arbeitsplatzes oder den Empfang und die Bewirtung von Besuchern.

Ebenso kann der Arbeitgeber das Tragen einer einheitlichen Dienstkleidung anweisen.[141]

Nicht vom Weisungsrecht des Arbeitgebers umfasst sind die Höhe des Entgelts und der Umfang der geschuldeten Arbeitsleistung, also die vereinbarte Dauer der wöchentlichen oder monatlichen Arbeitszeit. Ohne entsprechende vertragliche Regelung kann der Arbeitnehmer daher nicht einseitig zur Ableistung von Überstunden verpflichtet werden.

Zum Direktionsrecht des Arbeitgebers gehört dagegen die Bestimmung der zeitlichen Lage der Arbeitszeit. Erfolgt keine ausdrückliche Regelung im Arbeitsvertrag, kann der Arbeitgeber die Lage der Arbeitszeit im Wege seines Direktionsrechts festlegen, d. h. er kann den

---

139 Eine außerordentliche fristlose Änderungskündigung kommt in derartigen Fällen nicht in Betracht, da die Betriebsverlegung für den Arbeitgeber voraussehbar und planbar ist.

140 Schaub, Arbeitsrechts-Handbuch, § 45, Rn. 32

141 Ist eine solche Dienstkleidung besonders auffällig und lässt sich der Arbeitnehmer damit als Mitarbeiter eines bestimmten Unternehmens identifizieren, gehört das Umziehen zur Arbeitszeit und ist regelmäßig auch vergütungspflichtig; der Arbeitgeber ist verpflichtet, Umkleidemöglichkeiten vorzuhalten.

Arbeitnehmer anweisen, die vereinbarte Arbeitsleistung zu bestimmten Zeiten zu erbringen. Er kann bei fehlender vertraglicher Regelung über die Lage der Arbeitszeit bestimmen und die bestehende Arbeitszeitverteilung durch Anweisung verändern.

Hinweis

Der Arbeitgeber ist dann auch berechtigt, Schicht- und Wechselschichtarbeit[142] anzuordnen. Sofern dies arbeitszeitrechtlich zulässig ist und der Arbeitsvertrag keine Einschränkung enthält, ist der Arbeitgeber auch berechtigt, Sonn- und Feiertagsarbeit anzuordnen, soweit diese nach dem Arbeitszeitgesetz zulässig ist (z. B. in bestimmten Branchen, wie in Krankenhäusern oder in der Gastronomie).

Die Ausübung des Direktionsrechts bei Festlegung der **zeitlichen Lage der Arbeitszeit** hat ebenfalls im Rahmen billigen Ermessens zu erfolgen, sodass entgegenstehende Belange des Arbeitnehmers angemessen zu berücksichtigen sind. Die Bestimmung der Lage der Arbeitszeit wird in aller Regel durch den Arbeitsvertrag nicht eingeschränkt.

Die Rechtsprechung geht davon aus, dass dies selbst dann gelten kann, wenn im Arbeitsvertrag eine bestimmte Lage der Arbeitszeit genannt wird. Hier muss im Einzelfall im Wege der Auslegung entschieden werden, ob die Vertragsparteien tatsächlich eine konstitutive Festlegung der Arbeitszeit (und damit die Einschränkung des Direktionsrecht des Arbeitgebers) vereinbaren oder lediglich den Status quo zum Zeitpunkt des Vertragsabschlusses beschreiben wollten. Sofern sich nicht aus dem Arbeitsvertrag ergibt, dass die Vertragsparteien ausnahmswei-

---

142 Von „Schichtarbeit" spricht man, wenn die beim Arbeitgeber beschäftigten Arbeitnehmer eines Betriebs nicht zur gleichen Zeit, sondern versetzt zueinander arbeiten, wobei nicht Voraussetzung ist, dass ein Arbeitnehmer den Arbeitsplatz eines anderen Mitarbeiters übernimmt. „Wechselschicht" liegt vor, wenn die Arbeitsschichten des Arbeitnehmers wechseln, sich also z. B. Früh-, Spät- und Nachtschicht abwechseln.

se die konkrete Lage der Arbeitszeit zur Vertragsgrundlage gemacht haben, bestehe für den Arbeitnehmer kein schutzwürdiges Vertrauen darauf, dass die konkrete Lage der Arbeitszeit auch für die Zukunft beibehalten werde.[143]

Beispiel: Arbeitnehmerin A arbeitet seit 25 Jahren in der Schuhfabrik des Unternehmers S an fünf Tagen pro Woche, jeweils von 08.00 Uhr bis 16.30 Uhr (Mittagspause von 12.00 Uhr bis 12.30 Uhr).

Als S neue teure Maschinen anschafft und daher gezwungen ist, die Produktionsmittel besser auszunutzen, ordnet er die Einführung von Schichtarbeit in Wechselschicht an. A hat zukünftig im wöchentlichen Wechsel in Frühschicht von 06.00 Uhr bis 14.30 Uhr und in Spätschicht von 14.00 Uhr bis 22.30 Uhr (jeweils 30 Minuten Pause je Schicht) zu arbeiten. Persönliche, insbesondere familiäre Gründe bei A stehen der Einteilung in Schicht- bzw. Wechselschichtarbeit nicht entgegen. Wenn die Parteien keine konkrete Festlegung der Arbeitszeit von 8.00 Uhr bis 16.00 Uhr im Arbeitsvertrag (konstitutiv) vereinbart haben, kann der Arbeitgeber die Wechselschicht einseitig anordnen.

1.3 Konkretisierung der Arbeitsleistung

Das BAG geht in ständiger Rechtsprechung davon aus, dass auch die Ausübung des Weisungsrechts durch den Arbeitgeber über einen längeren Zeitraum hinweg in der gleichen Art und Weise regelmäßig nicht zu einer Konkretisierung der arbeitsvertraglichen Vereinbarungen führt und das Direktionsrecht des Arbeitgebers nicht einschränkt.

So kann allein daraus, dass ein Arbeitnehmer über einen längeren Zeitraum auf einer bestimmten Stelle mit bestimmten Aufgaben zu bestimmten Zeiten beschäftigt worden ist, noch nicht auf eine entsprechende Konkretisierung geschlossen werden.

Beispiel: Im obigen Beispiel ist es daher unerheblich, dass die Arbeitnehmerin A über 25 Jahre hinweg in „Normalschicht" (also Montag bis Freitag von 08.00 Uhr bis 16.30 Uhr) eingesetzt wurde.

---

143 Zur Klarstellung empfiehlt sich aber dringend, im Arbeitsvertrag bereits einen Änderungsvorbehalt vorzusehen oder zumindest explizit darauf hinzuweisen, dass es sich lediglich um die Beschreibung der „derzeitigen" Arbeitszeit handelt.

Soweit nicht ausnahmsweise durch den Arbeitsvertrag eingeschränkt, könnte der Arbeitgeber A auch nach 25 Jahren noch von der Produktion der Damenschuhe in die Produktion der Herrenschuhe versetzen.

2 Grenzen und weitere Vorgaben zur Arbeitszeit

Der Arbeitnehmer schuldet nicht einen bestimmten Arbeitserfolg, sondern die Erbringung von Arbeitsleistung während der vereinbarten oder vorgegebenen Arbeitszeit.

Der Umfang der vom Arbeitnehmer geschuldeten Arbeitsleistung wird durch den Arbeitsvertrag[144] oder auch die Vorgaben eines Tarifvertrages bestimmt.

Aus dem Gesichtspunkt des Arbeitsschutzes kann der Umfang der Arbeitsverpflichtung nicht völlig frei vereinbart werden. Vielmehr sind Vorgaben, insbesondere aus dem Arbeitszeitgesetz zur Höchstdauer der täglichen und wöchentlichen Arbeitszeit, zur zeitlichen Lage, zur Einhaltung von Arbeitspausen und Ruhezeiten sowie zur Beschränkung der Arbeit an Sonn- und Feiertagen einzuhalten.

2.1 Zulässige Dauer der Arbeitszeit

Das Arbeitszeitgesetz (ArbZG) gilt grds. für alle Arbeitnehmer in allen Beschäftigungsbereichen. Arbeitnehmer sind Arbeiter und Angestellte sowie die zu ihrer Berufsausbildung Beschäftigten.

Ausnahmen lässt das Gesetz nur in einzelnen Bereichen zu. So fallen leitende Angestellte nicht in den Schutzbereich des Arbeitszeitgesetzes. Für sie können weitergehende Regelungen getroffen werden.

Bei der Beschäftigung von Kindern und Jugendlichen enthält das Jugendarbeitsschutzgesetz und die Kinderarbeitsschutzverordnung Sonderregelungen.

---

[144] Zu den vom Arbeitgeber nach dem Nachweisgesetz dokumentationspflichtigen Arbeitsbedingungen gehört die vereinbarte Arbeitszeit (§ 2 Abs. 1 Satz 2 Nr. 7 NachwG).

2.1.1 Begriff der Arbeitszeit

Arbeitszeit ist die Zeit vom Beginn bis zum Ende der täglichen Arbeit ohne Berücksichtigung der Ruhepausen. Arbeitsunterbrechungen, z. B. wegen fehlender Arbeitsmaterialien oder eines Maschinenstillstandes, gehören zur Arbeitszeit.

- Gibt der Arbeitgeber das Tragen von **Dienstkleidung** vor, gehören Umkleidezeiten dann zur Arbeitszeit, wenn die Dienstkleidung zwingend im Betrieb angelegt und dort nach Beendigung der Tätigkeit verbleiben muss, der Arbeitnehmer sie aus Gründen des Arbeitsschutzes tragen muss oder die Arbeitskleidung so gestaltet ist, dass der Arbeitnehmer auch auf seinem Arbeitsweg als Mitarbeiter eines bestimmten Arbeitgebers identifiziert werden kann.[145]
- Die **Wegezeit** von der Wohnung des Arbeitnehmers zum Betrieb und wieder zurück gehört nicht zur gesetzlichen Arbeitszeit. Für Dienstreisezeiten, also solche Zeiten, die der Arbeitnehmer benötigt, um von seinem Betriebs- oder Wohnort an einen anderen vom Arbeitgeber vorgegebenen Ort zu gelangen, um seine Arbeit zu erbringen, gilt das gleiche, wenn der Arbeitnehmer sich in dieser Zeit erholen und entspannen kann (z. B. während einer Zugfahrt). Muss der Arbeitnehmer dagegen während der Dienstreisezeit arbeiten oder fährt er selbst Auto, zählt auch die Dienstreisezeit zur Arbeitszeit.[146]
- **Arbeitsbereitschaft** ist gegeben, wenn die Art der vom Arbeitnehmer verrichteten Arbeit einen Wechsel zwischen voller und geringerer Beanspruchung beinhaltet. Arbeitsbereitschaft ist wache **Achtsamkeit im Zustand der Entspannung**. Arbeitsbereitschaft ist Arbeitszeit.

---

145 Schaub, Arbeitsrechts-Handbuch, § 156, Rn. 14

146 Von dieser arbeitsschutzrechtlichen Einordnung ist stets die vergütungsrechtliche Frage zu unterscheiden. Wenn die Dienstreise im überwiegenden Interesse des Arbeitgebers steht, werden diese Zeiten in der Regel vergütungspflichtig sein.

- **Bereitschaftsdienst** liegt vor, wenn der Arbeitnehmer sich an einer vom **Arbeitgeber bestimmten Stelle** innerhalb oder außerhalb des Betriebes aufzuhalten hat, um seine Arbeit sofort oder zeitnah aufnehmen zu können, sobald es notwendig wird, ohne sich im Zustand wacher Achtsamkeit (Arbeitsbereitschaft) zu befinden. Nach inzwischen gefestigter Rechtsprechung und auch gesetzlichem Hinweis sind Bereitschaftsdienste Arbeitszeit.
- **Rufbereitschaft** ist die Verpflichtung des Arbeitnehmers, sich an einem **selbstbestimmten, aber dem Arbeitgeber anzugebenden Ort** bereitzuhalten, um im Bedarfsfalle die Arbeit innerhalb einer vorgegebenen Zeitspanne aufzunehmen. „Echte“ Rufbereitschaft gehört nicht zur Arbeitszeit.[147]

2.1.2 Höchstarbeitszeit

Die werktägliche Arbeitszeit der Arbeitnehmer darf acht Stunden nicht überschreiten.

Sie kann auf bis zu zehn Stunden pro Tag verlängert werden, wenn innerhalb von sechs Kalendermonaten oder innerhalb von 24 Wochen im Durchschnitt acht Stunden werktäglich nicht überschritten werden. Für die Verlängerung auf bis zu zehn Stunden pro Tag muss kein besonderer Anlass gegeben sein.

Werktage sind alle Tage, die nicht Sonn- oder Feiertage sind. Der Werktag ist nicht mit dem Kalendertag gleichzusetzen, sondern zählt ab Beginn der Arbeit und endet 24 Stunden später.[148]

---

[147] Gibt der Arbeitgeber eine zeitlich sehr kurze Frist vor, in der die Arbeit aufgenommen werden muss, fehlt es an dem für die Rufbereitschaft prägenden Merkmal der freien Wahl des Aufenthaltsortes, sodass Bereitschaftsdienst anzunehmen ist.

[148] Schaub, Arbeitsrechts-Handbuch, § 156, Rn. 28

Hinweis

Für die durchschnittliche Höchstarbeitszeit von acht Stunden pro Werktag spielt es keine Rolle, ob der Arbeitnehmer tatsächlich an allen Werktagen, also montags bis samstags arbeitet.

Das Arbeitszeitgesetz gibt damit lediglich eine durchschnittliche Höchstarbeitszeit von 48 Stunden pro Woche vor. Die 48 Stunden können auch auf weniger Arbeitstage verteilt werden, wenn die zulässige Höchstarbeitszeit von zehn Stunden pro Tag gewährleistet ist.

Beispiel: Arbeitnehmer A ist als Pförtner bei seinem Arbeitgeber beschäftigt. Es wird eine wöchentliche Arbeitszeit von 45 Stunden bei einer Fünf-Tage-Woche vereinbart. A arbeitet von Montag bis Freitag täglich von 06.00 Uhr bis 17.00 Uhr (eine Stunde Pause).

Die Grenzen des Arbeitszeitgesetzes sind eingehalten: Der Arbeitnehmer arbeitet durchschnittlich werktäglich nicht mehr als acht Stunden. Die Höchstarbeitszeit von zehn Stunden pro Arbeitstag wird nicht überschritten.

2.2 Pausen und Ruhezeiten

Arbeitnehmer müssen nach Beendigung der täglichen Arbeitszeit eine ununterbrochene **Ruhezeit** von mindestens elf Stunden haben.[149]

Ruhezeit ist die Zeit zwischen dem Ende der Arbeit und ihrem Wiederbeginn, in der der Arbeitnehmer zu keiner Arbeit herangezogen wird. Die Ruhezeit kann auch durch Urlaubs- oder Feiertage eingehalten werden.

Nicht zur Ruhezeit gehören die Arbeitsbereitschaft und die Bereitschaftsdienste. Wird der Arbeitnehmer in einer Rufbereitschaft nicht zur Arbeitsleistung herangezogen, kann durch die Rufbereitschaft die Ruhezeit erfüllt werden.

Die **Ruhepause** ist von der Ruhezeit zu unterscheiden. Ruhepausen sind im Voraus festgelegte oder zumindest vorhersehbare Zeiten einer

[149] In einigen Branchen kann nach § 5 Abs. 2 ArbZG die Ruhezeit verkürzt werden, wenn innerhalb eines bestimmten Zeitraums ein Ausgleich der Ruhezeit erfolgt.

Arbeitsunterbrechung von bestimmter Dauer, in denen der Arbeitnehmer von jeglicher Arbeitspflicht befreit ist und sich zu keiner Arbeitsleistung bereithalten muss, sondern frei darüber entscheiden kann, wie er diese Freizeit verbringen will. Die Ruhepause erfordert nicht, dass der Arbeitnehmer berechtigt sein muss, während der Ruhepause den Betrieb verlassen zu können.

Bei einer Arbeitszeit von mehr als sechs bis zu neun Stunden ist die Arbeit durch eine Ruhepause von insgesamt mindestens 30 Minuten und bei einer Arbeitszeit von mehr als neun Stunden durch eine Ruhepause von insgesamt mindestens 45 Minuten zu unterbrechen. Die Ruhepausen können in Zeitabschnitte von jeweils mindestens 15 Minuten aufgeteilt werden.

Hinweis

Länger als sechs Stunden hintereinander dürfen Arbeitnehmer nicht ohne Ruhepause beschäftigt werden. Es ist nicht zulässig, die Pausen unmittelbar an den Beginn oder an das Ende der Arbeitszeit zu legen.[150]

Beispiel: Arbeitnehmerin A vereinbart mit ihrem Arbeitgeber eine Teilzeitbeschäftigung von 25 Stunden pro Woche und möchte diese an vier Tagen pro Woche leisten.

Wird die Arbeitnehmerin täglich mehr als sechs Stunden beschäftigt, ist der Arbeitgeber verpflichtet, jeweils eine Ruhepause von insgesamt mindestens 30 Minuten zu gewähren. Eine Festlegung der Arbeitszeit von z. B. 08.00 Uhr bis 14.15 Uhr wäre insoweit nicht zulässig.[151]

---

[150] Schaub, Arbeitsrechts-Handbuch, § 158, Rn. 16

[151] Die Arbeitszeit muss durch die Ruhepause „unterbrochen" werden, sodass die Ruhepause nicht zu Beginn oder zum Ende der Arbeitsleistung gewährt werden darf. Die Arbeitnehmerin müsste daher von 08.00 Uhr bis 14.45 Uhr mit 30 Minuten Pause innerhalb der Arbeitszeit beschäftigt werden.

2.3 Zeitliche Lage der Arbeitszeit

Die zeitliche Lage der Arbeitszeit ist gesetzlich nicht näher geregelt. Sie wird durch den Arbeitgeber im Rahmen des Direktionsrechts bestimmt.

Besondere Schutzvorschriften gelten nur für die **Nacht- und Schichtarbeit**. So ist die Arbeitszeit der Nacht- und Schichtarbeitnehmer nach den gesicherten arbeitswissenschaftlichen Erkenntnissen über die menschengerechte Gestaltung der Arbeit festzulegen.

Für **Nachtarbeitnehmer** gelten besondere Höchstgrenzen der täglichen und wöchentlichen Arbeitszeit.[152] Soweit keine tarifvertraglichen Aus- gleichsregelungen bestehen, hat der Arbeitgeber Nachtarbeitnehmern für die während der Nachtzeit geleisteten Arbeitsstunden eine angemessene Zahl bezahlter freier Tage oder einen angemessenen Zuschlag auf das ihnen hierfür zustehende Bruttoarbeitsentgelt zu gewähren. Es handelt sich um eine Wahlschuld des Arbeitgebers.

Das Arbeitszeitgesetz enthält keine Vorgabe, wann der Vergütungsoder Freizeitausgleich des Arbeitgebers „angemessen" ist.

Nach Ansicht des Bundesarbeitsgerichts ist regelmäßig ein Zuschlag in Höhe von 25 % auf den Bruttoarbeitslohn (bzw. die entsprechende Anzahl freier Tage) für die zwischen 23.00 Uhr und 06.00 Uhr geleisteten Nachtarbeitsstunden angemessen. Ein Nachtzuschlag, der für einen Zeitraum vor 23.00 Uhr gezahlt wird, ist nicht auf den Nachtzuschlag zwischen 23.00 Uhr und 6.00 Uhr anrechenbar. Dies gilt auch für steuerfreie Nachtzuschläge, die nach § 3b EStG ab 20.00 Uhr bezahlt werden.

---

152 Nachtarbeit ist jede Arbeit, die mehr als zwei Stunden der Nachtzeit umfasst. Nachtzeit ist die Zeit von 23.00 Uhr bis 06.00 Uhr, bzw. in Bäckereien und Konditoreien von 22.00 Uhr bis 05.00 Uhr. Nachtarbeitnehmer ist wer normalerweise Nachtarbeit in Wechselschicht oder Nachtarbeit an mindestens 48 Tagen im Kalenderjahr leistet.

2.4 Arbeit an Sonn- und Feiertagen

Arbeitnehmer dürfen an Sonn- und Feiertagen von 00.00 Uhr bis 24.00 Uhr nicht beschäftigt werden.[153]

Vom generellen Arbeitsverbot an Sonn- und Feiertagen gibt es aber verschiedene Ausnahmen:

Sofern Arbeiten **nicht an Werktagen vorgenommen werden** können, dürfen Arbeitnehmer an Sonn- und Feiertagen beschäftigt werden,

- in **bestimmten Branchen** (z. B. Not- und Rettungsdienste, öffentliche Sicherheit und Ordnung, Krankenhäuser, Gaststätten, Verkehrsbetriebe, Energie- und Wasserversorgung, Landwirtschaft, Bewachung, etc.),
- oder in **bestimmten Situationen** (nicht gewerbliche Aktionen und Veranstaltungen der Kirchen, von Vereinen, bei Messen, Ausstellungen und Märkten, bei Gefährdung von Produktionseinrichtungen, etc.),
- Sonderfälle für weitere Branchen (Bäckereien und Konditoreien sowie Unternehmen des Zahlungsverkehrs),
- in Produktionsstätten dürfen Arbeitnehmer an Sonn- und Feiertagen beschäftigt werden, wenn dadurch die zusätzliche Einstellung von Arbeitnehmern vermieden wird.

Die für den Arbeitsschutz zuständige **Aufsichtsbehörde**[154] kann (in den in § 10 Abs. 3 Nr. 2 ArbZG genannten Fällen) Sonn- und Feiertagsarbeit zulassen, und zwar

- in Handelsgewerben an bis zu zehn Sonn- und Feiertagen im Jahr,
- zur Verhütung eines unverhältnismäßigen Schadens (bis zu fünf Sonn- und Feiertage im Jahr) oder
- an einem Sonntag zur Inventur.

---

153 In mehrschichtigen Betrieben mit Nachtschichtarbeit kann der Beginn der Feiertagsruhe um sechs Stunden verlegt werden.

154 Diese bestimmt sich nach Landesrecht, z. B. in Bayern und Baden-Württemberg die Gewerbeaufsichtsämter.

Zusätzlich **soll** die Aufsichtsbehörde Sonn- und Feiertagsarbeit genehmigen, wenn dies aus chemischen, biologischen, technischen oder physikalischen Gründen notwendig ist.

Die Aufsichtsbehörde **muss** Sonn- und Feiertagsarbeit bewilligen, wenn die Konkurrenzfähigkeit gegenüber dem Ausland durch die Einhaltung der Sonn- und Feiertagsruhe unzumutbar beeinträchtigt ist.

Auch wenn Sonn- und Feiertagsarbeit (ausnahmsweise) zulässig ist, müssen **mindestens 15 Sonntage** im Jahr beschäftigungsfrei bleiben. Werden Arbeitnehmer an einem Sonntag beschäftigt, müssen sie **innerhalb von 2 Wochen** einen **Ersatzruhetag**[155] haben. Bei der Beschäftigung an einem Feiertag muss der Ersatzruhetag innerhalb von acht Wochen gewährt werden.

Für die Beschäftigung an Sonn- und Feiertagen gelten die Regelungen zur Arbeitszeit, zu Ruhepausen, zur Ruhezeit sowie zur Nacht- und Schichtarbeit entsprechend.

2.5 Tarifliche Sonderregelungen

In Tarifverträgen oder aufgrund eines Tarifvertrages in einer Betriebsoder Dienstvereinbarung („Öffnungsklausel“) können abweichende Regelungen getroffen werden, insbesondere dass

- die Arbeitszeit über 10 Stunden werktäglich auch ohne Ausgleich verlängert werden kann, wenn in die Arbeitszeit regelmäßig und in erheblichem Umfang (1/4 bis 1/3) Arbeitsbereitschaft oder Bereitschaftsdienst fällt (§ 7 Abs. 1 Nr. 1 lit. a ArbZG),
- ein anderer Ausgleichszeitraum festgelegt wird, z. B. ein Kalenderjahr und
- von den Zeiten der Nachtarbeit,
- von der Anzahl beschäftigungsfreier Sonntage oder
- bei der Festlegung von Ersatzruhetagen abgewichen werden.

---

155 An einem beliebigen Werktag, d. h. auch an einem (ohnehin) arbeitsfreien Samstag möglich.

Im Geltungsbereich eines solchen Tarifvertrages können die Regelungen auch **arbeitsvertraglich** (individuell) übernommen werden.

2.6 Mehrere Arbeitgeber

Die Arbeitszeiten bei mehreren Arbeitgebern sind zur Gewährleistung des Arbeitsschutzes zusammenzurechnen.

Es ist daher gleichgültig, aus welchen oder wie vielen Arbeitsverhältnissen sich die gesamte Arbeitszeit des Arbeitnehmers zusammensetzt. Jeder Arbeitgeber hat die Einhaltung der Arbeitsschutzvorschriften zu gewährleisten.

Nur wenn dafür Anhaltspunkte bestehen, dass der Arbeitnehmer in mehreren Beschäftigungsverhältnissen steht, trifft den Arbeitgeber eine Pflicht, sich nach den anderen Beschäftigungszeiten zu erkundigen.[156]

2.7 Arbeitsschutz für Jugendliche und Kinder

Für Kinder und Jugendliche besteht ein besonderer Arbeitsschutz nach dem Jugendarbeitsschutzgesetz (JArbSchG) und der Kinderarbeitsschutzverordnung (KindArbSchV), der insbesondere die Dauer der täglichen Arbeitszeit, der Ruhepausen und Ruhezeiten sowie die Lage der Arbeitszeit einschränkt.

---

156 Den Arbeitnehmer trifft zusätzlich eine aktive Hinweispflicht, wobei sich aber Straf- und Bußgeldvorschriften nur gegen den Arbeitgeber richten.

Hinweis

Kinder sind Personen, die noch nicht 15 Jahre alt sind.

Jugendlicher ist, wer 15, aber noch nicht 18 Jahre alt ist. Unterliegt ein Jugendlicher noch der Vollzeitschulpflicht, finden auf ihn die für Kinder geltenden Vorschriften Anwendung.

Die **Beschäftigung von Kindern** ist grds. verboten.[157]

Mit Einwilligung des (der) Personensorgeberechtigten dürfen Kinder über 13 Jahre beschäftigt werden, soweit die Beschäftigung leicht und für Kinder geeignet ist.[158]

Kinder[159] dürfen aber generell nicht mehr als zwei Stunden täglich, in landwirtschaftlichen Familienbetrieben nicht mehr als drei Stunden täglich, nicht zwischen 18.00 Uhr und 08.00 Uhr sowie nicht vor und nicht während des Schulunterrichts beschäftigt werden.

Jugendliche, die noch der Vollzeitschulpflicht unterliegen, dürfen während der Schulferien für höchstens vier Wochen im Kalenderjahr beschäftigt werden.

Jugendliche dürfen nicht mehr als acht Stunden täglich und nicht mehr als 40 Stunden wöchentlich beschäftigt werden.[160] Ihnen müssen im Voraus feststehende Ruhepausen gewährt werden und zwar mindestens 30 Minuten bei einer Arbeitszeit von mehr als viereinhalb Stunden bis zu sechs Stunden und mindestens 60 Minuten bei einer Arbeitszeit

---

157 Einschränkungen bestehen bei der Beschäftigung von Kindern zum Zwecke der Beschäftigungs- und Arbeitstherapie, im Rahmen des Betriebspraktikums während der Vollzeitschulpflicht und in Erfüllung einer richterlichen Weisung (§ 5 Abs. 2 JArbSchG).

158 Die in diesem Sinne zulässigen Beschäftigungen sind in § 2 KindArbSchV aufgezählt und näher umschrieben.

159 Neben diesen Einschränkungen für die Beschäftigung von Kindern gelten zusätzlich die nachfolgend genannten Bedingungen für die Beschäftigung von Jugendlichen entsprechend.

160 Ausnahmen bestehen in der Landwirtschaft, zum Ausgleich von Arbeitszeitschwankungen und nach der Brückentagsregelung.

von mehr als sechs Stunden. Länger als viereinhalb Stunden hintereinander dürfen Jugendliche nicht ohne Ruhepausen beschäftigt werden. Die Ruhepause darf höchstens eine Stunde nach Beginn und spätestens eine Stunde vor dem Ende der Arbeitszeit angewiesen werden.

Die Schichtzeit für Jugendliche, also die Arbeitszeit zzgl. der Ruhepausen darf zehn Stunden grds. nicht überschreiten.

Auch die Ruhezeit, also die Zeit zwischen dem Ende der Arbeit und der Wiederaufnahme, ist für Jugendliche verlängert. Nach Beendigung der täglichen Arbeitszeit dürfen Jugendliche nicht vor Ablauf einer ununterbrochenen Freizeit von mindestens 12 Stunden beschäftigt werden.

- Für Jugendliche gelten zudem besondere Regelungen zur Lage der Arbeitszeit:[161] Jugendliche dürfen nur in der Zeit von 06.00 Uhr bis 20.00 Uhr und nur an fünf Tagen in der Woche beschäftigt werden. An Samstagen und Sonntagen dürfen Jugendliche grds. ebenfalls nicht beschäftigt werden. Die Feiertagsruhe ist einzuhalten.
- Jugendliche haben einen höheren Anspruch auf gesetzlichen Mindesturlaub.
- Jugendliche dürfen mit den in § 22 Abs. 1 JArbSchG aufgezählten gefährlichen Arbeiten nicht beschäftigt werden.[162] Akkordarbeit ist unzulässig. Zudem bestehen für den Arbeitgeber besondere Fürsorgepflichten.

---

161 Für bestimmte Branchen und Situationen gelten jeweils Ausnahmeregelungen, z. B. bei der Beschäftigung in Krankenhäusern, in der Landwirtschaft oder beim Sport.

162 Ausnahmen bestehen unter bestimmten Umständen, wenn dies zur Erreichung des Ausbildungszieles erforderlich ist.

3 Abmahnung bei Leistungsmängeln

Kommt der Arbeitnehmer seinen Haupt- oder Nebenleistungspflichten nicht nach oder liegen Leistungsmängel vor, kann der Arbeitgeber eine Abmahnung aussprechen.

Vor einer verhaltensbedingten Kündigung ist regelmäßig eine einschlägige Abmahnung erforderlich. Die Abmahnung ist nur dann entbehrlich, wenn eine Verhaltensänderung in Zukunft trotz Abmahnung nicht erwartet werden kann oder wenn es sich um eine solch schwere Pflichtverletzung handelt, dass der Arbeitnehmer deren Rechts- oder Vertragswidrigkeit ohne Weiteres erkennen kann und eine Hinnahme des Verhaltens durch den Arbeitgeber offensichtlich ausgeschlossen ist.

Hinweis

Eine Abmahnung liegt vor, wenn der Arbeitgeber in einer für den Arbeitnehmer hinreichend deutlich erkennbaren Art und Weise Leistungsmängel beanstandet und damit den Hinweis verbindet, im Wiederholungsfalle seien der Inhalt oder der Bestand des Arbeitsverhältnisses gefährdet. Regelmäßig ist hierfür die Androhung einer Kündigung im Wiederholungsfalle erforderlich.

Mit der Abmahnung soll der Arbeitnehmer an seine vertraglichen Verpflichtungen erinnert und vor Konsequenzen für das Arbeitsverhältnis bei weiterem Fehlverhalten gewarnt werden. Die Abmahnung hat daher eine Erinnerungs- und eine Warnfunktion.[163]

Mit der Abmahnung soll der Arbeitnehmer nicht bestraft, sondern zukünftig zu vertragsgemäßen Verhalten angehalten werden.

---

[163] Schaub, Arbeitsrechts-Handbuch, § 132, Rn. 1 und Rn. 2

Für die Abmahnung besteht Formfreiheit, d. h. sie könnte auch mündlich oder konkludent, also durch schlüssiges Verhalten ausgesprochen werden. Im Hinblick auf die Bestimmtheit der Abmahnung ist aber in jedem Falle die Schriftform zu empfehlen.

Der **Inhalt der Abmahnung** ergibt sich aus ihrer Funktion: Der Arbeitnehmer soll mit der Abmahnung an seine vertraglichen Verpflichtungen erinnert werden. Das aus Sicht des Arbeitgebers zu beanstandende Verhalten muss daher deutlich zum Ausdruck kommen. Aufgrund der Warnfunktion muss der Arbeitnehmer erkennen können, dass sein Verhalten im Wiederholungsfalle nicht sanktionslos bleiben darf. Sinnvollerweise sollte die Abmahnung zudem einen Hinweis des Arbeitgebers enthalten, welche Verhaltensweise vom Arbeitnehmer erwartet wird.

Vor Ausspruch der Abmahnung muss der Arbeitnehmer nicht zu den erhobenen Vorwürfen **angehört** werden. Für den Ausspruch der Abmahnung besteht keine Ausschlussfrist.[164]

In der Praxis sollte jeder Vertragsverstoß des Arbeitnehmers Gegenstand einer gesonderten Abmahnung sein. Werden mehrere Vorwürfe in einer Abmahnung zusammengefasst, kann sich die Abmahnung insgesamt als unwirksam erweisen, wenn sich einzelne Verstöße als falsch herausstellen oder nicht nachweisen lassen.

Grds. genügt der Ausspruch einer Abmahnung für eine spätere verhaltensbedingte Kündigung, wenn ein relevantes, bereits abgemahntes Wiederholungsverhalten vorliegt.[165]

Wird ein gleichartiger Vertragsverstoß des Arbeitnehmers immer wieder „nur" abgemahnt, kann die Abmahnung ihre Warnfunktion verlieren. Der Arbeitnehmer darf sich in diesem Fall eventuell darauf verlassen, dass bei einem erneuten Vertragsverstoß wieder nur eine

---

[164] Insbesondere gilt für die Abmahnung die zweiwöchige Ausschlussfrist nicht, die nach § 626 Abs. 2 BGB beim Ausspruch einer außerordentlichen Kündigung einzuhalten ist.

[165] Eine verhaltensbedingte Kündigung setzt die Gleichartigkeit von Abmahnung und Kündigungsgrund voraus. Daher rechtfertigt eine Abmahnung wegen Zuspätkommens nicht die spätere verhaltensbedingte Kündigung wegen einer leichten Beleidigung des Kollegen, sofern nicht bereits auch ein solches Verhalten abgemahnt wurde.

Abmahnung und nicht plötzlich eine Kündigung ausgesprochen wird. Dies gilt insbesondere, wenn in der Abmahnung stets nur „arbeitsrechtliche Konsequenzen“ für den Wiederholungsfall angedroht werden. Für die Praxis ist es daher sinnvoll, auch immer explizit den Ausspruch einer Kündigung in der Abmahnung in Aussicht zu stellen.[166]

Eine Abmahnung als Verhältnismäßigkeitsvoraussetzung für eine spätere verhaltensbedingte Kündigung ist nur dann **nicht erforderlich**, wenn der Arbeitnehmer nicht willens oder nicht in der Lage ist, sich vertragstreu zu verhalten oder wenn die Kündigung nach Abwägung aller Umstände angesichts von Art, Schwere und Folgen der Pflichtverletzung billigenswert und angemessen erscheint und es sich um eine so schwere Pflichtverletzung handelt, dass selbst deren erstmalige Hinnahme dem Arbeitgeber nach objektivem Maßstäben unzumutbar und damit offensichtlich – auch für den Arbeitnehmer erkennbar – ausgeschlossen ist.

In der Rechtsprechung wurde z. B. eine Abmahnung für erforderlich gehalten vor Ausspruch einer Kündigung:

- bei Verstößen gegen betriebliche Rauch- und Alkoholverbote,
- bei politischen Meinungsäußerungen und parteipolitischer Betätigung im Betrieb,
- bei unerlaubten Nebentätigkeiten,
- bei unentschuldigtem Fehlen oder
- bei wiederholter Unpünktlichkeit.

Als entbehrlich wurde eine Abmahnung durch die Rechtsprechung im Einzelfall beispielsweise angesehen, bei:

- strafbaren Handlungen, wie Diebstahl, Unterschlagung, Untreue, Betrug, Spesenbetrug oder Tätlichkeiten,
- der Selbstbeurlaubung,

---

166 Teilweise wird auch vertreten, dass ohne die Androhung einer Kündigung im Wiederholungsfalle gar keine Abmahnung sondern nur eine Ermahnung vorliegen würde.

- Androhung von Arbeitsunfähigkeit, wenn Urlaub nicht genehmigt wird,
- Verstößen gegen Wettbewerbsverbote oder
- Annahme von Schmiergeldern.

E Personalfreisetzung

Autor: Christian Beck

1 Beendigung des Arbeitsverhältnisses

Der Anstellungsvertrag kann beispielsweiese enden durch:

- Aufhebungsvertrag,
- Kündigung,
- Ablauf der Befristung,
- auflösende Bedingung,
- Erreichen des Regelrentenalters oder Gewährung einer vollen Erwerbsminderungsrente bei einer entsprechenden Vereinbarung,
- Anfechtung des Arbeitsverhältnisses,
- gerichtliches Auflösungsurteil oder
- Tod des Arbeitnehmers.

Zu den häufigsten Beendigungstatbeständen gehören der Ablauf einer Befristung, die Kündigung und der Aufhebungsvertrag.

Die Aufhebung des Arbeitsvertrages im gegenseitigen Einvernehmen sowie die Kündigung durch eine Vertragspartei bedürfen zu ihrer Wirksamkeit der Schriftform.

2 Kündigung

Der Hauptfall der Beendigung des Arbeitsverhältnisses ist in der Praxis die Kündigung. Die Kündigung ist eine einseitige, empfangsbedürftige Willenserklärung, die mit ihrem Zugang wirksam wird.[167] Der Zeitpunkt des Zugangs ist entscheidend dafür, ob die Kündigungsfrist zum nächstmöglichen Zeitpunkt eingehalten werden kann.

Die Kündigung bedarf – egal ob arbeitgeber- oder arbeitnehmerseitig – der Schriftform. Daher ist die mündliche Kündigung genauso unwirksam, wie die Kündigung per Telefax, E-Mail oder SMS. Da die elektronische Form ausdrücklich ausgeschlossen ist, ist auch die E-Mail mit elektronischer Signatur kein wirksames Mittel zum Ausspruch einer Kündigung.

Die Kündigung muss für den Empfänger klar und eindeutig sein und darf grds. nicht unter einer Bedingung erfolgen. Der Wille des Erklärenden, das Arbeitsverhältnis zu beenden, muss aus der Kündigung eindeutig hervorgehen. Man unterscheidet zwischen der ordentlichen (fristgebundenen) und der außerordentlichen (in der Regel fristlosen) Kündigung.

Der Empfänger einer ordentlichen Kündigungserklärung muss erkennen können, wann das Arbeitsverhältnis enden soll. Regelmäßig genügt hierfür die Angabe des Kündigungstermins oder der Kündigungsfrist. Ausreichend ist nach Ansicht des BAG aber auch ein Hinweis auf die maßgeblichen gesetzlichen Fristenregelungen, wenn der Kündigungsempfänger hierdurch unschwer ermitteln kann, zu welchem Termin das Arbeitsverhältnis enden soll.

---

[167] Sofern keine Unwirksamkeitsgründe vorliegen, wie etwa ein Verstoß gegen das Kündigungsschutzgesetz

2.1 Ordentliche Kündigung unter Einhaltung der Kündigungsfrist

Bei der ordentlichen Kündigung endet das Arbeitsverhältnis nicht sofort, sondern erst nach Ablauf einer Kündigungsfrist. Kündigungsfristen können sich aus dem Gesetz, einem anwendbaren Tarifvertrag oder dem Arbeitsvertrag ergeben.

2.1.1 Gesetzliche Kündigungsfristen

Die **gesetzliche Grundkündigungsfrist** des Arbeitnehmers beträgt vier Wochen zum 15. oder zum Ende eines Kalendermonats (§ 622 Abs. 1 BGB). Die gesetzliche Grundkündigungsfrist verlängert sich **für den Arbeitgeber** in Abhängigkeit der Beschäftigungsdauer.

Späteste Kündigungszeitpunkte nach § 622 Abs. 1 BGB (vier Wochen zum 15. oder zum Ende eines Kalendermonats):

Zugang der Kündigung spätestens

am	03.01.	zum	31.01.	am	18.01.	zum	15.02
am	31.01.	zum	28.02.	am	15.02.	zum	15.03.
am	[01.02.]	zum	[29.02.]*	am	[16.02.]	zum	[15.03.]*
am	03.03.	zum	31.03.	am	18.03.	zum	15.04.
am	02.04.	zum	30.04.	am	17.04.	zum	15.05.
am	03.05.	zum	31.05.	am	18.05.	zum	15.06.
am	02.06.	zum	30.06.	am	17.06.	zum	15.07.
am	03.07.	zum	31.07.	am	18.07.	zum	15.08.
am	03.08.	zum	31.08.	am	18.08.	zum	15.09.
am	02.09.	zum	30.09.	am	17.09.	zum	15.10.
am	03.10.	zum	31.10.	am	18.10.	zum	15.11.
am	02.11.	zum	30.11.	am	17.11.	zum	15.12.
am	03.12.	zum	31.12.	am	18.12.	zum	15.01.

* in Schaltjahren

Für eine **Kündigung durch den Arbeitgeber** beträgt die Kündigungsfrist, wenn das Arbeitsverhältnis in dem Betrieb oder Unternehmen

- zwei Jahre bestanden hat, einen Monat zum Ende eines Kalendermonats,
- fünf Jahre bestanden hat, zwei Monate zum Ende eines Kalendermonats,
- acht Jahre bestanden hat, drei Monate zum Ende eines Kalendermonats,
- zehn Jahre bestanden hat, vier Monate zum Ende eines Kalendermonats,
- zwölf Jahre bestanden hat, fünf Monate zum Ende eines Kalendermonats,
- 15 Jahre bestanden hat, sechs Monate zum Ende eines Kalendermonats,
- 20 Jahre bestanden hat, sieben Monate zum Ende eines Kalendermonats.

Die Berechnung der Kündigungsfrist richtet sich nach § 187 ff. BGB. Dabei wird der Tag des Zugangs der Kündigung nicht mitgerechnet. Der Tag, an dem die Frist abläuft, wird dagegen in die Fristberechnung einbezogen.

Nach dem früheren Wortlaut des § 622 Abs. 2 Satz 2 BGB waren bei der Berechnung der Beschäftigungsdauer Zeiten, die vor der Vollendung des 25. Lebensjahres des Arbeitnehmers liegen, nicht zu berücksichtigen. Nach Ansicht des EuGH stellt dies eine – nicht zu rechtfertigende – Altersdiskriminierung dar. Mit Wirkung vom 01.01.2019 wurde die diskriminierende Regelung im Gesetz gestrichen.[168]

[168] sofern sich gleichlautende Regelungen in Arbeits- oder Tarifverträgen finden, sind diese wegen Verstoß gegen das AGG ebenfalls unwirksam und nicht zu beachten.

Obwohl das Ausbildungsverhältnis nicht als Arbeitsverhältnis zählt, macht es nach Ansicht des BAG für die Berücksichtigung der Beschäftigungszeiten im Rahmen von § 622 Abs. 1 BGB keinen Unterschied, ob die Zeiten in einem Arbeitsverhältnis oder (teilweise) in einem Ausbildungsverhältnis verbracht wurden.

Die verlängerten Kündigungsfristen des § 622 Abs. 2 BGB gelten nach dem eindeutigen Wortlaut nur für die Kündigung durch den Arbeitgeber. Ohne besondere Abmachung zwischen den Arbeitsvertragsparteien[169] ist auf die Arbeitnehmerkündigung unabhängig von der Dauer des Arbeitsverhältnisses stets die kurze, vierwöchige Kündigungsfrist nach § 622 Abs. 1 BGB anzuwenden. Die Parteien können aber (im Arbeitsvertrag) durch eine Gleichbehandlungsabrede vereinbaren, dass auch bei der Kündigung durch den Arbeitnehmer die verlängerten Fristen des § 622 Abs. 2 BGB anzuwenden sind.

Beispiel: Der Arbeitnehmer A (29 Jahre alt) ist beim Arbeitgeber seit 01.09.2011 beschäftigt, wobei er zunächst eine dreijährige Ausbildung absolviert hat und seit 15.07.2014 fest angestellt ist.

Kündigt der Arbeitgeber das Arbeitsverhältnis am 15.08.2023, beträgt die Kündigungsfrist vier Monate zum Ende eines Kalendermonats, sodass das Arbeitsverhältnis zum 31.12.2023 endet.[170]

Für die Berechnung der verlängerten Kündigungsfristen kommt es auf den Zeitpunkt des Zugangs der Kündigung an. Am 15.08.2023 hat das Arbeitsverhältnis (einschließlich der Ausbildungszeit) länger als zehn, aber gerade noch keine zwölf Jahre bestanden, sodass die Kündigungsfrist vier Monate zum Ende des Kalendermonats beträgt. Dass das Arbeitsverhältnis zum Beendigungszeitpunkt (31.12.2023) bereits über zwölf Jahre bestanden hat, spielt insoweit keine Rolle.

Möchte dagegen A selbst das Arbeitsverhältnis am 15.08.2023 kündigen, könnte er seine Kündigung schon zum 15.09.2023 erklären. Ohne besondere Absprache zwischen den Parteien gelten die verlängerten Kündigungsfristen für den Arbeitnehmer nicht. A könnte daher unter Einhaltung einer Kündigungsfrist von vier Wochen zum 15. (oder zum Ende des Kalendermonats) kündigen.

---

169 bzw. eine entsprechende (zwingende) tarifliche Regelung

170 wäre die Kündigung erst im September 2023 ausgesprochen worden, würde das Beschäftigungsverhältnis bereits über 12 Jahre bestehen, so dass die Kündigungsfrist 5 Monate zum Monatsende betragen würde.

Im Arbeitsverhältnis kann eine **Probezeit** vereinbart werden, während der eine **verkürzte Kündigungsfrist** von (nur) zwei Wochen einzuhalten ist. Die verkürzte Kündigungsfrist setzt nur die Vereinbarung über eine Probezeit, nicht dagegen über die Frist selbst voraus. Auch ohne explizite Nennung der kürzeren Frist gilt in dieser Zeit eine Kündigungsfrist von zwei Wochen, wenn die Probezeit nicht länger als sechs Monate dauert.

Hinweis

Die verkürzte Kündigungsfrist gilt für alle Kündigungen, die bis zum letzten Tag der Probezeit ausgesprochen werden, d. h. bis zu diesem Zeitpunkt zugehen, auch wenn das Arbeitsverhältnis dann erst nach Ablauf der Probezeit endet.

Wird für ein befristetes Arbeitsverhältnis eine Probezeit vereinbart, so muss diese im Verhältnis zu der erwarteten Dauer der Befristung und der Art der Tätigkeit stehen (§ 15 Abs. 3 TzBfG). Die Probezeit muss insoweit angemessen sein. Wann eine Probezeit im Verhältnis zur Dauer der Befristung und der Art der Tätigkeit (noch) angemessen ist, hat der Gesetzgeber nicht definiert. Angemessen dürfte eine Probezeit jedenfalls dann sein, wenn sie maximal 1/4 bis 1/3 (je nach Art der Tätigkeit) der Befristungsdauer beträgt.

2.1.2 Tarifliche Kündigungsfristen

Von den gesetzlichen Kündigungsfristen können abweichende Regelungen durch Tarifvertrag vereinbart werden. Die Abweichungen sind sowohl zu Gunsten, als **auch zu Ungunsten des Arbeitnehmers** möglich.

Die Tarifvertragsparteien können sowohl von den Kündigungsfristen abweichen (sogar eine entfristete, d. h. sofortige ordentliche Kündigungsmöglichkeit vorsehen), als auch abweichende Kündigungstermine festlegen oder auf Kündigungstermine verzichten. Lediglich das

Benachteiligungsverbot, wonach die Kündigungsfrist für den Arbeitnehmer nicht länger sein darf, als die Kündigungsfrist für den Arbeitgeber, kann auch in Tarifverträgen nicht aufgehoben werden.

Beispiel: Für gewerbliche Arbeitnehmer im privaten Omnibusgewerbe in Bayern gilt nach dem Mantel-Tarifvertrag für die ordentliche Kündigung bei einer Betriebszugehörigkeit von mehr als zwei Jahren, eine Frist von drei Wochen zum Wochenschluss (Sonntag).

Gesetzlich wäre eine Kündigungsfrist von einem Monat zum Monatsende einzuhalten.

Tarifliche Regelungen über Kündigungsfristen und -termine verdrängen die gesetzlichen Bestimmungen nur dann, wenn der Tarifvertrag auf das einzelne Arbeitsverhältnis zwingend anzuwenden ist. Tarifliche Regelungen gelten unmittelbar und zwingend grds. nur, wenn im Arbeitsverhältnis eine beidseitige kongruente Tarifbindung vorliegt oder der Tarifvertrag für allgemeinverbindlich erklärt worden ist.

Auch nicht tarifgebundene Arbeitsvertragsparteien können im Geltungsbereich des Tarifvertrages die Anwendung der abweichenden tariflichen Kündigungsbestimmungen im Arbeitsvertrag vereinbaren.

Werden die tariflichen Kündigungsbestimmungen wirksam in den Vertrag einbezogen, verdrängen diese die gesetzlichen Kündigungsfristen, auch wenn die tarifliche Bestimmung ungünstiger für den Arbeitnehmer ist. Eine Bezugnahme auf den Tarifvertrag ist allerdings nur im Rahmen seines räumlichen, sachlichen und persönlichen Geltungsbereichs zulässig.

In den Arbeitsvertrag muss der Tarifvertrag als Ganzes oder zumindest die tarifliche Regelung der ordentlichen Kündigung insgesamt einbezogen werden. Den gesetzlichen Anforderungen genügt es nicht, wenn nur einzelne, ausgewählte tarifliche Bestimmungen zur Kündigung vereinbart werden.[171]

---

[171] Erfurter Kommentar zum Arbeitsrecht, § 622 BGB, Rn. 35

Beispiel: Der Arbeitgeber kann also nicht nur die für ihn günstigeren, kürzeren Kündigungsfristen in den Arbeitsvertrag aufnehmen, sondern muss sämtliche Kündigungsregelungen, also auch z. B. einen Ausschluss der ordentlichen Kündigung nach einer bestimmten Betriebszugehörigkeit, vereinbaren. Nur dann verdrängen die in Bezug genommenen tariflichen Regelungen die gesetzlichen Kündigungsfristen und Termine.

2.1.3 Einzelvertragliche Kündigungsfristen

Von den Mindestkündigungsfristen können einzelvertraglich abweichende, längere Kündigungsfristen jederzeit vereinbart werden. Allerdings darf für die Kündigung des Arbeitsverhältnisses durch den Arbeitnehmer keine längere Frist gelten, als für die Kündigung durch den Arbeitgeber.

Die gesetzlichen Kündigungsfristen gelten unabhängig von der Unternehmensgröße auch im **Kleinbetrieb**. Einzelvertraglich kann eine kürzere als die gesetzliche Grundkündigungsfrist vereinbart werden, wenn der Arbeitgeber in der Regel nicht mehr als 20 Arbeitnehmer ausschließlich der zu ihrer Berufsausbildung Beschäftigten beschäftigt.

Die Abweichung ist nur für die Grundkündigungsfrist in § 622 Abs. 1 BGB, nicht dagegen für die verlängerten Kündigungsfristen des § 622 Abs. 2 BGB zulässig. Da aber auch nach § 622 Abs. 5 Nr. 2 Satz 1 BGB eine Kündigungsfrist von mindestens 4 Wochen nicht unterschritten werden darf, besteht der einzige Vorteil für Kleinarbeitgeber darin, dass sie von den starren Kündigungsterminen zum 15. oder zum Ende eines Kalendermonats abweichen dürfen.[172]

Eine kürzere, als die gesetzliche Kündigungsfrist kann nach § 622 Abs. 5 Nr. 1 BGB auch mit Arbeitnehmer vereinbart werden, die zur vorübergehenden Aushilfe eingestellt werden, wenn das Arbeitsverhältnis nicht länger als drei Monate andauert.

[172] Schaub, Arbeitsrechts-Handbuch, § 126, Rn. 11

2.2 Ausschluss der ordentlichen Kündigung („besonderer Kündigungsschutz")

Die ordentliche Kündigung kann nach (dem Einzelvertrag oder) einem Tarifvertrag dauerhaft oder vorübergehend ausgeschlossen sein, z. B. zum Schutz langjähriger Mitarbeiter ab einer bestimmten Betriebszugehörigkeit und dem Erreichen des notwendigen Mindestalters.

Beispiel: So können etwa nach § 34 Abs. 2 Satz 1 TVöD Arbeitsverhältnisse von Beschäftigten, die das 40. Lebensjahr vollendet haben, nach einer Beschäftigungszeit von mehr als 15 Jahren durch den Arbeitgeber nur noch aus wichtigem Grund (also nicht mehr ordentlich) gekündigt werden.

Ebenso kann die Kündigung (dauerhaft oder vorübergehend) unter dem Zustimmungsvorbehalt bestimmter Behörden oder Gremien stehen, wie etwa nach

- § 17 MuSchG, Kündigung während der Schwangerschaft,
- § 18 BEEG, Kündigung während der Elternzeit,
- § 5 PflegeZG, Kündigung während der (langen) Pflegezeit und Familienpflegezeit,
- § 168 SGB IX, schwerbehinderte und gleichgestellte behinderte Menschen oder
- § 15 KSchG, für Mitglieder der Personalvertretungen (insbesondere Betriebsrat).

In diesen Fällen hat der Arbeitgeber vor Ausspruch der Kündigung die Zustimmung der zuständigen Behörde oder des Gremiums einzuholen. Anderenfalls ist die Kündigung unwirksam.

2.3 Außerordentliche Kündigung

Die außerordentliche Kündigung führt in der Regel zur sofortigen Beendigung des Arbeitsverhältnisses. Sie kann weder durch Tarifvertrag noch durch den Arbeitsvertrag ausgeschlossen werden.

Voraussetzung für die außerordentliche Kündigung ist das Vorliegen eines wichtigen Grundes. **Ein wichtiger Grund** ist dann gegeben, wenn dem Kündigenden unter Berücksichtigung aller Umstände des Einzelfalls und unter Abwägung der Interessen beider Vertragsteile die Fortsetzung des Arbeitsverhältnisses (auch nur) bis zum Ablauf der regulären Kündigungsfrist oder bis zu der vereinbarten Beendigung des Arbeitsverhältnisses nicht zugemutet werden kann. Das Recht zur außerordentlichen Kündigung erlischt, wenn die Kündigung nicht binnen zwei Wochen ab Kenntnis des wichtigen Grundes ausgesprochen wird.

Die Rechtsprechung nimmt für die Frage, ob ein wichtiger Grund für die außerordentliche Kündigung vorliegt, eine abgestufte **Prüfung in zwei Abschnitten** vor.

Zunächst wird geprüft, ob ein bestimmter Sachverhalt ohne die besonderen Umstände des Einzelfalles an sich, also **abstrakt** geeignet ist, einen wichtigen Grund für die außerordentliche Kündigung darzustellen.

So hat das BAG einen an sich als außerordentlichen Kündigungsgrund geeigneten Sachverhalt beispielsweise angenommen bei

- der Abwerbung von Kollegen im laufenden Arbeitsverhältnis für geplante Selbstständigkeit,
- wiederholten Verstößen gegen betriebliche Alkoholverbote,
- Strafanzeigen gegen Arbeitgeber, ohne vorherige innerbetriebliche Klärung,
- wiederholten Verstößen gegen Arbeitsschutzbestimmungen,
- beharrlicher Arbeitsverweigerung,
- Arbeitszeitbetrug,
- Beleidigung, Nötigung oder Tätlichkeiten gegenüber Kollegen oder Vorgesetzten,

- wiederholter unzulässiger privater Internetnutzung,
- Ankündigung einer „zukünftigen Erkrankung“,
- Annahme von Schmiergeldern,
- Straftaten im Arbeitsverhältnis,
- Selbstbeurlaubung und
- Wettbewerbsverstößen.

Auf der zweiten Stufe wird dann geprüft, ob bei Berücksichtigung aller **Umstände des Einzelfalles** und einer Interessenabwägung eine Weiterbeschäftigung bis zum Ablauf der Kündigungsfrist unzumutbar ist.

Hinweis

Die außerordentliche Kündigung kann nur innerhalb einer Ausschlussfrist von 2 Wochen erklärt werden, wobei die Kündigung innerhalb der Frist zugehen muss.

Nach Ablauf der Frist ist eine außerordentliche Kündigung ausgeschlossen.[173]

Die Frist beginnt mit **positiver Kenntnis** der Kündigungsgründe, also wenn der Kündigungsberechtigte die für die Kündigung maßgebenden Tatsachen kennt und ihm eine fundierte Entscheidung möglich ist. Bei Dauerverstößen reicht es zur Fristwahrung aus, dass die Störung auch noch in den letzten zwei Wochen vor Ausspruch der Kündigung angehalten hat.

Beispiel: Bei einer eigenmächtigen Urlaubsnahme fällt der letzte „Urlaubstag“ noch in die Zweiwochenfrist.

173 Danach ist evtl. nur noch eine ordentliche verhaltensbedingte Kündigung möglich.

2.4 Kündigungserklärung

Die Kündigung ist eine privatrechtliche, einseitige, empfangsbedürftige, schriftliche, rechtsgestaltende Willenserklärung, durch die das Arbeitsverhältnis für die Zukunft aufgelöst wird.

2.4.1 Arbeitsverträge mit Minderjährigen

Ein Minderjähriger ist **beschränkt geschäftsfähig**. Der Minderjährige bedarf daher zu einer Willenserklärung, durch die er nicht lediglich einen rechtlichen Vorteil erlangt, der Einwilligung seines gesetzlichen Vertreters, also in der Regel der Eltern.

Hinweis

Beschränkt geschäftsfähige Minderjährige können von ihrem gesetzlichen Vertreter (Sorgeberechtigtem) **ermächtigt werden, in Dienst oder in Arbeit zu treten.**

Der Minderjährige ist dann für solche Rechtsgeschäfte unbeschränkt geschäftsfähig, welche die Eingehung oder Aufhebung eines Dienst- oder Arbeitsverhältnisses der gestatteten Art oder die Erfüllung der sich aus einem solchen Verhältnis ergebenden Verpflichtungen betreffen.

Der gesetzliche Vertreter kann die Ermächtigung in beliebiger Weise erteilen und beschränken. Sie kann gegenüber dem Minderjährigen und auch gegenüber dem Arbeitgeber jederzeit zurückgenommen, eingeschränkt oder erweitert werden. Im Zweifel gilt die für einen einzelnen Fall erteilte Ermächtigung als allgemeine Ermächtigung zur Eingehung von Verhältnissen derselben Art.

Ist eine Partei minderjährig und damit beschränkt geschäftsfähig, muss die Kündigung grds. durch den gesetzlichen Vertreter (Eltern) erfolgen, da der Minderjährige durch die Kündigung nicht lediglich einen rechtlichen Vorteil erlangt. Ist der Minderjährige aber ermächtigt, in Dienst oder Arbeit zu treten, kann er die Kündigung auch selbst wirksam erklären.

Liegt die Ermächtigung durch die Eltern (noch) vor, kann unmittelbar gegenüber dem Minderjährigen gekündigt werden. Anderenfalls muss die Kündigung gegenüber den Eltern erklärt werden. Eine an den Minderjährigen adressierte Kündigung wird in diesem Fall erst wirksam, wenn sie dem gesetzlichen Vertreter zugeht.

2.4.2 Vertretung bei Ausspruch der Kündigung

Der Arbeitgeber kann sich bei Ausspruch der Kündigung vertreten lassen. Es gelten die allgemeinen Vorschriften über die Stellvertretung bei Rechtsgeschäften. Juristische Personen (GmbH, AG, Verein, Stiftung etc.) werden durch ihre Organe (Geschäftsführer, Vorstand) vertreten, Personengesellschaften durch die geschäftsführenden Gesellschafter.

Eine Stellvertretung ist aber auch allein auf Basis eines Auftrages möglich, z. B. durch den Rechtsanwalt im Rahmen eines Kündigungsschutzstreits.

Allerdings kann der Gekündigte (z. B. der Arbeitnehmer) eine **Kündigung zurückweisen**, die ein Bevollmächtigter ihm gegenüber ausgesprochen hat, wenn der Bevollmächtigte keine Vollmachtsurkunde im Original vorgelegt hat und der Arbeitnehmer die Kündigung aus diesem Grunde unverzüglich zurückweist.

Eine Zurückweisung wegen fehlender Vollmachtsvorlage ist dagegen **ausgeschlossen**,

- gegenüber gesetzlichen Vertretern, z. B. Organen juristischer Personen,
- wenn der Vollmachtgeber den Empfänger der Kündigung anderwei- tig von der Bevollmächtigung in Kenntnis gesetzt hat, z. B. durch Bezeichnung des Kündigungsberechtigten im Arbeitsvertrag, durch Rundschreiben, Aushang oder Intranet oder

- wenn die Kündigung durch Personen mit Kündigungsbefugnis erfolgt, wie z. B. durch den Prokuristen, Generalbevollmächtigten, Personalleiter oder in der Regel auch durch den Niederlassungsleiter.

2.4.3 Schriftform

Die Beendigung von Arbeitsverhältnissen durch Kündigung bedarf zu ihrer Wirksamkeit der Schriftform. So soll verhindert werden, dass über die Existenz einer Kündigung Ungewissheit oder gar Streit besteht. Zudem hat die verbindliche Schriftform eine Warnfunktion, da derjenige, der gehalten ist, seine Willenserklärung schriftlich niederzulegen und zu unterschreiben, mehr Zeit und Veranlassung hat, darüber nachzudenken, ob er die angestrebte Rechtsfolge tatsächlich will.

Die Kündigung muss von dem Aussteller (derjenige, der die Kündigung ausspricht) eigenhändig durch Namensunterschrift unterzeichnet werden. Die elektronische Form ist für die Kündigung ausdrücklich ausgeschlossen, sodass auch eine E-Mail mit zertifizierter Signatur (qualifizierte elektronische Signatur nach dem Signaturgesetz) nicht für die Kündigung ausreicht.

Wegen des Schriftformerfordernisses sind mündliche Kündigungen genauso unwirksam, wie die Kündigung per Telefax, Telegramm, E-Mail oder SMS.[174]

Die Unterschrift muss eigenhändig vom Aussteller erfolgen. Sie muss den Inhalt des Kündigungsschreibens decken, also so unter dem Text stehen, dass sie ihn räumlich abschließt.

Die Unterschrift ist durch Nennung des ausgeschriebenen Namens zu leisten. Dies bedeutet aber nicht, dass unmittelbar bei Abgabe der schriftlichen Erklärung für den Erklärungsempfänger die Person des Ausstellers feststehen muss. Dieser soll nur identifiziert werden können. Hierzu bedarf es nicht der Lesbarkeit des Namenszugs. Vielmehr

---

174 Auch zur Fristwahrung genügt eine Übersendung der Kündigung „vorab per Telefax“ oder „vorab per E-Mail“ nicht. Die Kündigungsfrist beginnt erst zu laufen, wenn die Kündigung im Original zugeht.

genügt ein die Identität des Unterschreibenden ausreichend kennzeichnender Schriftzug, der individuelle und entsprechend charakteristische Merkmale aufweist, welche die Nachahmung erschweren.

Ist die Person des Ausstellers hinreichend erkennbar, kann im Einzelfall die Unterzeichnung mit dem Vornamen oder einem Pseudonym genügen. Die Unterzeichnung mit einer Funktionsbezeichnung (z. B. „Euer Azubi") genügt nicht.

Eine reine Paraphe (Namenskürzel, z. B. „C. B.") genügt grds. nicht dem Schriftformerfordernis. Die Unterschrift ist von einer bewussten und gewollten Namensabkürzung (Handzeichen, Paraphe) zu unterscheiden. Auch das Gesetz differenziert zwischen einer Namensunterschrift und einem Handzeichen. Letzteres wahrt die Schriftform nur im Falle notarieller Beglaubigung. Für die Abgrenzung zwischen Unterschrift und Handzeichen (Paraphe) ist das äußere Erscheinungsbild maßgebend. Der Wille des Unterzeichnenden ist nur von Bedeutung, soweit er in dem Schriftzug seinen Ausdruck gefunden hat.

In Arbeitsverträgen, die AGB darstellen, kann **keine strengere Form** als die Schriftform vereinbart werden. Enthält der Arbeitsvertrag die Vorgabe, dass die Kündigung durch eingeschriebenen Brief erfolgen müsse, wird dies in der Regel dahin auszulegen sein, dass die Regelung lediglich beweissichernde Bedeutung hat. Die schriftliche Kündigung kann in diesem Fall auch persönlich übergeben oder z. B. durch Boten übermittelt werden.

Die Kündigung muss vom Aussteller eigenhändig durch Namensunterschrift (...) unterzeichnet werden. Daher genügt die Unterschrift eines **Boten** nicht, was mit dem beliebten Zusatz „i. A." (im Auftrag) indiziert sein kann. Daher ist im Bereich der Kündigung davon abzuraten, das beliebte Kürzel zu verwenden.

Das **Kündigungsschreiben** muss das Wort „Kündigung" nicht enthalten. Maßgeblich ist die Auslegung vom Standpunkt des Erklärungsempfängers. Es reicht aus, wenn der Wille zur einseitigen Auflösung des Arbeitsverhältnisses eindeutig zu Tage tritt.[175]

---

175 Erfurter Kommentar zum Arbeitsrecht, § 623 BGB, Rn. 15

Kündigungsgründe müssen in der Regel nicht im Kündigungsschreiben angegeben werden. Zwei Ausnahmen hiervon bilden nur

- die Kündigung einer Frau während der Schwangerschaft[176] und
- die Kündigung des Ausbildungsverhältnisses nach Ablauf der Probezeit.[177]

In beiden Fällen ist die Angabe der Kündigungsgründe ausnahmsweise Wirksamkeitsvoraussetzung. Vereinzelt findet sich in tariflichen Regelungen die verpflichtende Angabe der Kündigungsgründe. Die Arbeitsvertragsparteien können durch konstitutive Vereinbarung das Schriftformerfordernis ausweiten und die Wirksamkeit einer Kündigung davon abhängig machen, dass im Kündigungsschreiben der Kündigungsgrund mitgeteilt wird.

Der Arbeitgeber muss auf Verlangen den Kündigungsgrund bei der außerordentlichen Kündigung dem Arbeitnehmer unverzüglich schriftlich mitteilen. Bei der betriebsbedingten Kündigung hat der Arbeitgeber auf Verlangen des Arbeitnehmers die Gründe anzugeben, die zu der getroffenen sozialen Auswahl geführt haben.

Beide Verpflichtungen lassen aber die Wirksamkeit der Kündigung selbst unberührt.

---

176 Dies gilt unabhängig davon, dass die Kündigung von der zuständigen Behörde für zulässig erklärt werden muss und in diesem Verfahren die Schwangere angehört wird, also die Kündigungsgründe bereits kennt.

177 Gilt für beide Parteien, also auch für die Kündigung durch den Auszubildenden.

2.5 Zugang der Kündigungserklärung

Die Kündigung wird erst dann wirksam, wenn sie dem Vertragspartner zugegangen ist.

Hinweis

Die Kündigungserklärung ist zugegangen, sobald sich der Vertragspartner bei normaler Gestaltung seiner Verhältnisse Kenntnis von der Kündigung verschaffen kann und die Kenntnisnahme nach den Gepflogenheiten des Verkehrs von ihm erwartet werden muss.

In einem Kündigungsschutzverfahren hat der Arbeitgeber (bei Bestreiten des Arbeitnehmers) den Zugang der Kündigung und den konkreten Zeitpunkt nachzuweisen.

2.5.1 Zugang unter Anwesenden

Die Kündigung, die einem Anwesenden gegenüber abgegeben wird, geht dem Empfänger in aller Regel sofort zu und wird damit sofort wirksam.

Ob und wann der Empfänger das Schreiben liest, ist dabei ohne Bedeutung. Wird dem Arbeitnehmer ein Kündigungsschreiben in einem geschlossenen Umschlag übergeben, geht es ihm im Augenblick der Übergabe zu und zwar auch dann, wenn er den Umschlag ungeöffnet zurückgibt.

Der Empfänger der Kündigungserklärung muss nicht dauerhaft die Verfügungsgewalt hierüber behalten. Es genügt bereits die Aushändigung und Übergabe des Schriftstückes, sodass der Empfänger in der Lage ist, vom Inhalt der Erklärung Kenntnis zu nehmen. Unerheblich ist auch, ob der Arbeitnehmer das Originalkündigungsschreiben vor einer Rückgabe gelesen hat. Daher ist die Kündigung wirksam zugegangen, wenn dem Arbeitnehmer das vom Arbeitgeber unterzeichnete Kündigungsschreiben übergeben wird, der Arbeitnehmer auf diesem Original den Empfang quittiert, es zurückgibt und dann eine Ablichtung erhält.

Wann die Kündigungserklärung im Original übergeben wird, spielt keine Rolle. Die Übergabe der Kündigung durch den Arbeitgeber muss nicht zwingend während der Arbeitszeit erfolgen.

Beispiel: Der Personalchef des Arbeitgebers fährt zum Mitarbeiter A nach Hause, klingelt und übergibt diesem persönlich am 31.05. (nachweislich) um 23.59 Uhr das Kündigungsschreiben. Damit ist die Kündigung noch am 31.05. zugegangen.

2.5.2 Zugang unter Abwesenden

Die unter Abwesenden abgegebene Kündigungserklärung ist zugegangen, sobald sich der Empfänger bei normaler Gestaltung seiner Verhältnisse Kenntnisse von der Kündigung verschaffen kann und die Kenntnisnahme nach den Gepflogenheiten des Verkehrs von ihm erwartet werden muss.

Bei einer Übersendung des Kündigungsschreibens per Post ist die Kündigung in den Machtbereich des Kündigungsempfängers bereits dann gelangt, wenn sie in den Briefkasten eingeworfen ist. Besteht die Möglichkeit der Kenntnisnahme unter gewöhnlichen Verhältnissen, so ist es unbeachtlich, wann der Empfänger die Kündigung tatsächlich zur Kenntnis nimmt.

Eine an die Anschrift des Arbeitnehmers gerichtete Kündigungserklärung geht diesem mit Einwurf in den Briefkasten auch dann zu, wenn der Arbeitnehmer urlaubsbedingt verreist ist oder wegen Krankheit, Kur oder Haft die Kündigung nicht entgegennehmen kann.[178]

---

[178] Erfurter Kommentar zum Arbeitsrecht, § 620 BGB, Rn. 57. Hier besteht allerdings die Möglichkeit, dass eine Kündigungsschutzklage nach § 5 KSchG nachträglich zuzulassen ist.

Wechselt der Arbeitnehmer seinen Wohnsitz, hat er dem Arbeitgeber die neue Anschrift mitzuteilen. Kommt er dieser Verpflichtung nicht nach, geht die Kündigungserklärung fiktiv in dem Zeitpunkt zu, in dem mit dem Zugang gerechnet werden musste, wenn der Arbeitnehmer seiner Verpflichtung nachgekommen wäre.

Bestreitet der Kündigungsempfänger den Zugang der Kündigungserklärung, ist der Kündigende zum Nachweis verpflichtet. Da der Zugang eines einfachen Briefes nicht nachzuweisen ist, sollte bei einer Übersendung der Kündigungserklärung per Post ein **Einschreiben** verwendet werden. Sobald der Einschreibebrief in den Briefkasten eingeworfen ist, liegt in der Regel Zugang der Kündigung vor.

Hinterlässt der Briefdienstleister bei Abwesenheit des Adressaten beim **Übergabe-Einschreiben oder Einschreiben mit Rückschein** lediglich die Nachricht im Briefkasten, dass ein Einschreiben für den Empfänger bei der Post bereit liegt, ist das Schreiben selbst noch nicht zugegangen. Selbst wenn der Arbeitnehmer mit einer Kündigung rechnen muss, tritt der Zugang der Kündigung erst ein, wenn der Adressat das Einschreiben innerhalb der von der Post mitgeteilten Aufbewahrungsfrist abholt.

Das **Einwurf-Einschreiben** wird dagegen wie ein einfacher Brief behandelt und vom Briefdienstleister in den Briefkasten eingeworfen. Der Zeitpunkt des Einwurfes wird vom Briefdienstleister dokumentiert.

Mit dem Einwurf des Einwurf-Einschreibens liegt in aller Regel der Zugang der Kündigung vor. Der Zeitpunkt des Zugangs kann über den im Internet verfügbaren Auslieferungsbeleg bestimmt werden.[179]

Für den wirksamen Zugang muss das Kündigungsschreiben nicht nur in den Machtbereich des Empfängers gelangen. Zusätzlich muss die Möglichkeit der **Kenntnisnahme unter gewöhnlichen Verhältnissen** bestehen.

---

179 Der von den Mitarbeitern der Deutschen Post AG erstellte Auslieferungsbeleg stellt keine öffentliche Urkunde (§§ 415, 418 ZPO) dar. Im Bestreitensfalle müsste daher der ausliefernde Postbote als Zeuge benannt werden.

Bei der Übersendung einer Kündigung per Post spielt es keine Rolle, wann der Brief durch den Briefdienstleister in den Briefkasten eingeworfen wird.

Bei einem Einwurf der Kündigung in den Briefkasten durch einen Boten müsse der Arbeit- nehmer jedoch ohne Vorliegen besonderer Gründe jedenfalls nach 16.00 Uhr nicht mehr mit der Zustellung einer schriftlichen Willenserklärung rechnen.

Für den Gesichtspunkt, wie lange nach der „Verkehrsanschauung" mit einer Leerung des Briefkastens zu rechnen ist, gibt es unterschiedliche Ansichten und Urteile verschiedener Arbeitsgerichte. Ob dabei auf den „deutschlandweiten Durchschnitt" der Briefzustellung durch die Post abzustellen oder eine Unterscheidung nach Ballungsräumen und ländlichen Gebieten zu treffen ist und inzwischen auch die Tatsache zu berücksichtigen sei, dass private Konkurrenten der Post regelmäßig deutlich später, insbesondere in den Nachmittagsstunden zustellen, spiele nur eine untergeordnete Rolle. Teilweise wird auch darauf abgestellt, wann ein vollzeitbeschäftigter Arbeitnehmer in Deutschland üblicherweise seinen Briefkasten lehrt.

Hinweis

Soll eine (fristgebundene) einseitige, schriftliche Willenserklärung (wie z. B. eine Kündigung) **per Boten** in den Briefkasten des Arbeitnehmers eingeworfen werden, sollte dieser Einwurf jedenfalls vor 14.00 Uhr, besser noch in den Vormittagsstunden erfolgen.[180]

Wurde der Arbeitnehmer (nachweislich) darüber informiert, dass ihm im Laufe des Tages noch eine Kündigung in den Briefkasten geworfen würde, spielen die genannten Zeitgrenzen keine Rolle. In diesem Fall kann noch mit der Kenntnisnahme am gleichen Tag gerechnet werden.

180 Die Regelungen gelten nicht bei persönlicher Übergabe der Kündigung durch einen Boten oder bei Zustellung des Briefes per Post nach 16.00 Uhr.

2.6 Mitwirkung des Betriebsrats

Der Betriebsrat ist vor jeder Kündigung anzuhören. Der Arbeitgeber hat ihm die Gründe für die Kündigung mitzuteilen. Eine ohne Anhörung des Betriebsrats ausgesprochene Kündigung ist unwirksam.

Das zwingende Anhörungsrecht gilt für jede Kündigung, also auch für die außerordentliche Kündigung oder die Änderungskündigung.

Hat der Betriebsrat gegen eine ordentliche Kündigung Bedenken, so hat er diese unter Angabe der Gründe dem Arbeitgeber spätestens innerhalb einer Woche schriftlich mitzuteilen. Äußert sich der Betriebsrat innerhalb dieser Frist nicht, gilt seine Zustimmung zur Kündigung als erteilt. Bei einer außerordentlichen Kündigung hat die Rückäußerung des Betriebsrats unverzüglich, spätestens jedoch innerhalb von drei Tagen zu erfolgen.

Der Arbeitgeber ist auch bei einem Widerspruch des Betriebsrats nicht da- ran gehindert, die Kündigung auszusprechen. Der Widerspruch hat nicht die Unwirksamkeit einer (ansonsten wirksamen) Kündigung zur Folge.

Die Kündigung darf aber nicht vor Zustimmung bzw. Ablauf der Wochenfrist[181] ausgesprochen werden. Abzustellen ist nicht auf den Zugang der Kündigung, sondern auf die Abgabe der Erklärung durch den Arbeitgeber.

---

181 bzw. Drei-Tagesfrist bei der außerordentlichen Kündigung.

2.7 Kündigung des befristeten Arbeitsverhältnisses

Das befristete Arbeitsverhältnis endet regelmäßig mit Ablauf der vereinbarten Zeit oder Zweckerreichung. Der ordentlichen Kündigung unterliegt der befristete Arbeitsvertrag nur dann, wenn dies einzelvertraglich oder im anwendbaren Tarifvertrag vereinbart ist. Die einzelvertragliche Inbezugnahme eines Tarifvertrages, der eine ordentliche Kündigung des befristeten Arbeitsverhältnisses vorsieht, reicht zur Begründung der ordentlichen Kündbarkeit aus.

Für den Vorbehalt der Kündbarkeit des befristeten Arbeitsverhältnisses wäre es – auch im Formulararbeitsvertrag unter Geltung des AGB-Rechts – ausreichend, wenn zwar nicht ausdrücklich die ordentliche Kündbarkeit des Vertrages vorbehalten, aber auf bestimmte, z. B. die gesetzlichen Kündigungsfristen Bezug genommen wird, sofern es sich nicht ausnahmsweise wegen des Standorts des Verweises um eine überraschende Klausel handelt.

Das BAG hat aus dem Umstand, dass die Parteien eine sechsmonatige Probezeit vereinbart hatten, auf die stillschweigende Vereinbarung geschlossen, das befristete Arbeitsverhältnis sei ordentlich mit der gesetzlichen oder ggf. tariflich zulässigen Mindestkündigungsfrist kündbar.

Die **außerordentliche Kündigung** bei Vorliegen eines wichtigen Grundes ist auch im befristeten Arbeitsverhältnis jederzeit möglich, wenn es einer Partei nicht zumutbar ist, das Arbeitsverhältnis bis zum Ablauf der Befristung fortzusetzen. Eines Vorbehalts im Arbeitsvertrag bedarf es hierzu nicht.

3 Kündigungsschutz nach dem Kündigungsschutzgesetz

In Betrieben mit in der Regel mehr als zehn Arbeitnehmern (ausschließlich der zu ihrer Berufsausbildung Beschäftigten) unterliegen Kündigungen durch den Arbeitgeber den Beschränkungen des Kündigungsschutzgesetzes (KSchG), wenn das Arbeitsverhältnis in demselben Betrieb oder Unternehmen ohne Unterbrechung länger als sechs Monate bestanden hat.

Eine vom Arbeitgeber ausgesprochene Kündigung ist rechtsunwirksam, wenn sie sozial ungerechtfertigt ist, d. h. wenn weder Gründe in der Person des Arbeitnehmers (personenbedingte Kündigung), im Verhalten des Arbeitnehmers (verhaltensbedingte Kündigung) noch dringende betriebliche Erfordernisse (betriebsbedingte Kündigung) die Kündigung rechtfertigen.

Im Falle einer betriebsbedingten Kündigung ist eine Sozialauswahl unter vergleichbaren Mitarbeitern durchzuführen, nach der derjenige zu kündigen ist, der unter Berücksichtigung der Dauer der Betriebszugehörigkeit, des Lebensalters, der Unterhaltspflichten und einer etwaigen Schwerbehinderung der am wenigsten Schutzwürdige ist.

3.1 Personenbedingte Kündigung

Ein personenbedingter Kündigungsgrund liegt vor, wenn der Arbeitnehmer aufgrund mangelnder Eignung oder seiner persönlichen Fähigkeiten und Eigenschaften nicht (mehr) in der Lage ist, künftig seine arbeitsvertraglichen Verpflichtungen zu erfüllen, die mangelnde Eignung bzw. die fehlenden Fähigkeiten zu einer erheblichen Beeinträchtigung betrieblicher oder wirtschaftlicher Interessen des Arbeitgebers führen, eine Weiterbeschäftigungsmöglichkeit auf einem anderen Arbeitsplatz nicht besteht und die vorzuneh- mende Interessenabwägung zu Lasten des Arbeitnehmers ausfällt.[182]

---

[182] Schaub, Arbeitsrechts-Handbuch, § 131, Rn. 1

- Ein klassischer Grund für die personenbedingte Kündigung stellt die fehlende fachliche Eignung für die geschuldete Arbeitsleistung dar. So kann etwa der Verlust der Fahrerlaubnis für den Berufskraftfahrer oder der Verlust der Approbation beim Arzt einen personenbedingten Kündigungsgrund darstellen.
- Kann ein Arbeitnehmer die Arbeitsleistung nicht erbringen, weil er sich in Untersuchungs- oder Strafhaft befindet, kann dies einen personenbedingten Kündigungsgrund darstellen Jedenfalls dann, wenn der Arbeitnehmer zum Kündigungszeitpunkt noch eine Freiheitsstrafe von mindestens zwei Jahren zu verbüßen hat und mit Hafterleichterungen kurzfristig nicht zu rechnen ist.
- Auch die Erkrankung eines Arbeitnehmers kann eine personenbedingte Kündigung rechtfertigen, wenn die Arbeitsunfähigkeit zu erheblichen betrieblichen oder wirtschaftlichen Beeinträchtigungen des Arbeitgebers führt. Bei der krankheitsbedingten Kündigung sind vier Fallgruppen zu unterscheiden:
  - die Kündigung wegen häufiger Kurzerkrankungen,
  - die Kündigung wegen dauernder Arbeitsunfähigkeit,
  - die Kündigung wegen lang andauernder Erkrankung und
  - die Kündigung wegen krankheitsbedingter Leistungsminderungen.

In allen Fällen muss zunächst eine anderweitige Beschäftigungsmöglichkeit fehlen, die zu einer Verringerung der krankheitsbedingten Einschränkungen führen würde. Zudem ist eine negative Gesundheitsprognose aufzustellen, aufgrund derer die Besorgnis bestehen muss, es werde auch zukünftig zu erheblichen betrieblichen und/oder wirtschaftlichen Beeinträchtigungen des Arbeitgebers kommen.

Wie bei allen personenbedingten Gründen ist abschließend eine Interessenabwägung vorzunehmen.

3.2 Verhaltensbedingte Kündigung

Eine Kündigung ist auch dann sozial gerechtfertigt, wenn sie durch Gründe, die in dem Verhalten des Arbeitnehmers liegen, bedingt ist. Verhalten ist jedes vom Willen des Arbeitnehmers gesteuerte Handeln.

Im Rahmen der verhaltensbedingten Kündigung ist zunächst immer der Verstoß vertraglicher Haupt- oder Nebenpflichten zu prüfen. In der Regel ist weitere Voraussetzung eine einschlägige Abmahnung, auf die ein kündigungsrelevantes Wiederholungsverhalten erfolgt. Nur ausnahmsweise ist die Abmahnung entbehrlich, wenn der Arbeitnehmer wegen der Schwere der Pflichtverletzung nicht damit rechnen durfte, dass sein Verhalten nur mit einer Abmahnung geahndet würde. Auch bei der verhaltensbedingten Kündigung ist abschließend eine Interessenabwägung vorzunehmen.

Gründe für eine verhaltensbedingte Kündigung können z. B. sein,

- die nachhaltige Störung des Betriebsfriedens,
- Verstöße gegen die vorgegebene Arbeitszeit,
- Annahme von Schmiergeldern,
- Spesenbetrug,
- eigenmächtiger Urlaubsantritt,
- das Vortäuschen einer Arbeitsunfähigkeit,
- nicht rechtzeitige Krankmeldungen oder
- die fehlende Vorlage von Arbeitsunfähigkeitsbescheinigungen.

3.3 Betriebsbedingte Kündigung

Die betriebsbedingte Kündigung setzt voraus, dass der Beschäftigungsbedarf für den Arbeitnehmer in dem bisher wahrgenommenen Aufgabenbereich auf Dauer entfällt und der Arbeitnehmer nicht auf einem anderen freien Arbeitsplatz weiter beschäftigt werden kann.

Soll von mehreren Arbeitnehmern, die unter betrieblichen Gesichtspunkten vergleichbar sind und damit gleichermaßen für die Kündigung in Betracht kommen, nur einem oder einem Teil der Arbeitnehmer gekündigt werden, muss zusätzlich eine Sozialauswahl erfolgen.[183]

Betriebsbedingte Gründe für die Kündigung eines Arbeitnehmers können z. B. vorliegen bei

- Absatzschwierigkeiten und Auftragsmangel,[184]
- Auftragsvergabe an Dritte,
- Beendigung eines Dienstleistungsauftrags,
- Übertragung von Aufgaben an Subunternehmer,
- Stilllegung von Betrieben oder Betriebsteilen.

---

183 Schaub, Arbeitsrechts-Handbuch, § 131, Rn. 1

184 Absatzschwierigkeiten und Auftragsmangel für sich allein bilden als außerbetriebliche Ursache regelmäßig noch keinen Kündigungsgrund. Vielmehr muss der Arbeitgeber mit einer unternehmerischen Entscheidung hierauf reagieren (z. B. durch Veränderung in den Produktionsabläufen oder Organisationsstrukturen).

3.4 Kündigungsschutzklage

Hinweis

Der Arbeitnehmer, der sich darauf berufen will, eine Kündigung sei sozial ungerechtfertigt oder aus sonstigen Gründen rechtsunwirksam, muss innerhalb einer Ausschlussfrist von drei Wochen seit Zugang der Kündigung Klage beim zuständigen Arbeitsgericht erheben. Nach Ablauf der Frist gilt die Kündigung als von Anfang an rechtswirksam.

Ausnahmsweise kann eine Klage auch nach Ablauf der Drei-Wochen-Frist zugelassen werden, wenn der Arbeitnehmer nach erfolgter Kündigung trotz Anwendung aller ihm nach Lage der Umstände zumutbaren Sorgfalt verhindert war, die Klage innerhalb von drei Wochen nach Zugang zu erheben.

Die Ausschlussfrist zur Klageerhebung von drei Wochen seit Zugang der Kündigung gilt auch, wenn die Kündigung (tarif-)vertraglich ausgeschlossen ist oder unter einem Zustimmungsvorbehalt steht.

4 Aufhebungsvertrag

Wie jeder andere Vertrag setzt auch der Abschluss eines Aufhebungsvertrages voraus, dass eine Arbeitsvertragspartei ein entsprechendes Angebot unterbreitet und dieses Angebot von der anderen Vertragspartei angenommen wurde.

Ein Aufhebungsvertrag beendet das Arbeitsverhältnis zum vereinbarten Termin. Die Beendigung kann mit sofortiger Wirkung oder zu einem zukünftigen Zeitpunkt vorgesehen werden. Eine rückwirkende Vereinbarung ist nur dann zulässig, wenn das Arbeitsverhältnis bereits außer Vollzug gesetzt war.

Soll der Aufhebungsvertrag das Arbeitsverhältnis zu einem späteren Zeitpunkt beenden, kann er durch Ausspruch einer zeitlich nachfolgenden außerordentlichen Kündigung gegenstandslos werden.

Der allgemeine Kündigungsschutz nach dem Kündigungsschutzgesetz und auch der besondere Kündigungsschutz sind auf den Aufhebungsvertrag nicht anzuwenden und verbieten den Parteien nicht die einvernehmliche Beendigung des Arbeitsverhältnisses.

Beispiel: Der Arbeitgeber kann mit der schwerbehinderten und schwangeren Betriebsrätin B durch Aufhebungsvertrag das Arbeitsverhältnis einvernehmlich beenden.

Der besondere Kündigungsschutz nach § 17 MuSchG, § 15 KSchG und § 168 SGB IX stehen dem Aufhebungsvertrag nicht entgegen. Der Arbeitgeber muss auch nicht zunächst die Zustimmung der zuständigen Behörden bzw. Gremien einholen.

4.1 Schriftform

Ein Aufhebungsvertrag ist ebenso wie eine Kündigung zwingend unter Einhaltung der Schriftform zu schließen. Hierbei handelt es sich um ein konstitutives Schriftformerfordernis, sodass bei einem Verstoß hiergegen das Rechtsgeschäft nichtig ist.

Wird ein Aufhebungsvertrag nur mündlich geschlossen, so ist er nichtig, d. h. das Arbeitsverhältnis wird nicht beendet, sondern besteht weiterhin fort.[185]

Das Schriftformerfordernis hat zum einen Warnfunktion für die Arbeitsvertragsparteien, es soll also eine unüberlegte Beendigung des Arbeitsverhältnisses verhindert werden. Zum anderen dient es der Beweisfunktion, sodass Klarheit über den vereinbarten Inhalt durch eine schriftliche Niederlegung geschaffen wird.[186]

Der Abschluss eines Aufhebungsvertrages in elektronischer Form ist explizit ausgeschlossen. Dies wird damit gerechtfertigt, dass die elektronische Form – jedenfalls nach derzeitiger Auffassung des Gesetzgebers – eine geringere Warnfunktion als die traditionelle Schriftform besitzt. Auch der Abschluss per Telefax genügt nicht den Anforderungen an die Schriftform. Vielmehr ist der Austausch von Originalurkunden erforderlich.

Schließlich ist der Aufhebungsvertrag eigenhändig von beiden Vertragsparteien zu unterzeichnen, wobei auch ein notariell beglaubigtes Handzeichen ausreicht.[187]

Weitere Voraussetzung für die ordnungsgemäße Einhaltung der Schriftform ist, dass sämtliche Vertragspartner auf derselben Urkunde ihre Unterschrift leisten. Ein Briefwechsel, in dem wechselseitig der Abschluss des Aufhebungsvertrages bestätigt wird, erfüllt daher nicht die Voraussetzungen für die gesetzliche Schriftform. Ebenfalls zulässig wäre der Austausch von gleichlautenden Ausfertigungen des Vertrages, die jeweils von der anderen Partei unterschrieben wurden.[188]

---

185 Handbuch des Fachanwalts Arbeitsrecht, Kapitel 6, Rn. 36

186 Schaub, Arbeitsrechts-Handbuch, § 123, Rn. 56

187 Palandt, BGB, § 623, Rn. 7

188 Palandt, BGB, § 126, Rn. 13

4.2 Inhalt des Aufhebungsvertrages

Welchen konkreten Inhalt ein Aufhebungsvertrag hat, hängt von den Umständen des Einzelfalls ab. Zwingender Bestandteil eines jeden Aufhebungsvertrages ist lediglich die ausdrückliche Einigung zwischen Arbeitgeber und Arbeitnehmer über die Beendigung des Arbeitsverhältnisses und den Zeitpunkt der Beendigung.

In der Praxis regelt ein Aufhebungsvertrag aber nicht nur die Beendigung des Arbeitsverhältnisses, sondern auch die komplette Abwicklung bis zum Beendigungszeitpunkt. Aus diesem Grund sollte der Aufhebungsvertrag alle offenen regelungsbedürftigen Fragen enthalten.

Hat ein Arbeitsverhältnis längere Zeit bestanden und haben sich zwischen den Parteien im Laufe des Arbeitsverhältnisses diverse Ansprüche ergeben, so kommen im Rahmen eines Aufhebungsvertrages folgende Punkte als regelungsbedürftig in Betracht:

- Beendigungszeitpunkt,
- Vergütung bis zum Beendigungszeitpunkt,
- Freistellung,
- Abfindung,
- Zeugnis,
- Übertragung einer Direktversicherung,
- betriebliche Altersversorgung,
- Dienstwagen,
- nachvertragliches Wettbewerbsverbot,
- Rückzahlung von Aus- und Fortbildungskosten,
- Verschwiegenheitspflichten,
- Rückführung von Arbeitgeberdarlehen,
- Rückgabe von Arbeitsmitteln,
- Vererbbarkeit der Abfindungsansprüche,

- Arbeitspapiere,
- Arbeitnehmererfindung,
- Verzicht auf Wiedereinstellung,
- Hinweis auf steuer- und sozialrechtliche Konsequenzen,
- Hinweis auf Arbeitslosenmeldung,
- Abgeltungsklausel,
- Schriftformklausel,
- salvatorische Klausel.

4.3 Rechtsmängel des Aufhebungsvertrages

Ein Aufhebungsvertrag unterliegt wie jeder andere Vertrag den allgemeinen gesetzlichen Bestimmungen über den Abschluss von Verträgen. Er kann aus unterschiedlichen Gründen nichtig sowie wegen Irrtums, Täuschung oder Drohung anfechtbar sein. Zudem kann ein Rücktrittsrecht vom Aufhebungsvertrag wegen Vertretungsmängeln bestehen.

4.3.1 Nichtigkeit

Ein Aufhebungsvertrag ist nichtig, wenn der Arbeitnehmer bei Unterzeichnung des Aufhebungsvertrages geschäftsunfähig war oder wenn er sich im Zustand der Bewusstlosigkeit oder vorübergehenden Störung der Geistestätigkeit befunden hat.

Ein Aufhebungsvertrag kann auch deshalb nichtig sein, weil er gegen ein gesetzliches Verbot verstößt oder zwingende gesetzliche Vorschriften umgeht. Danach ist ein Aufhebungsvertrag unwirksam, wenn ein bestimmter Grund, z. B. die nicht fristgerechte Rückkehr aus dem Urlaub, als aufschiebende Bedingung für einen Aufhebungsvertrag festgelegt und damit der Nachprüfung entzogen wird, ob er auch als wichtiger Grund für eine außerordentliche Kündigung ausreicht oder wenn eine einzelvertragliche Vereinbarung vorsieht, dass ein Berufsausbildungsverhältnis ohne Weiteres endet, wenn das Zeugnis des Auszubildenden für das nächste Berufsschulhalbjahr in einem von bestimmten in der Vereinbarung aufgeführten Fächern die Note „mangelhaft" aufweist.

Zulässig ist es hingegen, in einem Arbeitsvertrag eine Klausel aufzunehmen, dass das Arbeitsverhältnis nur für den Fall gilt, dass der Arbeitnehmer für die vereinbarte Arbeitsleistung nach einem amtsärztlichen Attest tauglich ist.

Ein Aufhebungsvertrag kann des Weiteren nichtig sein, wenn er gegen die guten Sitten verstößt, weil ein besonders grobes Missverhältnis zwischen Leistung und Gegenleistung den Schluss auf eine verwerfliche Gesinnung des Begünstigten rechtfertigt. Eine Sittenwidrigkeit folgt nicht allein daraus, dass dem Arbeitnehmer im Aufhebungsvertrag keine Abfindung zugesagt wird und auch nicht aus der Tatsache, dass der Arbeitgeber dem Arbeitnehmer weder ein Widerrufsrecht noch eine Bedenkzeit eingeräumt hat.

4.3.2 Anfechtung wegen arglistiger Täuschung

Eine zur Anfechtung berechtigende Täuschung liegt vor, wenn eine der Vertragsparteien bewusst wahrheitswidrige Aussagen trifft und somit die andere Partei zum Vertragsabschluss veranlasst. Zur Anfechtung wegen arglistiger Täuschung berechtigt die Behauptung eines Arbeitgebers, der Betrieb müsse alsbald stillgelegt werden bzw. der Arbeitsplatz würde zu einem bestimmten Zeitpunkt entfallen, obwohl bereits zu diesem Zeitpunkt ein Nachfolger gesucht wird.[189] Eine Täuschung berechtigt nur dann zur Anfechtung, wenn der Täuschende die Unrichtigkeit seiner Angaben kannte, wofür zumindest bedingter Vorsatz ausreicht.[190]

[189] Handbuch des Fachanwalts Arbeitsrecht, Kapitel 6, Rn. 310

[190] Palandt, BGB, § 123, Rn. 11

4.3.3 Anfechtung wegen widerrechtlicher Drohung

Denkbar ist auch die Anfechtung eines Aufhebungsvertrages wegen wider- rechtlicher Drohung, d. h. das Inaussichtstellen eines künftigen Übels, auf das der Drohende Einfluss zu haben vorgibt.[191] Ein empfindliches Übel in diesem Sinne kann das Inaussichtstellen einer fristlosen Kün- digung des Arbeitsverhältnisses darstellen, wobei insofern auch eine verdeckte Drohung ausreichend ist.

Ist dem Arbeitnehmer hingegen schon eine Kündigung ausgesprochen worden und wird dem Mitarbeiter im unmittelbaren Anschluss ein Aufhebungs- bzw. Abwicklungsvertrag angeboten, den dieser zunächst akzeptiert, kommt eine Anfechtung wegen widerrechtlicher Drohung nicht mehr in Betracht. Im Zeitpunkt der Diskussion über einen Aufhebungsvertrag bestand für den Arbeitnehmer nicht mehr das Risiko, dass der Arbeitgeber die Beendigung einseitig herbeiführen wird, wenn der Arbeitnehmer den Aufhebungsvertrag nicht unterzeichnet.[192]

Die Androhung einer Kündigung muss zudem widerrechtlich gewesen sein. Das BAG ist der Ansicht, dass die Androhung einer fristlosen Kündigung dann nicht widerrechtlich ist, wenn ein verständiger Arbeitgeber eine außerordentliche Kündigung ernsthaft in Erwägung gezogen hätte. Unerheblich ist dabei, ob eine fristlose Kündigung im Ergebnis wirksam gewesen wäre. Nur wenn der Arbeitgeber unter Abwägung aller Umstände des Einzelfalls davon ausgehen muss, die angedrohte Kündigung werde im Falle ihres Ausspruchs einer arbeitsgerichtlichen Überprüfung mit hoher Wahrscheinlichkeit nicht standhalten, darf er die außerordentliche Kündigungserklärung nicht in Aussicht stellen, um damit den Arbeitnehmer zum Abschluss einer Beendigungsvereinbarung zu veranlassen. Dies bedeutet letztendlich, dass der Arbeitgeber im Rahmen eines Anfechtungsprozesses nachweisen muss, dass im Zeitpunkt der „Drohung" ein Kündigungsgrund vorgelegen hat. Ist er dazu nicht in der Lage, sind die Widerrechtlichkeit und damit die Anfechtungsvoraussetzungen zu bejahen.

---

191 Palandt, BGB, § 123, Rn. 15

192 Handbuch des Fachanwalts Arbeitsrecht, Kapitel 6, Rn. 314

5 Abfindungen bei Beendigung des Arbeitsverhältnisses

5.1 Risiko Annahmeverzug

Der Ausspruch einer Kündigung verpflichtet den Arbeitgeber nach deutschem Recht nicht automatisch zur Zahlung einer Abfindung an den Arbeitnehmer. In Deutschland gibt es eine Klage auf Abfindung wegen der Kündigung nicht. Der Arbeitnehmer kann auch nicht im Wege der Klage zu Gunsten einer Abfindung auf den Fortbestand des Arbeitsverhältnisses „verzichten". Nur in Ausnahmefällen[193] kann das Gericht den Arbeitgeber zur Zahlung einer Abfindung verurteilen.

Trotzdem werden über 75 % aller Kündigungsschutzprozesse[194] durch „Abfindungsvergleich" beendet. Hintergrund ist das Annahmeverzugsrisiko des Arbeitgebers:

Der Arbeitgeber kann (ganz oder teilweise) mit der Annahme der Dienste des Arbeitnehmers in Verzug geraten. Wegen des Fixschuldcharakters der Arbeitsleistung[195] folgt aus der Nichtannahme die Unmöglichkeit. Will der Arbeitgeber die Arbeitsleistung nicht annehmen bzw. kann er sie schuldhaft nicht annehmen oder trägt er das Risiko des Arbeitsausfalls, behält der Arbeitnehmer trotzdem seinen Anspruch auf Arbeitsentgelt.

Erhebt der Arbeitnehmer gegen eine Kündigung rechtzeitig Kündigungsschutzklage und gibt das Arbeitsgericht der Klage statt, weil die Kündigung unwirksam war, ist der Arbeitgeber regelmäßig zur Nachzahlung der Arbeitsvergütung seit Ablauf der Kündigungsfrist (bzw. bei außerordentlicher Kündigung seit Ausspruch der Kündigung) verpflichtet. Obwohl der Arbeitnehmer in der Regel nach Ablauf der Kün-

193 Stellt das Gericht im Rahmen einer Kündigungsschutzklage die Unwirksamkeit der Kündigung fest, hat es den Arbeitsvertrag durch Urteil auf Antrag aufzulösen, wenn einer Partei die Fortsetzung des Arbeitsverhältnisses nicht zumutbar ist (§ 9 Abs. 1 KSchG).

194 Angaben des statistischen Bundesamtes

195 Schaub, Arbeitsrechts-Handbuch, § 49, Rn. 6

digungsfrist durch den Arbeitgeber nicht mehr zur Arbeitsleistung herangezogen wird, behält er den Anspruch auf seine Arbeitsvergütung.

Mit fortschreitender Verfahrensdauer wird das sog. Annahmeverzugsrisiko des Arbeitgebers größer. Da das Kündigungsschutzgesetz, sofern es anwendbar ist, Kündigungen nur in engen Grenzen und bei Vorliegen gewichtiger Gründe zulässt und zudem bei Ausspruch der Kündigung eine Vielzahl formeller Voraussetzungen[196] einzuhalten sind, ist die Wahrscheinlichkeit relativ hoch, dass eine Kündigung vom Arbeitsgericht im Ergebnis als unwirksam beurteilt wird.

5.2 Vereinbarte Abfindung

Um das Risiko des Annahmeverzugs zu verhindern, werden in der Praxis vor dem Arbeitsgericht[197] häufig Abfindungsvergleiche abgeschlossen. Der Arbeitnehmer erkennt die Wirksamkeit der ausgesprochenen Kündigung, meist zum Ablauf der ordentlichen Kündigungsfrist,[198] an. Im Gegenzug verpflichtet sich der Arbeitgeber, eine Abfindung für den Verlust des Arbeitsplatzes zu bezahlen.

Eine solche Einigung kann selbstverständlich auch außerhalb eines gerichtlichen Verfahrens nach Ausspruch einer arbeitgeberseitigen Kündigung[199] oder alternativ im Aufhebungsvertrag erfolgen, der das Arbeitsverhältnis unmittelbar sofort oder zu irgendeinem späteren Zeitpunkt beendet, ohne dass es dem Ausspruch einer Kündigung bedarf.

Für die Höhe der Abfindung gibt es keine gesetzlichen Vorgaben. Sie folgt letztendlich als Ergebnis aus den Verhandlungen der Parteien.

---

196 z. B. ordnungsgemäße Anhörung des Betriebsrats nach § 102 Abs. 1 BetrVG, Zustimmung des Integrationsamtes vor Kündigung eines Schwerbehinderten oder gleichgestellten Behinderten, §§ 168 ff. SGB IX, Anzeige einer Massenentlassung nach §§ 17 ff. KSchG, etc.

197 Zudem soll während des ganzen arbeitsgerichtlichen Verfahrens nach § 57 Abs. 2 ArbGG eine gütliche Erledigung des Rechtsstreits durch das Gericht angestrebt werden. Daher erfolgen Abfindungsvergleiche auch nicht selten auf Vorschlag des Gerichts.

198 So die übliche Praxis. Theoretisch sind auch andere Beendigungszeitpunkte vor oder nach Ablauf der Kündigungsfrist denkbar. In diesem Fall wird dann nicht die Wirksamkeit der Kündigung anerkannt, sondern faktisch ein Aufhebungsvertrag abgeschlossen.

199 sog. Abwicklungsvertrag

Entscheidend ist, zu welchem „Preis" der Arbeitnehmer auf den Fortbestand seines Arbeitsverhältnisses verzichtet und wie hoch die Erfolgsaussichten der Kündigungsschutzklage sind.

Allerdings hat sich in der Praxis eine übliche Größenordnung für die Höhe der Abfindung herausgebildet:

- Ist der Ausgang des Kündigungsschutzverfahrens noch völlig offen, wird in der Regel – je nach regionaler Wirtschaftskraft – ein Abfindungsbetrag in Höhe von einem halben Bruttomonatsgehalt[200] pro Beschäftigungsjahr des Arbeitnehmers vereinbart.
- Verschiebt sich das Prozessrisiko zu Gunsten des Arbeitgebers oder des Arbeitnehmers, verringert bzw. erhöht sich der Faktor.

5.3 Arbeitsrechtliche Behandlung von Abfindungen

Abfindungen unterliegen grds. denselben zivilrechtlichen Bestimmungen wie sonstige Forderungen aus dem Arbeitsverhältnis. Besonderheiten können sich aus ihrer Zweckbestimmung ergeben.

- Daher ist eine Aufrechnung des Arbeitgebers gegenüber Abfindungsansprüchen des Arbeitnehmers, z. B. mit fälligen Forderungen aus einem Arbeitgeberdarlehen, grds. möglich.
- Die Möglichkeit der **Abtretung** besteht auch bei Forderungen aus dem Arbeitsverhältnis, grds. also auch für Abfindungsansprüche. Die teilweise Entschädigungsfunktion der Abfindung schließt eine Vorausabtretung nicht aus.
- **Verstirbt** ein Arbeitnehmer nach Beendigung des Arbeitsverhältnisses, so geht ein Anspruch auf Abfindung, z. B. aus einem gerichtlichen Abfindungsvergleich, im Wege der Universalsukzession auf den oder die Erben über.

  Verstirbt der Arbeitnehmer dagegen nach Abschluss eines Aufhebungsvertrages oder Prozessvergleichs, aber noch vor rechtlicher

[200] Zuletzt hat sich der übliche Faktor für Abfindungen – möglicherweise coronabedingt oder aufgrund der vorübergehenden Verunsicherung auf dem Arbeitsmarkt – etwas erhöht.

Beendigung des Arbeitsverhältnisses, muss differenziert werden. Die Vererblichkeit hängt in diesem Fall davon ab, ob die Abfindung für den Verlust des Arbeitsplatzes oder zum Ausgleich des Entgeltverlustes nach dem Ausscheiden aus dem Arbeitsverhältnis bezahlt werden soll.

- Ansprüche aus dem Arbeitsverhältnis einschließlich Abfindungsforderungen unterliegen der regelmäßigen Verjährungsfrist von drei Jahren. Die Verjährungsfrist beginnt mit dem Schluss des Jahres, in dem der Anspruch entstanden ist und der Gläubiger von den den Anspruch begründenden Umständen und der Person des Schuldners Kenntnis erlangt hat oder ohne grobe Fahrlässigkeit erlangen musste. Bei Abfindungen ist dies regelmäßig der Schluss des Kalenderjahres, in das die Beendigung des Arbeitsverhältnisses fällt.

5.4 Steuerliche und sozialversicherungsrechtliche Behandlung von Abfindungen

Abfindungen, die dem Arbeitnehmer im Arbeitsverhältnis gezahlt werden, stellen Einkünfte aus nichtselbstständiger Arbeit dar und unterliegen daher der Lohnbesteuerung. Arbeitslohn sind alle Einnahmen, die dem Arbeitnehmer aus dem Dienstverhältnis zufließen. Der Arbeitgeber hat die Lohnsteuer für Rechnung des Arbeitnehmers einzubehalten und an das Finanzamt abzuführen. Dies gilt auch bei der Zahlung von Abfindungen.

Die Zahlung einer Abfindung wegen einer vom Arbeitgeber veranlassten Auflösung des Dienstverhältnisses stellt in der Regel eine Entschädigung dar. Erfolgt durch die Zahlung der Abfindung eine **Zusammenballung von Einkünften**, kann unter bestimmten Voraussetzungen eine ermäßigte Besteuerung nach der sog. „Fünftelregelung" erfolgen.

Die Zusammenballung von Einkünften setzt zunächst voraus, dass die Entschädigungsleistungen in einem Veranlagungszeitraum (Kalenderjahr) zufließen. Der Zufluss mehrerer Teilbeträge in unterschiedlichen Veranlagungszeiträumen schließt daher grds. die begünstigte Besteuerung aus.

Nach einer Vergleichsrechnung muss zudem der als Entschädigung gezahlte Betrag größer sein als der Betrag, der dem Arbeitnehmer in dem Kalenderjahr des Zuflusses bei Fortsetzung des Arbeitsverhältnisses ohnehin bezahlt worden wäre. Dies ist erfüllt,

- wenn durch die Entschädigung die bis zum Jahresende weggefallenen Einnahmen überschritten werden oder
- wenn der Arbeitnehmer im Jahr des Zuflusses der Entschädigung weitere Einkünfte erzielt, die er nicht bezogen hätte, wenn das Dienstverhältnis ungestört fortgesetzt worden wäre, und er dadurch mehr erhält, als er bei einem normalen Lauf der Dinge erhalten hätte.

Nach dem BSG fallen Entlassungsabfindungen, die für den Wegfall künftiger Verdienstmöglichkeiten gezahlt werden, nicht unter den Begriff des Arbeitsentgelts im Sinne der Sozialversicherung und unterliegen daher nicht der Beitragspflicht.

6 Arbeitszeugnisse

Sämtliche Arbeitnehmer, arbeitnehmerähnliche und im Ausbildungsverhältnis stehende Personen haben einen Rechtsanspruch auf Ausstellung eines Arbeitszeugnisses, d. h. alle Personen, die persönlich oder wirtschaftlich unselbstständig und damit sozial schutzbedürftig sind. Dabei spielt keine Rolle, ob sie im Betrieb, im Außendienst oder mit Telearbeit beschäftigt werden.

Keinen Zeugnisanspruch haben hingegen Personen, die durch Auftrag, werkvertraglich, gesellschaftsrechtlich oder familiär miteinander verbunden sind oder sich in schulischer Ausbildung befinden (wie z. B. bei Praktika).

Freie Mitarbeiter, die selbstständige Arbeit verrichten, haben ebenfalls keinen Zeugnisanspruch. Abgesehen von der Unmöglichkeit der Führungsbeurteilung über Selbstständige setzt die Leistungsbeurteilung voraus, dass konkrete, detaillierte Leistungsanforderungen gestellt und personenbezogene Vorgaben gemacht werden können. Solche Vorgaben sind aber gerade gegenüber selbstständigen freien Mitarbeitern nicht möglich.

Zeugnisarten

Je nach Anlass und Zeitpunkt gibt es folgende Arten von Arbeitszeugnissen:

- Das endgültige Zeugnis,
- das Ausbildungszeugnis,
- das vorläufige Zeugnis sowie
- das Zwischenzeugnis.

Wird der Arbeitnehmer mit Beginn der Kündigungsfrist oder danach nicht mehr beschäftigt und scheidet er faktisch aus dem Betrieb aus, erhält er zu diesem Zeitpunkt ein endgültiges Zeugnis.

Wird hingegen der Arbeitnehmer nach erfolgter Kündigung weiter beschäftigt, können seine Leistung und Führung in diesem weiteren Zeitraum für das Zeugnis noch maßgebend sein. Solange das Zeugnis noch inhaltlichen Veränderungen gegenüber offen ist, kann ein Endzeugnis nicht erteilt werden. Vielmehr wird **auf Antrag** ein vorläufiges Zeugnis ausgestellt.

Steht keine Beendigung des Arbeitsverhältnisses an, ist allgemein das Zwischenzeugnis aus triftigen, berechtigten Gründen als arbeitsvertragliche Nebenpflicht anerkannt. Triftige Gründe für die Ausstellung eines Zwischenzeugnisses sind in folgenden Fällen denkbar:

- Zur Vorlage bei Dritten (bei Behörden, Gerichten, anlässlich von Fort- oder Weiterbildungsmaßnahmen bzw. bei Stellung eines Kreditantrages),
- bei strukturellen Veränderungen innerhalb des Betriebsgefüges oder Ereignissen, die eine berufliche Zäsur darstellen (längere Arbeitsunterbrechungen etwa ab einem Jahr, Wehr- oder Zivildienst, Elternzeit, Wechsel des Vorgesetzten, Versetzung mit neuen Aufgaben, Wechsel des Arbeitgebers bei einem Betriebsübergang etc.).

Inhaltlich wird das Zeugnis unterschieden in

- das einfache Zeugnis und
- das qualifizierte Zeugnis.

Das einfache Zeugnis muss mindestens über **Art und Dauer** des Arbeitsverhältnisses Auskunft geben. Das qualifizierte Zeugnis beinhaltet darüber hinaus eine Leistungs- und Verhaltensbeurteilung des Arbeitnehmers.

Form des Zeugnisses

Da das Zeugnis in erster Linie zu Bewerbungszwecken vorgelegt wird, ist es vom Arbeitgeber **schriftlich** zu erteilen. Mündlich erteilte Zeugnisse erfüllen die gesetzlich vorgesehene Pflicht des Arbeitgebers nicht.

Zeugnisse sind auf Firmenbogen zu erteilen, wenn der Arbeitgeber einen Firmenbogen besitzt und diesen im Geschäftsverkehr benutzt. Im Firmenbogen bleibt das markierte Anschriftenfeld (Adressenfeld für Fensterbriefumschläge) unausgefüllt, Telefon- oder Faxnummern sind nicht auszufüllen, da sie innerhalb des Zeugnisses keine Funktion haben und eher den Eindruck erwecken, es habe zum Zeugnis bereits einen Schriftverkehr gegeben (was für den Arbeitnehmer nachteilig wäre).

Das Zeugnis darf weiterhin keine Radierungen, Verbesserungen, Durchstreichungen, Flecken, Eselsohren, Einrisse oder Ähnliches enthalten, da dies mit der Bedeutung des Zeugnisses für den Arbeitnehmer unvereinbar wäre.

Der **Umfang** für ein qualifiziertes Zeugnis sollte mindestens eine DIN-A4-Seite betragen, aber in der Regel nicht zwei bis drei Seiten überschreiten, um nicht übertrieben voluminös zu erscheinen. Das Zeugnis ist auf einzelne Blätter und nicht auf Vor- und Rückseite zu schreiben, letzteres könnte negativ ausgelegt werden. Es ist üblich, das Zeugnis mit einheitlicher Maschinenschrift anzufertigen. Als Schriftgrad kommt 12 in Betracht, jedoch nicht kleiner. Darüber hinaus sollte der Arbeitgeber Blocksatz bei der Anfertigung verwenden. Die Einhaltung eines bestimmten Zeilenabstandes oder Blattrandes kann nicht verlangt werden. Abstand und Rand müssen aber den Gepflogenheiten entsprechen, die im Geschäftsverkehr des Arbeitgebers üblich sind.

Die Anfertigung mit Handschrift ist zulässig, aber äußerst selten. In Führungspositionen kann diese Art der Anfertigung als Zeichen besonderer Wertschätzung angesehen werden.

Zeugnisgrundsätze

Das Zeugnis muss inhaltlich wahr sein, zugleich soll es aufgrund der über das Ende des Dienstverhältnisses hinausweisenden arbeitsvertraglichen Nebenpflicht von verständigem Wohlwollen gegenüber dem Arbeitnehmer getragen sein und ihm das weitere Fortkommen nicht ungerechtfertigt erschweren. Dieser Grundsatz des Wohlwollens bedeutet jedoch nicht, alle negativen Vorfälle und Eigenschaften im Zeugnis zu beschönigen oder zu ignorieren, um reine Gefälligkeitszeugnisse auszustellen.

Die beiden Grundsätze „Wahrheit" und „Wohlwollen" schließen sich nicht aus, vielmehr begrenzen sie sich gegenseitig. Dabei ist zu beachten, dass dem Gebot der Wahrheit Priorität eingeräumt wird, d. h. Wahrheit geht vor Wohlwollen.

Das Vollständigkeitsgebot verlangt, dass alle wesentlichen Tatsachen und Bewertungen im Zeugnis enthalten sind, die für die Gesamtbeurteilung des Arbeitnehmers von Bedeutung sind und an denen ein künftiger Arbeitgeber ein berechtigtes und verständiges Interesse haben kann. Die Tätigkeiten sind so vollständig und genau zu beschreiben, dass sich künftige Arbeitgeber ein klares Bild machen können. Insbesondere muss das Zeugnis ein objektives Bild über den Verlauf des Arbeitsverhältnisses vermitteln.

Schließlich ist der Grundsatz der Einheitlichkeit mit folgendem Inhalt zu beachten:

- Es gibt nur ein Zeugnis (entweder das einfache oder das qualifizierte),
- das qualifizierte Zeugnis muss Angaben über Leistung und Führung enthalten (nicht nur über eine der beiden Komponenten),
- es gibt nicht mehrere Zeugnisse getrennt nach Zeitabschnitten und
- die Bewertung muss die gesamte Beschäftigungsdauer umfassen.

Leistungs- und Verhaltensbeurteilung

In den letzten Dekaden hat sich eine eigene Zeugnissprache entwickelt, anhand derer die Zeugnisnoten „entschlüsselt" werden können. Auf diese Weise kann man mit wenigen geschulten Blicken bei der Gesamtbeurteilung im Hinblick auf Leistung und Verhalten einen schnellen Eindruck von der Beurteilung des Arbeitnehmers erhalten.

Nachfolgenden Tabellen können anerkannte Formulierungen bei der notenmäßigen Abstufung entnommen werden:

Notenstufe	**Leistungsbeurteilung**
	Er hat die ihm übertragenen Aufgaben … erledigt
Note 1	stets zu unserer vollsten Zufriedenheit
Note 1,5	zu unserer vollsten Zufriedenheit
Note 2	stets zu unserer vollen Zufriedenheit
Note 2,5	zu unserer vollen Zufriedenheit
Note 3	stets zu unserer Zufriedenheit
Note 4	zu unserer Zufriedenheit
Note 5	im Allgemeinen zufriedenstellend

Notenstufe	**Verhaltensbeurteilung**
	Das Verhalten gegenüber Vorgesetzten und Mitarbeitern war…
Note 1	stets vorbildlich
Note 1,5	vorbildlich
Note 2	stets gut
Note 2,5	jederzeit einwandfrei
Note 3	einwandfrei
Note 4	zufriedenstellend
Note 5	im Großen und Ganzen zufriedenstellend